Straßenentwurf mit CARD/1

Veit Kuczora

Straßenentwurf mit CARD/1

Grundlagen

3., aktualisierte Auflage

 Springer Vieweg

Veit Kuczora
Bautzen, Deutschland

CARD/1 ist eine eingetragene Marke der IB&T Ingenieurbüro Basedow & Tornow GmbH.

ISBN 978-3-658-10050-6   ISBN 978-3-658-10051-3   (eBook)
DOI 10.1007/978-3-658-10051-3

Die Deutsche Nationalbibliothek verzeichnet diese Publikation in der Deutschen Nationalbibliografie; detaillierte
bibliografische Daten sind im Internet über http://dnb.d-nb.de abrufbar.

Springer Vieweg
© Springer Fachmedien Wiesbaden 2004, 2008, 2015
Das Werk einschließlich aller seiner Teile ist urheberrechtlich geschützt. Jede Verwertung, die nicht ausdrücklich
vom Urheberrechtsgesetz zugelassen ist, bedarf der vorherigen Zustimmung des Verlags. Das gilt insbesondere für
Vervielfältigungen, Bearbeitungen, Übersetzungen, Mikroverfilmungen und die Einspeicherung und Verarbeitung in
elektronischen Systemen.
Die Wiedergabe von Gebrauchsnamen, Handelsnamen, Warenbezeichnungen usw. in diesem Werk berechtigt auch
ohne besondere Kennzeichnung nicht zu der Annahme, dass solche Namen im Sinne der Warenzeichen- und
Markenschutz-Gesetzgebung als frei zu betrachten wären und daher von jedermann benutzt werden dürften.
Der Verlag, die Autoren und die Herausgeber gehen davon aus, dass die Angaben und Informationen in diesem
Werk zum Zeitpunkt der Veröffentlichung vollständig und korrekt sind. Weder der Verlag noch die Autoren oder die
Herausgeber übernehmen, ausdrücklich oder implizit, Gewähr für den Inhalt des Werkes, etwaige Fehler oder
Äußerungen.
Lektorat: Ralf Harms

Gedruckt auf säurefreiem und chlorfrei gebleichtem Papier

Springer Fachmedien Wiesbaden GmbH ist Teil der Fachverlagsgruppe Springer Science+Business Media
(www.springer.com)

Vorwort

Die Zeit bleibt nicht stehen. Dies sieht man bei vielen Programmen an der immer größer werdenden Versionsnummer. Auch wenn sich bei CARD/1 die Versionsnummer „nur" ein wenig erhöht hat, so ergibt sich daraus die Notwendigkeit, die damit verbundenen Neuerungen – und dies sind nicht wenige – in einer neuen, aktualisierten und ergänzten Auflage aufzuzeigen. Darüber hinaus greifen die „Richtlinien zum Planungsprozess und für die einheitliche Gestaltung von Entwurfsunterlagen im Straßenbau, Ausgabe 2012 (RE 2012)" grundlegend in die Erstellung der Planunterlagen ein, so dass sich auch hieraus ein Aktualisierungsbedarf ergab.

Die dritte Auflage richtet sich wieder sowohl an Studenten der Fachrichtungen Verkehrswegebau und Stadtplanung als auch an Entwurfsingenieure, die in Planungsbüros und Verwaltung tätig sind. Das Buch soll dem Leser den Einstieg in CARD/1 Version 8.4 ermöglichen. Es eignet sich sowohl für die Begleitung in der Praxis und Lehrveranstaltungen/Schulungen als auch als Nachschlagewerk.

In dankbarer Erinnerung an die gemeinsam gegangenen Wege
widme ich diese Auflage meinen fachlichen „Vätern"

Prof. Dr.-Ing. habil. Günter Weise

Prof. Dr.-Ing. habil. Wolfgang Kühn

Prof. Dr.-Ing. Christian Lippold

Meiner Familie danke ich für die Geduld und Unterstützung in der Zeit der Überarbeitung des Buches. Besonderen Dank gilt Herrn Rolf Milde und seinen Mitstreitern bei igm in Bannewitz für die Motivation und die fachliche Beratung. Darüber hinaus bedanke ich mich für die Unterstützung durch IB&T, hier besonders Herrn Driesch und durch den Springer Verlag, hier besonders Herrn Harms.

Auch bei dieser Auflage wurden die Texte und Abbildungen mit größter Sorgfalt zusammengestellt. Trotzdem können Fehler nicht vollständig ausgeschlossen werden. Für konstruktive Verbesserungsvorschläge und Hinweise bin ich immer aufgeschlossen und dankbar.

Zur besseren grafischen Darstellung der Screenshots wurde die klassische Windowsansichtsdarstellung verwendet.

Bautzen, August 2015 Veit Kuczora

Inhaltsverzeichnis

1 Einleitung

1.1 CAD-Einsatz im Straßenentwurf

Unter dem Begriff Straßenentwurf wird die ingenieurmäßige Gestaltung von linienförmigen Straßenverkehrsanlagen, deren Knotenpunkte sowie Nebenanlagen verstanden. Dies umfasst insbesondere:

- linienförmige Verkehrsanlagen:
  - außerörtliche Straßen (Autobahnen, Landstraßen),
  - innerörtliche Straßen,
  - ländliche Wege,
  - Radverkehrsanlagen,
- Knotenpunkte:
  - planfreie Knotenpunkte
  - teilplanfreie Knotenpunkte,
  - teilplangleiche Knotenpunkte,
  - plangleiche Knotenpunkte,
- Nebenanlagen:
  - Wendeanlagen,
  - Parkplätze/-garagen,
  - Tank- und Rastanlagen,
  - Busbahnhöfe, Verknüpfungspunkte.

In der Regel erfolgt der Entwurf dieser Verkehrsanlagen nach dem Iterationsprinzip in mehreren Planungsstufen (Bild 1-1). Mit jeder Planungsstufe nehmen die zu regelnden Details und damit auch der Grad der Genauigkeit zu. In Deutschland regeln die *Richtlinien zum Planungsprozess und für die einheitliche Gestaltung von Entwurfsunterlagen im Straßenbau (RE 2012)* die einzelnen Planungsstufen, die zugehörigen Verfahren und die zu erstellenden Entwurfsunterlagen.

Um den mit dem Einsatz von CAD-Programmen verbundenen Effizienzvorteil auszunutzen, müsste der Einsatz von CAD-gestützten Entwurfsverfahren in allen Entwurfsstufen erfolgen. Allerdings birgt genau dies auch ein großes Risiko, indem so nach dem Verfahren „copy and paste" das Iterationsprinzip ausgehebelt und eine stufenweise Verbesserung des Entwurfs unterbunden wird. Insbesondere in der Vorplanung kann mit einer Freihand- bzw. Biegestablinie der geforderten Genauigkeit ausreichend Rechnung getragen werden. Der Entwurf einer in die klassischen Elemente Gerade, Kreisbogen und Klothoide aufgelösten Trasse ist in der Regel für diese Entwurfsstufe übergenau. Nunmehr stehen auch hierfür etablierte CAD-Programme (z. B. Korridorfinder der Fa. A+S) zur Verfügung, die die traditionelle Methodik der Freihand- bzw. Biegestablinie programmtechnisch umsetzen. Ab der Entwurfsstufe Entwurfsplanung ist der Einsatz von CAD-gestützten Entwurfsverfahren unumgänglich.

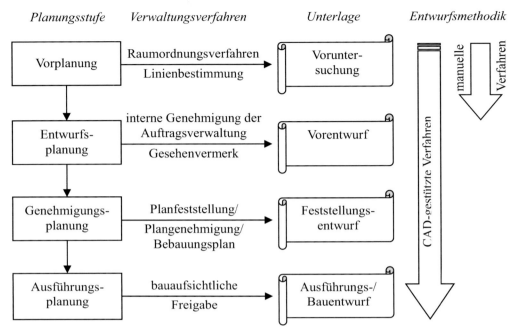

Bild 1-1: Entwurfsablauf und Entwurfsmethodik

Die im Straßenentwurf verwendeten CAD-Programme sind zwei Gruppen zuzuordnen:

- Fachschalen zur Erweiterung von Basis-CAD-Programme:

  Die Nutzung dieser Fachschalen bedarf die Installation eines Basis-CAD-Programmes (AutoCAD, GEOMEDIA, BricsCAD, etc.). Ohne dieses sind die Fachschalen nicht nutzbar. Die Fachschalen nutzen die Grundfunktionen des Basis-CAD-Programmes und ergänzen spezifische Fachfunktionen. Typische Vertreter hierfür sind:

  - Civil3D,
  - VESTRA Civil3D/CAD/GIS,
  - ProVI,
  - RZI.

- eigenständige CAD-Programme (Standalone):

  Alle Funktionen für den Entwurf, den Datenaustausch und die Zeichnungsbearbeitung sind in einem Programm vereint. Es sind keine weiteren Programme für die Nutzung notwendig. Typische Vertreter hierfür sind:

  - CARD/1,
  - VESTRA Pro,
  - Stratis.

1.2   Allgemeine Systembeschreibung

CARD/1 ist ein grafisch-interaktiv orientiertes Entwurfsprogramm für die Schwerpunkte Straßen-, Bahn-, Landschafts- und Kanalplanung sowie Vermessung, Erd- und Wasserbau. Da sich die Aufgaben der einzelnen Bereiche teilweise überschneiden, besitzt CARD/1 einen modularen Aufbau. Jedes Modul erfüllt eine spezielle Aufgabe. Die CARD/1-Software umfasst im Gesamten 125 Module. Im vorliegenden Buch werden nicht alle erwerbbaren, sondern nur die, für die in den folgenden Kapiteln beschriebenen Anwendungen notwendigen Module sowie einige besonders ausgewählte Module beschrieben. Die nachfolgende Skizze zeigt die Verbindung der einzelnen Module untereinander.

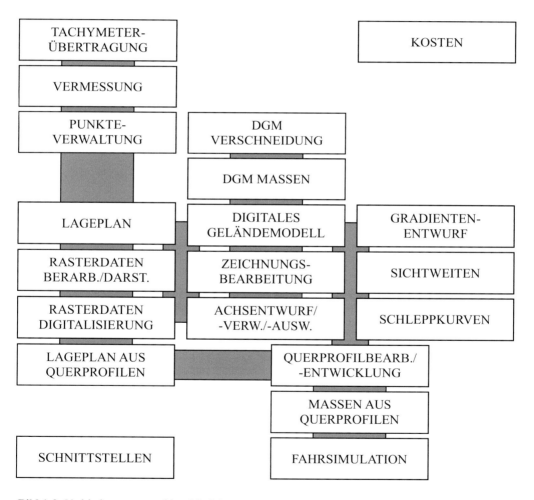

Bild 1-2: Verbindung ausgewählter Module

Systemmodule

CARDSCRIPT: ermöglicht das Entwickeln und das Ausführen von Skripten auf Ba-
                    sis CARD/1-Programmiersprache „CardScript". Dies dient der indi-
                    viduellen Standardisierung und Automatisierung von Arbeitsabläufen
                    in CARD/1 sowie dem Datenaustausch im CSV-, XML-, MS-Excel-
                    und SQL-Format. Im Downloadbereich auf www.card-1.com werden
                    eine Vielzahl von Beispielscripten zur Verfügung gestellt.

SYSTEM: bildet den „Rahmen" für alle anderen CARD/1 Module. Alle grund-
                    legenden Einstellungen werden hier verwaltet:

- Programmoberfläche,

- Projekt- und Dateiverwaltung,

- Texteditor,

- Tabellenbearbeitung,

- Kataloge,

- fachliche Voreinstellungen,

- Projektvorlagen,

- Systemdienste und

- Online-Dokumentation.

Vermessungsmodule

PUNKTVERWALTUNG: dient der Verwaltung, Übernahme und Ausgabe von Punkten.

TACHYMETER ÜBERTRAGUNG: ermöglicht den Datenaustausch zwischen dem Messin-
                    strument und dem CARD/1-System.

TRANSFORMATIONEN: erlaubt die Transformationen (z. B. zwischen DHDN/Gauß-
                    Krüger und ETRS89/UTM) von Projektdaten on the fly beim Im-
                    und Export von Projektdaten sowie innerhalb des CARD/1-
                    Projektes. Es stehen verschiedene Transformationsverfahren zur Ver-
                    fügung, die u. a. die spezifischen Vorgaben der Bundesländer und der
                    Deutschen Bahn berücksichtigen.

VERMESSUNG: übernimmt vermessungstechnische Standardaufgaben, z. B. Verwal-
                    tung und Berechnung der Punkte aus der CARD/1-Punktdatenbank,
                    Auswertung von Tachymetermessungen, Koordinatentransformatio-
                    nen, Berechnung von Absteckwerten, Polygonzugberechnung.

Lageplanmodule

BILDDOKUMENTATION: ermöglicht den Import und die Verwaltung von georeferenzierten
                    Bildern. Diese können im Lageplan dargestellt und bearbeitet sowie
                    in den Zeichnungen ausgegeben werden.

LAGEPLAN: dient zum Verwalten und Bearbeiten lageorientierter Daten (Punkten,
                    Linien, Symbolen etc.). Es ermöglicht zudem die Berechnung von
                    Flächen und das Erstellen von Lageplanzeichnungen. Es setzt das
                    Modul Punktverwaltung voraus.

RASTERDATEN BEARBEITUNG/DARSTELLUNG: erlaubt die Übernahme und die Aufbereitung von Rasterdaten (z. B. gescannte topografische Karten) sowie die Darstellung von CARD/1-Rasterbildern und WMS-Daten in allen lageplanorientierten Modulen (z. B. Lageplan, Achsentwurf).

RASTERDATEN DIGITALISIERUNG: ermöglicht die Digitalisierung von Punkten, Flächen und Strecken am Bildschirm auf Grundlage von Rasterdaten. Es setzt das Modul Rasterdaten Darstellung voraus.

DGM-Module

DIGITALES GELÄNDEMODELL: dient dem Erzeugen, Verwalten und Auswerten von digitalen Geländemodellen. Es können Längsschnitte auf Achsen, Querschnitte zu Achsen und beliebige Geländeschnitte erzeugt werden. Zudem erlaubt es die Darstellung von Höhenschichtlinien.

DGM MASSEN: ist ein Zusatzmodul zu Digitales Geländemodell, dass eine Massen- und Oberflächenberechnung ermöglicht, insbesondere Massen aus Prismen, Wasservolumen und Füllkurven.

DGM VERSCHNEIDUNG: baut auf die Module Digitales Geländemodell und DGM Massen auf. Es ermöglicht die Berechnung von Auftrags- und Abtragsmassen zwischen zwei Geländemodellen. Auftrags- und Abtragsmassen werden farblich differenziert dargestellt.

Achsmodule

ACHSAUSWERTUNG: ermöglicht die Auswertung und Analyse von einzelnen oder mehreren Achsen.

ACHSENTWURF: erlaubt den grafisch-interaktiven Entwurf von Straßenachsen, Einmündungen/Kreuzungen sowie Kreisverkehren. Durch einen direkten Zugriff auf die Daten des Lageplans werden Zwangspunktsituationen sofort sichtbar.

ACHSVERWALTUNG: übernimmt die Achsverwaltung sowie den Im- und Export von Achshauptpunkten in verschiedenen Formaten, z. B. KA40 und REB DA50.

SCHLEPPKURVEN: dient der Berechnung von Schleppkurven auf Basis von Leitlinien. Das Bemessungsfahrzeug wird aus einer entsprechenden Fahrzeugbibliothek ausgewählt.

SICHTWEITEN: ermöglicht die Berechnung von vorhandenen und erforderlichen Halte- und Überholsichtweiten, verdeckten Kurvenbeginnen und Sichtschattenbereichen gemäß aktuellem FGSV-Regelwerk auf zwei- oder dreidimensionaler Datengrundlage. Es setzt die Module Gradientenentwurf und Querprofilentwicklung voraus.

Gradientenmodule

GRADIENTENENTWURF: erlaubt den grafisch-interaktiven Entwurf von Längsschnitten sowie deren Berechnung, Bearbeitung und Auswertung.

GRADIENTENTRANSFORMATION: ermöglicht die Transformation von Gradienten auf parallele Achsen sowie die Berechnung von Zwangsgradienten.

Profilmodule

LAGEPLAN AUS QUERPROFILEN: verbindet die beiden Module Querprofilentwicklung und Lageplan. Die konstruierten Querprofile mit Böschungen, Gräben usw. werden in den Lageplan transformiert und dort in Punkte, Linien und Böschungen gewandelt.

MASSEN AUS QUERPROFILEN: berechnet Massen und Flächen auf Grundlage der mit dem Modul Querprofilbearbeitung/-entwicklung erzeugten Profillinien (REB-VB 21.003, 21.013 und 21.033). Es setz das Modul Digitales Querprofilbearbeitung/-entwicklung voraus.

QUERPROFILBEARBEITUNG/-ENTWICKLUNG: dient der Verwaltung und Konstruktion von Querprofilen. Alle Profile können grafisch kontrolliert und nachbearbeitet werden.

QUERPROFILTRANSFORMATION: erlaubt die Transformation von Querprofilen einer Achse auf eine andere Achse bzw. das Verschieben von Profilen auf einer Achse..

Module zur 3D-Projektansicht

3D-PROJEKTANSICHT: erlaubt das perspektivische Betrachten aller Projektdaten (Planung und Topografie).

FAHRSIMULATION: ermöglicht die Visualisierung der Projektdaten als Gitter- oder texturierte Perspektive und dient der Entwurfskontrolle.

Kostenmodule

KOSTEN AKS: erlaubt die Kostenberechnung im Rahmen des Entwurfes von Straßenbaumaßnahmen nach AKS85. Die Datei mit den Standardtexten gehört zum Programmumfang und kann individuell ergänzt werden. Für den Datenaustausch stehen das Kostra-Format der Bundesanstalt für Straßenwesen (BASt) und das Format der OKSTRA-Schnittstelle zur Verfügung.

KOSTEN HOAI: ermittelt die Honorare gemäß der HOAI anhand der Projektdaten. Es setzt das Modul Kosten AKS voraus.

KOSTEN RAB-ING: ermöglicht die Kostenberechnungen für Ingenieurbauwerke gemäß der RAB-ING. Es setzt das Modul Kosten AKS voraus.

Zeichnungsmodule

ACHSZEICHNUNG: erstellt aus dem Achsentwurf vollständige, abgabefertige Zeichnungen als PLT-Datei. Es setzt das Modul Zeichnungsbearbeitung voraus.

HYBRIDE ZEICHNUNGSBEARBEITUNG: ermöglicht, die mit dem Modul Rasterdaten Bearbeitung/Darstellung erstellten Rasterdaten und Bitmaps in CARD/1-Zeichnungen zu übernehmen. Es setzt das Modul Zeichnungsbearbeitung voraus.

LÄNGSSCHNITTZEICHNUNG: erstellt vollständige, abgabefertige Zeichnungen als PLT-Datei mit Gradienten, Geländeschnitten, Krümmungsband, Rampenband sowie Sichtweitenband und beliebige weitere Bänder inklusive

der notwendigen Beschriftungen. Es setzt das Modul Zeichnungsbearbeitung voraus.

QUERPROFILZEICHNUNG: erstellt von den konstruierten Querprofilen vollständige, abgabefertige Zeichnungen als PLT-Datei. Es setzt das Modul Zeichnungsbearbeitung voraus.

ZEICHNUNGSBEARBEITUNG: ermöglicht die Zusammenstellung und Nachbearbeitung
der Zeichnungsdateien. Die Zeichnungsausgabe erfolgt auf einem
Drucker bzw. Plotter.

Grunderwerbsmodule

Grunderwerb Erfassung: ermöglicht die Erfassung und Verwaltung von Grunderwerbsdaten
sowie die Erstellung RE-konformer Grunderwerbsverzeichnisse und
Grunderwerbspläne. Verschiedene Schnittstellen stehen für den Da-
tenimport und -export zur Verfügung (z. B. OKSTRA-Schema
Grunderwerb, GE/Office, MS Excel, MS Word, MSt Access).

Schnittstellenmodule

ALKIS® IMPORT: ermöglicht den Import von amtlichen Kataster- und Topografiedaten
AFIS®-ALKIS®-ATKIS®-Daten im NAS-Format.

DA001 IM-/EXPORT: ist die Ein- und Ausgabeschnittstelle für Punkte und Linien im
Datenformat 001.

DWG IM-/EXPORT: ist die Ein- und Ausgabeschnittstelle für Zeichnungs- und Topografiedaten im DWG-Format.

DXF IM-/EXPORT: ist die Ein- und Ausgabeschnittstelle für Zeichnungs- und Topografiedaten im DXF-Format.

HPGL IMPORT: ermöglicht die Übernahme von HPGL-Dateien als Zeichnungsdaten
in das CARD/1-System.

OKSTRA Entwurf IM-/EXPORT: ist die Ein- und Ausgabeschnittstelle für OKSTRA-
konforme Daten der Schemata:
- Entwurf,
- Geometrie und
- allgemeine Geometrieobjekte.
OKSTRA-Daten liegen im Austauschformat CTE vor. CTE (Clear
Text Encoding) ist ein Textformat auf Basis des OKSTRA-
Referenzschemas, in dem standardisierte Fachbedeutungen definiert
sind, und wird durch die Norm ISO 10303-21 festgelegt. Beim Exportieren werden den CARD/1-Projektdaten die OKSTRA-
Fachbedeutungen zugewiesen. Beim Importieren werden die Fachbedeutungen der OKSTRA-Daten in die CARD/1-Fachbedeutungen
konvertiert.

Shape IM-/EXPORT   ist die Ein- und Ausgabeschnittstelle für Shape-Daten. Somit können
Geodaten, z. B. Punkte, Polygone, Flächen, Objektattribute, mit
Geoinformationssystemen ausgetauscht werden.

1.3 Programmstruktur

1.3.1 Projektverwaltung

Die Card/1-Verzeichnisstruktur ist zweigeteilt, d. h. die CARD/1-Programme befinden sich in einem anderen Verzeichnis als die CARD/1-Projekte.

Die CARD/1-Programme werden, sofern bei der Installation nichts anderes vereinbart wird, unter dem Ordner *C:\Program Files (x86)\IBuT\CARD84\CARDP* abgelegt. Alle Dateien der CARD/1-Hilfe (vgl. Kapitel 2.4) befinden sich im separaten Unterordner *DOKU*.

Die CARD/1-Projekte können sowohl auf lokalen Laufwerken als auch auf Netzlaufwerken abgelegt werden. CARD/1 verwendet für die Projektverwaltung die Datenbank Firebird. Dementsprechend ist es zwingend notwendig, dass auf dem Rechner, auf dessen Laufwerk die CARD/1-Projekte abgelegt werden, die Firebird-Datenbank installiert wird. Soll über eine Remoteverbindung mit CARD/1 gearbeitet werden, so muss i. A. auch auf dem Heimcomputer die Firebird-Datenbank installiert sein.

1.3.2 Projektarten

1.3.2.1 Allgemeines

Die CARD/1-Projekte gliedern sich in die

- Anwenderprojekte
- Vorlagenprojekte,
- Zentralprojekte und
- Demo-Projekte,

Der Projektname darf maximal aus 40 Zeichen bestehen. Für den Projektordner kann der gleiche Name wie für das Projekt vergeben werden.

1.3.2.2 Anwenderprojekte

Anwenderprojekte sind Projekte, die vom Anwender für jeweils einen Auftrag bzw. eine Planungsphase angelegt werden.

1.3.2.3 Vorlagenprojekte

Vorlagenprojekte sind Projekte, die für sich wiederholende Planungsaufgaben als Kopiervorlage dienen sollen. Der Vorteil bei diesem Vorgehen liegt in der automatischen Weitergabe von einheitlichen Festlegungen bzw. Einstellungen, wie z. B. Schichtstrukturierung, Darstellungs- und Zeichnungsvereinbarungen. Wird bei der Anlage eines Anwenderprojekts ein entsprechendes Vorlageprojekt ausgewählt, werden automatisch die darin enthaltenen Einstellungen kopiert.

Folgende, für die Straßenplanung relevante Vorlagenprojekte sind auf der Installations-CD bzw. teilweise online im CARD/1-Supportcenter verfügbar:

- 84_VORLAGE_OKSTRA   Fachbedeutungslisten für 16 Bundesländer
- 84_VORLAGE_RAS_V_01   Projektbearbeitung nach RAS-Verm Stand 2001
- 84_VORLAGE_DFK   Im- und Export von DFK-Daten (Digitale Flurkarte)

Jedes Vorlagen-Projekt enthält eine kurze Anleitung in Form einer PDF-Datei.

1.3.2.4   Zentralprojekte

Zentralprojekte sind für eine effiziente Arbeit mit CARD/1 unerlässlich. Sie enthalten zentrale Dateien (allgemeine Konfigurationen), die für alle bzw. mehrere Arbeitsprojekte identisch sind. Im Allgemeinen sind dies:

- Stifttabellen,
- Strichartendefinitionen,
- Zeichnungsranddefinitionen,
- Drucklayouts,
- Symbolbibliotheken,
- Makrolinienbibliotheken,
- allgemeine Querprofilvereinbarungen,
- Zeichnungselemente (Stempel, Logo, etc.).

Standardmäßig wird bei der Installation das Zentralprojekt *CARD* angelegt. Werden weitere Zentralprojekte benötigt, empfiehlt sich eine entsprechend abgeänderte Kopie des Standard-zentralprojekts.

1.3.2.5   Demo-Projekte

CARD/1 enthält Demo-Projekte, die diverse Beispieldateien enthalten, mit deren Hilfe ein leichterer Einstieg in das System ermöglicht werden soll. Folgende, für die Straßenplanung relevante Demoprojekte sind auf der Installations-CD bzw. teilweise online im CARD/1-Supportcenter verfügbar:

- 84_DEMO_CARDDemo   Grundlagen und Straßenbau
- 84_DEMO_Fahrsimulation Sichtweiten und Fahrsimulation zu einer Bundesstraße
- 84_DEMO_Grunderwerb   Grunderwerbsbearbeitung
- 84_DEMO_Punktwolke   Bestandsvermessung mit Laserscanner
- 84_DEMO_Rasterbilder   Rasterbildverarbeitung
- 84_DEMO_WMS   WebMetaService-Daten für einige Bundesländer

Jedes Demo-Projekt enthält eine kurze Anleitung in Form einer PDF-Datei, die über das Favoritenmenü in das Projekt eingebunden ist.

1.3.2.6   CardScript-Sammlung

Auf der Installations-CD ist zudem ein Projekt mit einer Sammlung von CardSripten enthalten (84_CardScript_Sammlung: Skripte aus dem Support-Center).

Im Support-Center sind darüber hinaus Scripte zu folgenden u. a. Themen abrufbar:

- Vermessung
- Punktwolke
- Punkte
- Topografie
- DGM
- Straße
- Zeichnung
- Bauwerke
- Nebenattribute
- Schnittstellen

2 Programmgrundlagen

2.1 CARD/1-Oberfläche

2.1.1 Allgemeines

Die Programmoberfläche besteht aus der Titelleiste, der Menüleiste, den Symbolleisten, dem CAD-Menü, dem Arbeitsbereich mit dem Übersichtsfenster und den Grafikfenstern, dem Protokollfenster und der Statusleiste.

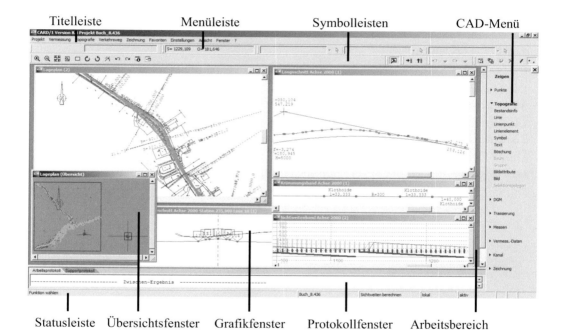

Bild 2-1: Programmoberfläche

Die Titelleiste am oberen Bildschirmrand enthält den Namen des bearbeiteten Projektes.

Die Symbolleisten sind am oberen Bildschirmrand angeordnet und dienen der Verkürzung der Auswahl von Funktionen bzw. der Eingabe/Anzeige von Attributen und Werten. Die Symbolleisten passen sich automatisch an die jeweils gewählte Funktionsgruppe an. Sie können vom Nutzer selbst nur in ihrer Position aber nicht in ihrem Inhalt verändert werden.

Über die Statusleiste am unteren Bildschirmrand kommuniziert das System mit dem Nutzer und zeigt den als nächstes anstehenden Arbeitsschritt an.

19

2.1.2   Menüleiste

Über die Menüleiste sind alle verfügbaren Funktionsgruppen wählbar. Die Menüs sind dabei thematisch wie folgt gegliedert:

- PROJEKT,
- VERMESSUNG,
- TOPOGRAFIE,
- VERKEHRSWEG,
- ZEICHNUNG,
- FAVORITEN,
- EINSTELLUNGEN,
- ANSICHT,
- FENSTER und
- ? (Hilfe).

Die Menüs können ggf. mehrere Untermenüs enthalten. Wird eine Funktionsgruppe aus dem Menü gewählt, erscheinen die zugehörigen Funktionen im CAD-Menü (vgl. Kapitel 2.1.3).

Die letzten zehn gewählten Funktionsgruppen werden gespeichert und sind über das Menü FAVORITEN direkt und schnell wählbar. Weiterhin können in das Favoriten-Menü eigene Programmaufrufe eingebunden werden.

Im Folgenden werden die für die Straßenplanung benötigten Menüs und ihre Untergruppen grafisch dargestellt.

Bild 2-2: Menü PROJEKT

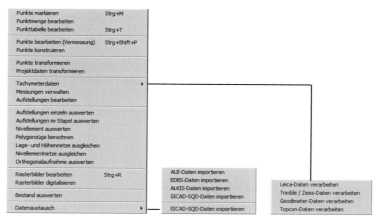

Bild 2-3: Menü und Untermenüs VERMESSUNG

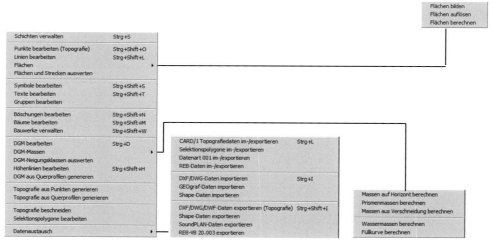

Bild 2-4: Menü und Untermenüs TOPOGRAFIE

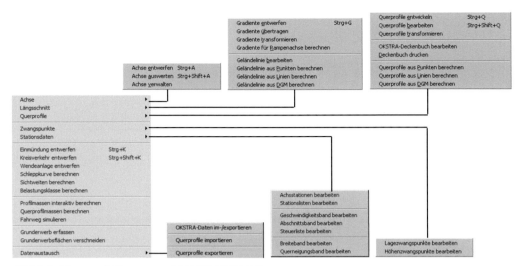

Bild 2-5: Menü und Untermenüs VERKEHRSWEG

Zeichnung bearbeiten	Strg+B
Zeichnung ausgeben	Strg+Shift+B
Blattschnitte bearbeiten	
Lageplanzeichnung erstellen	Strg+F9
Achszeichnung erstellen	Strg+F2
Rasterzeichnung erstellen	
Längsschnittzeichnung erstellen	Strg+F3
Kanallängsschnittzeichnung erstellen	
Querprofilzeichnung erstellen	Strg+F5
Datenaustausch	▶

DXF/DWG-Daten importieren	Strg+I
DXF/DWG Daten exportieren (Zeichnung)	

Bild 2-6: Menü und Untermenü ZEICHNUNG

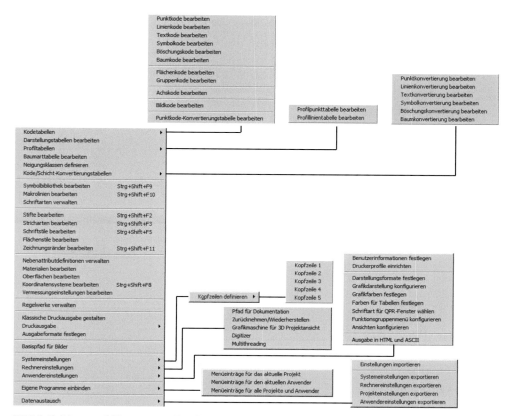

Bild 2-7: Menü und Untermenüs EINSTELLUNGEN

Daten zeigen und messen	F3
Daten darstellen	F2
Neu darstellen	F5
Perspektiven verwalten	
Ausschnitt gesamt	F8
Ausschnitt neu	F4
Ausschnitt vergrößern	F11
Ausschnitt verkleinern	F12
Ausschnitt drehen	F9
Ausschnittänderung zurücknehmen	
Ausschnittänderung wiederherstellen	

Bild 2-8: Menü ANSICHT

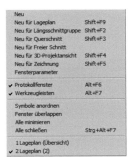

Bild 2-9: Menü FENSTER

Bild 2-10: Menü HILFE

2.1.3   Werteingabe und -anzeige

Die Werteingabe und -anzeige sind an der oberen Bildschirmseite bei den Symbolleisten angeordnet.

Die Ergebnisse der mittels der Funktionsgruppe *Daten zeigen und messen* ausgewerteten Projektdaten werden in der Wertanzeige dargestellt.

Bild 2-11: Wertanzeige

Erfolgt die Werteingabe nicht mit der Maus sondern durch die Tastatur, geschieht dies in der Werteingabe. Oft hat der Nutzer die Wahl zwischen unterschiedlichen Werten, die eingegeben werden können. Die dabei aktuell möglichen Werteeingaben werden durch Symbole mit Kennbuchstaben angezeigt. Die Symbole sind mit einem Quickinfo versehen und mit der Maus wählbar. Alternativ kann der Kennbuchstabe auch über die Tastatur eingegeben werden.

Bild 2-12: Werteingabe

Topografie	
#	Punktnummer
K	Koordinate
0	Auswahl über Index
Achse	
#	Achsnummer
A	Klothoidenparameter
D	Abrückmaß
L	Länge
R	Radius
W	Winkel
Gradiente	
A	Abstand
D	Höhendifferenz / Stationsdifferenz
H	Höhe
K	Station und Höhe
N	Neigung [%]
/	Neigung [1 : n]
R	Halbmesser
S	Station
T	Tangentenlänge

Bild 2-13: Kennbuchstaben der Werteingabe

2.1.4 Datenkontextanzeige und -auswahl

Da in der Straßenplanung der Entwurf in drei zweidimensionalen Ebenen erfolgt, bestehen dementsprechend auch sich bedingende Zusammenhänge zwischen den Daten der einzelnen Entwurfsebenen.

Die Straßenachse erhält bei ihrer Berechnung eine Anfangsstation und eine Stationierungsrichtung. Diese Festlegungen dienen für die beiden anderen Entwurfsebenen als Bezugssystem.

Im Gradientenentwurf wird jeder Achsstation eine Höhe zugewiesen. Dies erfolgt ausschließlich mit Bezug auf die Achsstation und nicht auf die Lagekoordinaten. Das bedeutet, dass die Gradiente unmittelbar von der Achse abhängig ist, da ohne die Verknüpfung zwischen Achsstation und Lagekoordinaten die Gradiente in der Straßenplanung nutzlos ist.

Bei der Entwicklung des Querschnitts sind zwei Abhängigkeiten aufzuzeigen. Beide sind an die Achsstation geknüpft. Einerseits stellt die Achsstation den Verweis auf die Lagekoordinaten her. Zum anderen ermöglicht die Achsstation die Verknüpfung zur Gradientenhöhe, die als Bezugshöhe für die Querschnittsentwicklung dient.

Die Kontextanzeige und -auswahl ermöglichen, diese Abhängigkeiten direkt als Kriterium zur Auswahl der zu bearbeitenden Projektdaten zu verwenden. Je nach Entwurfsebene, die gerade bearbeitet wird, stehen die vorhandenen Planungsdaten zur Auswahl bzw. wird die in Bearbeitung befindliche Achse/Gradiente/Querschnittsentwicklung angezeigt.

Bild 2-14: Datenkontextanzeige und -auswahl

2.1.5 CAD-Menüs

Für die jeweilige Funktionsgruppe werden die Funktionen zum Bearbeiten und Auswerten der Projektdaten im CAD-Menü dargestellt.

In der Regel befindet sich das CAD-Menü an der rechten Bildschirmseite. Der Nutzer kann die Position jedoch frei bestimmen. Hierfür muss das CAD-Menü von seiner Standardposition mit einem Doppel-Klick auf die Doppellinie im Kopfbereich des CAD-Menüs abgedockt werden. Das nun eigenständige Fenster kann mit der Maus an jede beliebige Position verschoben werden. Ebenso kann das abgedockte CAD-Menü mit einem Doppel-Klick auf die Doppellinie im Kopfbereich des CAD-Menüs wieder zu seiner Standardposition gebracht werden.

Werden alle Überschriften aufgeklappt, kann es sein, dass aus Platzgründen nicht alle Funktionen sichtbar sind. Befindet sich der Kursor über dem CAD-Menü, kann mit der Maus das CAD-Menü auf- und abgescrollt werden.

Im Darstellungsmenü (vgl. Kapitel 2.3.1) gibt es die Möglichkeit, auf bestimmte Darstellungsoptionen (durch ✓ gekennzeichnet) mittels rechter Maustaste (Bild 2-16, links) direkt zuzugreifen. Dabei werden die Darstellungsoptionen, die über ein Auswahlfenster (Bild 2-16, rechts) detailliert bestimmt werden können, teilweise zusammengefasst. Zudem werden die in dem Auswahlfenster festgelegten Wahloptionen (z. B. Festlegung der darzustellenden Achsen) direkt übernommen. Eine Änderung dieser Wahloptionen erfordert den Weg mit der linken Maustaste in die Bearbeitung im Auswahlfenster.

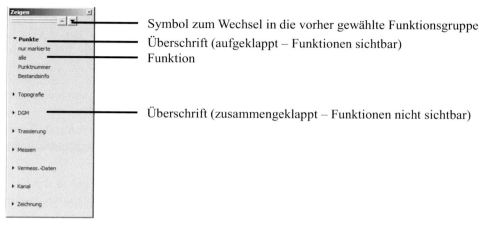

Symbol zum Wechsel in die vorher gewählte Funktionsgruppe
Überschrift (aufgeklappt – Funktionen sichtbar)
Funktion

Überschrift (zusammengeklappt – Funktionen nicht sichtbar)

Bild 2-15: abgedocktes CAD-Menü

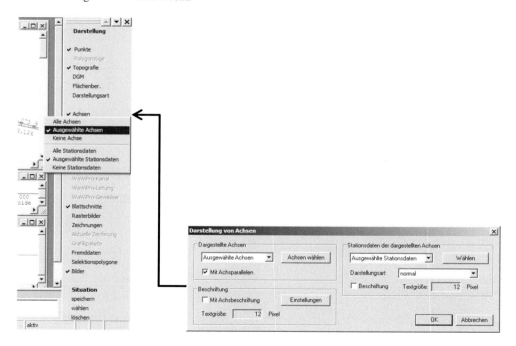

Bild 2-16: Schnellzugriff im Darstellungsmenü über rechte Maustaste (links) und Vollzugriff über linke Maustaste (rechts)

2.1.6 Arbeitsbereich

Der Arbeitsbereich dient der grafischen Darstellung der Projektdaten. In ihm können unterschiedliche Ansichten sowie unterschiedliche Ausschnitte einer Ansicht als eigenständige Grafikfenster dargestellt werden.

Ansichten in CARD/1 sind neben der klassischen Darstellung des Lageplans, des Achs- sowie des Gradientenentwurfs und der Querschnittentwicklung auch die räumlichen Ansichten, freie Schnitte, verschiedene Bandansichten und die Zeichnungsansichten. Jede Ansicht wird in einem eigenen Grafikfenster dargestellt. In jedem Grafikfenster kann der Ausschnitt beliebig verändert werden bzw. von einer Ansicht können mehrere Fenster mit unterschiedlichen Ausschnitten vereinbart werden (vgl. Kapitel 2.3.3). Dem Nutzer steht somit eine sehr große Vielfalt zur Verfügung, um die vorhandenen Projektdaten grafisch darzustellen.

Um bei so vielen Fenstern den Überblick zu bewahren, steht das Übersichtsfenster (vgl. Bild 2-18) zur Verfügung. In ihm kann keine Bearbeitung durchgeführt werden. Es dient allein der Darstellung vorhandener und der Vereinbarung neuer Ausschnittdefinitionen (vgl. Kapitel 2.3.3). Das Übersichtsfenster kann mit dem Symbol 📇 in den Vordergrund geholt werden.

Der Name, die Drehung und die Überhöhung können für jedes Fenster einzeln eingestellt werden. Allerdings sollten bei diesem Vorgehen die Lage und die Abmessungen der Ausschnitte nicht immer wieder geändert werden, da es sonst zu Diskrepanzen zwischen Fenstername und dargestellter Inhalt kommen kann!

➔ MENÜ FENSTER

  ➔ Fensterparameter oder 🔘

    ➔ Parameter eingeben bzw. verändern

      ➔ OK

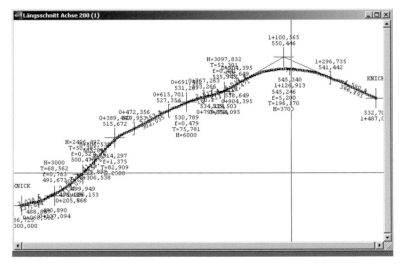

Bild 2-17: Grafikfenster

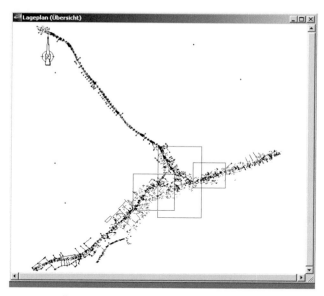

Bild 2-18: **Übersichtsfenster**

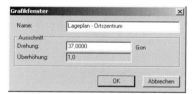

Bild 2-19: Fensterparameter ändern

Die Grafikfenster der einzelnen Entwurfsebenen (Achse, Gradiente, Querschnitt) stehen direkt miteinander in Verbindung. Das bedeutet, dass z. B. die aktuelle Station eines Querschnittes auch in den Grafikfenstern für die Achse und die Gradiente grafisch dargestellt wird (Bild 2-20). So kann der Bearbeiter immer in drei Ebenen denken, obwohl er nur in einer Ebene aktiv arbeitet.

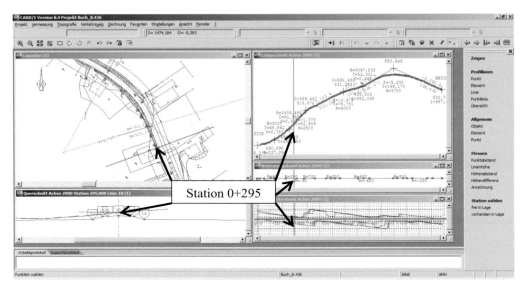

Bild 2-20: Gleichzeitige Anzeige einer Station in den Grafikfenstern aller drei Entwurfsebenen

2.1.7 Protokollfenster

Im Protokollfenster werden alle Arbeitsschritte einer Arbeitssitzung und die dabei verwendeten Daten protokolliert. Im Protokollfenster stehen dem Nutzer standardmäßig drei Rubriken zur Verfügung:

- Arbeitsprotokoll,
- Ablaufprotokoll und
- Supportprotokoll.

Für verschiedene Funktionsgruppen werden weitere Rubriken angelegt.

Um den Platz auf dem Bildschirm effektiv nutzen zu können, kann das Protokollfenster mit dem Symbol [Symbol] ausgeblendet werden. Die Protokollierung selbst wird dadurch nicht unterdrückt und kann nachträglich abgefragt werden.

Die Standardposition des Protokollfensters ist an der unteren Bildschirmseite. Um es an eine beliebige andere Position zu verschieben, muss es abgedockt werden. Hierfür ist mit der rechten Maustaste in das Protokollfenster zu klicken und die Option *Docken* auszuschalten. Danach wird das Protokollfenster in einem eigenständigen Fenster dargestellt (Bild 2-21).

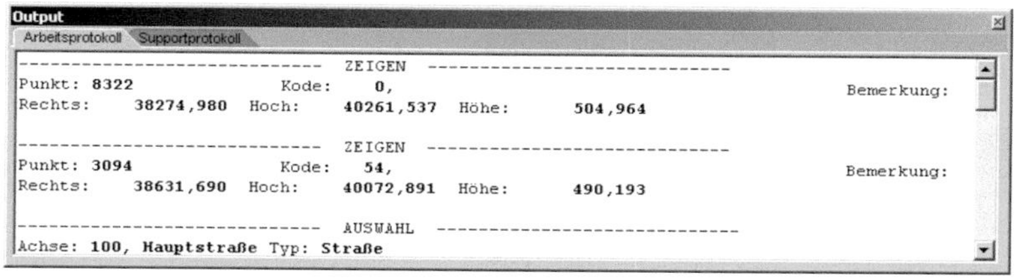

```
Output                                                                    ⊠
 Arbeitsprotokoll  Supportprotokoll
------------------------ ZEIGEN ------------------------          ▲
Punkt: 8322          Kode:   0,                         Bemerkung:
Rechts:   38274,980  Hoch:  40261,537  Höhe:   504,964

------------------------ ZEIGEN ------------------------
Punkt: 3094          Kode:  54,                         Bemerkung:
Rechts:   38631,690  Hoch:  40072,891  Höhe:   490,193

------------------------ AUSWAHL -----------------------          ▼
Achse: 100, Hauptstraße Typ: Straße
```

Bild 2-21: abgedocktes Protokollfenster

2.1.8   Statusleiste

Am unteren Rand des CARD/1-Programmfensters befindet sich die Statusleiste. Dort werden Statusinformationen und Bedienungsaufforderungen angezeigt.

Bei den Statusinformationen handelt es sich um den Namen des gerade bearbeiteten Projektes und den Namen der aktuell gewählten Funktionsgruppe sowie - nur in der Lageansicht - das aktuelle Koordinatensystem.

Mithilfe der Bedienungsaufforderung wird der Benutzer aufgefordert, eine textlich dargestellte Aktion vorzunehmen. Dies erleichtert insbesondere Einsteigern die Bedienung von CARD/1, da sie so durch die verschiedenen Funktionen geführt werden.

In einigen Funktionsgruppen werden weitere Daten angezeigt. Dabei wird die Statusleiste zum Teil aktiv verlinkt. So sind in der Funktionsgruppe „Zeichnung bearbeiten" die Angaben zu „Stiften" und „Stricharten" verlinkt. Ein Doppelklick auf den Eintrag in der Statusleiste öffnet die Auswahltabelle, so dass eine individuellen Anpassung sofort möglich ist.

```
Funktion wählen                        Buch_B.436    Sichtweiten berechnen    lokal    aktiv
```

Bild 2-22: Statusleiste

2.2   Dateiverwaltung

CARD/1 besitzt eine interne Dateiverwaltung (Bild 2-23). In dieser können neben den üblichen Dateiverwaltungsfunktionen (editieren, kopieren, löschen, selektieren, etc.) die zusätzlich zum Dateinamen vorhandenen CARD/1-internen Dateibezeichnungen eingesehen und bearbeitet werden.

Die für den Straßenentwurf wichtigen Dateien sind in Kapitel 11.1 aufgeführt.

➜ MENÜ PROJEKT
   ➜ Dateien verwalten

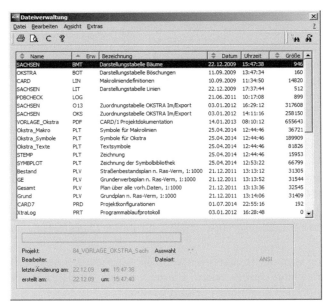

Bild 2-23: Anzeigefenster der Dateiverwaltung

2.3   Grafische Darstellung und Auswertung

Um Daten in einem Ansichtsfenster darzustellen oder dargestellte Daten auszuwerten, stehen drei Optionen zur Verfügung:

- Daten darstellen,
- Daten zeigen und messen sowie
- Ausschnitte definieren bzw. verändern.

2.3.1   Daten darstellen

Mit der Funktionsgruppe **Daten darstellen** und mit der Schaltfläche ![] können einzelne Datenarten (Punkte, Texte, Achsen, etc.) oder komplette Schichten selektiert werden, die in den Ansichtsfenstern dargestellt bzw. nicht dargestellt werden sollen (Bild 2-24).

Bild 2-24: Darstellenmenüfunktionen

2.3.2 Daten zeigen und messen

Zusätzlich zu den im Grafikbereich dargestellten Daten können mit der Funktionsgruppe

Daten zeigen und messen und mit der Schaltfläche [+ +] die Eigenschaften von einzelnen, zu wählenden Elementen im Anzeigebereich ausgegeben werden.

Bild 2-25: Zeigenmenüfunktionen

Die Objektattribute bzw. Ergebnisse werden in eigenen Anzeigefenstern dargestellt. Die Anzeigefenster bleiben so lange auf dem Bildschirm sichtbar, bis ein anderes geöffnet wird oder der Nutzer es schließt. Sollen die Informationen im Anzeigefenster über einen längeren Zeitraum sichtbar bleiben, kann das Anzeigefenster mit der Pinnadel ⊡ / ⊙ fixiert werden. Allerdings werden einige Anzeigefenster automatisch aktualisiert, wenn sich die Daten des Bezugsobjekts ändern! Dies wird durch ☺ in der linken unteren Ecke des Ergebnisfensters gekennzeichnet.

Zum Messen stehen sechs Berechnungsfunktionen zur Verfügung:

- **Punkt – Punkt** (Bild 2-26): berechnet die Abstände, die Richtung, den Höhenunterschied und die Neigung zwischen den zwei gewählten Punkten.

- **Achse – Punkt** (Bild 2-27): berechnet den minimalen Abstand zwischen dem gewählten Punkt und der Achse sowie die dazugehörige Station auf der Achse.

- **Element – Punkt** (Bild 2-28): berechnet den orthogonalen Abstand sowie die zugehörige Station zwischen dem gewählten Punkt und der aktuellen Achse.

- **Anrechnungen** (Bild 2-29): berechnet auf Grundlage einer durch einen Stand- und einen Zielpunkt vorgegebenen Geraden den Abszissen- und den Ordinatenabstand vom Standpunkt aus für einen dritten Punkt.

- **Brechungswinkel** (Bild 2-30): ermittelt den Winkel, der sich zwischen dem 1. Zielpunkt, dem Standpunkt und dem 2. Zielpunkt aufspannt. Gleichzeitig wird der Ergänzungswinkel (Differenz des Brechungswinkels zu 2π) angegeben.

- **Stationsdifferenz:** (Bild 2-31) berechnet die Differenz zwischen zwei Achsstationen. Dabei werden sowohl die internen als auch die externen Stationswerte angezeigt. Wenn die externen Stationswerte sich auf eine andere Achse beziehen, so wird die wahre Länge auf der Bezugsachse und nicht die Stationsdifferenz angezeigt!

In den Ergebnisfenstern werden an verschiedenen Stellen zwei Strecken angegeben. Dabei wird zwischen der Strecke aus Koordinaten auch der tatsächlichen Strecke in der Natur unterschieden. Die Strecke in der Natur ist mit dem Zeichen ' gekennzeichnet. Hintergrund für diese Differenzierung ist die Berücksichtigung der Höhe und anderer geodätischer Einflüsse (z. B. Maßstabsfaktor des eingestellten Koordinatensystems, Abstand vom Mittelmeridian) bei der Längenermittlung.

Für die Berechnung von Strecken in der Koordinatensystemebene werden folgende zwei Ergebnisse angezeigt:

- **Entfernung:** Strecke zwischen zwei Punkten aus Koordinaten ohne Berücksichtigung des ggf. vorhandenen Höhenunterschieds.

- **Schrägentfernung:** Schrägstrecke zwischen zwei Punkten aus Koordinaten.

Für die Berechnung von Strecken in der Natur werden folgende beiden Ergebnisse angezeigt:

- **Entfernung':** Strecke zwischen zwei Punkten in der Natur ohne Berücksichtigung des ggf. vorhandenen Höhenunterschieds.

- **Schrägentfernung':** Schrägstrecke zwischen zwei Punkten in der Natur.

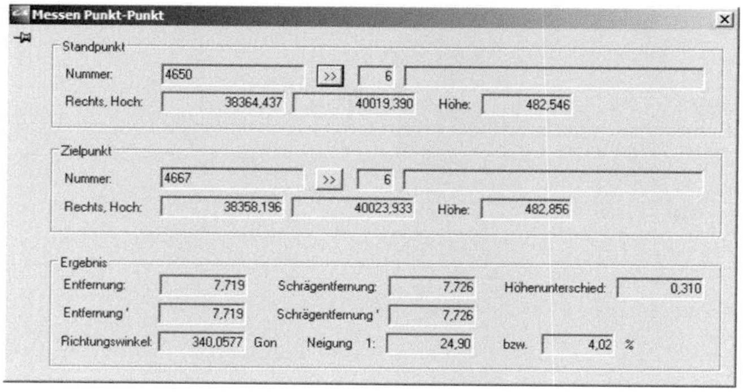

Messen Punkt-Punkt

Standpunkt
Nummer: 4650 >> 6
Rechts, Hoch: 38364,437 40019,390 Höhe: 482,546

Zielpunkt
Nummer: 4667 >> 6
Rechts, Hoch: 38358,196 40023,933 Höhe: 482,856

Ergebnis
Entfernung: 7,719 Schrägentfernung: 7,726 Höhenunterschied: 0,310
Entfernung ': 7,719 Schrägentfernung ': 7,726
Richtungswinkel: 340,0577 Gon Neigung 1: 24,90 bzw. 4,02 %

Bild 2-26: Ergebnisfenster für die Funktion *Messen Punkt - Punkt*

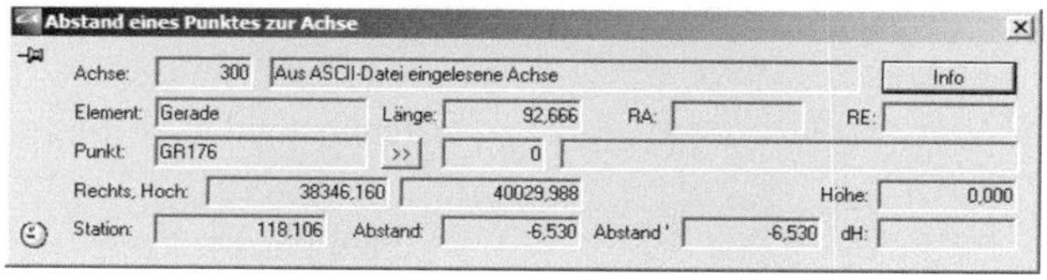

Abstand eines Punktes zur Achse

Achse: 300 Aus ASCII-Datei eingelesene Achse Info
Element: Gerade Länge: 92,666 RA: RE:
Punkt: GR176 >> 0
Rechts, Hoch: 38346,160 40029,988 Höhe: 0,000
Station: 118,106 Abstand: -6,530 Abstand ': -6,530 dH:

Bild 2-27: Ergebnisfenster für die Funktion *Messen Achse - Punkt*

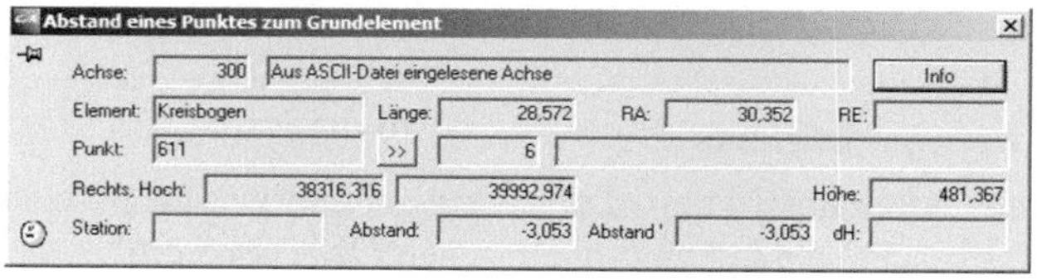

Abstand eines Punktes zum Grundelement

Achse: 300 Aus ASCII-Datei eingelesene Achse Info
Element: Kreisbogen Länge: 28,572 RA: 30,352 RE:
Punkt: 611 >> 6
Rechts, Hoch: 38316,316 39992,974 Höhe: 481,367
Station: Abstand: -3,053 Abstand ': -3,053 dH:

Bild 2-28: Ergebnisfenster für die Funktion *Messen Element - Punkt*

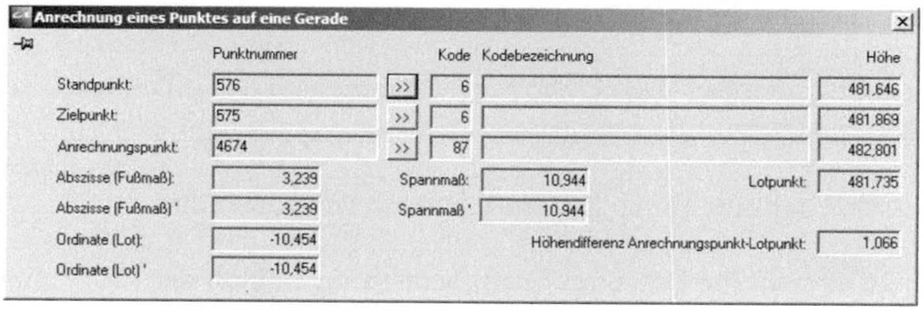

Anrechnung eines Punktes auf eine Gerade

	Punktnummer	Kode	Kodebezeichnung	Höhe
Standpunkt:	576	>> 6		481,646
Zielpunkt:	575	>> 6		481,869
Anrechnungspunkt:	4674	>> 87		482,801

Abszisse (Fußmaß): 3,239 Spannmaß: 10,944 Lotpunkt: 481,735
Abszisse (Fußmaß) ': 3,239 Spannmaß ': 10,944
Ordinate (Lot): -10,454 Höhendifferenz Anrechnungspunkt-Lotpunkt: 1,066
Ordinate (Lot) ': -10,454

Bild 2-29: Ergebnisfenster für die Funktion *Anrechnung*

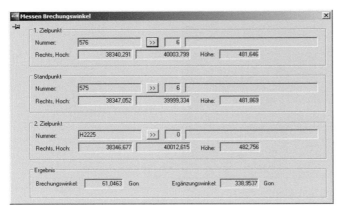

Bild 2-30: Ergebnisfenster für die Funktion *Brechungswinkel*

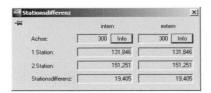

Bild 2-31: Ergebnisfenster für die Funktion *Stationsdifferenz*

2.3.3   Ausschnitte definieren bzw. verändern

Mit den Funktionsgruppen des Menüs **Ausschnitt** können neue Ausschnitte vereinbart bzw. vorhandene Ausschnitte verändert werden. Folgende Funktionen stehen dabei zur Verfügung:

- **Ausschnitt gesamt**: zeigt den gesamten, über die Projektgrenzen definierten Ausschnitt. Die Funktion kann auch mit F8 ausgelöst werden (vgl. Kapitel 24.1.1).

- **Ausschnitt neu**: erstellt eine neue Ausschnittdefinition innerhalb des im Grafikfenster angezeigten Ausschnittes und wechselt anschließend in diese.

- **Ausschnitt vergrößern**: stellt die Daten im Grafikbereich vergrößert dar.

- **Ausschnitt verkleinern**: stellt die Daten im Grafikbereich verkleinert dar.

- **Ausschnitt drehen**: ermöglicht die freie Drehung eines Ausschnitts.

- **Ausschnitt drehen über Punkte**: ermöglicht die Drehung eines Ausschnitts über zwei zu definierende bzw. wählende Punkte.

- **Ausschnittänderung zurücknehmen**: nimmt die mit einer anderen Funktion durchgeführten Änderung des Ausschnitts zurück.

- **Ausschnittänderung wiederherstellen**: ⟳ stellt die mit der Funktion *Ausschnittände-rung zurücknehmen* zurückgenommenen Ausschnittänderungen wieder her.

- **neues Fenster der aktuellen Ansicht**: ⬚ erstellt eine neue Ausschnittdefinition inner-halb des im Grafikfenster angezeigten Ausschnittes und öffnet ein neues, dieser Definition entsprechendes Grafikfenster.

- **neu darstellen**: ▦ aktualisiert den Inhalt des aktiven Fensters. Die Funktion kann auch mit F5 ausgelöst werden (vgl. Kapitel 24.1.1).

- **Grafikfenster aus dem CARD/1-Programmfenster herauslösen**: ⊞ löst das aktive Grafikfenster aus dem CARD/1-Programmfenster heraus. Damit ist die Platzierung an ei-ner beliebigen Stelle des Desktops möglich. Diese Funktion ist sehr hilfreich bei einem Arbeitsplatz mit mehreren Monitoren. Sie ermöglicht eine übersichtlichere Arbeit mit den untereinander abhängigen Daten.

- **Grafikfenster in das CARD/1-Programmfenster einbinden**: ⊞ bindet das aktive herausgelöste Grafikfenster wieder in das CARD/1-Programmfenster ein.

Die Funktionen wirken sich, sofern nicht anders beschrieben, ausschließlich auf den jeweils aktuellen Ausschnitt aus.

2.3.4   3D-Projektansicht

Die 3D-Projektansicht ermöglicht die räumliche Darstellung der Projektdaten. Über *Daten darstellen* (Bild 2-33) lässt sich die Auswahl der zu visualisierenden Projektdaten festlegen. Die Geländemodelle können mit einer RGB-Farbe oder mit einem farbigen Höhenverlauf dargestellt werden. Auch die Darstellung von 3D-Bauwerken (vgl. Kapitel 21) ist möglich.

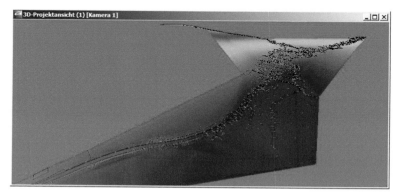

Bild 2-32: 3D-Projektansicht mit DGM (farbiger Höhenverlauf), Punkten und Linien

Für die 3D-Projektdarstellung können beliebig viele Perspektiven in beliebig vielen Fenstern definiert und verwaltet werden. Hierfür bedarf es der Festlegung virtueller Kameras. Bei jeder Kamera können Zoom, Brennweite, Bilddrehungswinkel, Anstellwinkel, Richtungswinkel und Clipping festgelegt werden (Bild 2-35).

Folgende Funktionen stehen dabei zur Verfügung:

- **Mausaktion auf Augpunkt anwenden**: ![Symbol] verschiebt den Augpunkt,

- **Mausaktion auf Zielpunkt anwenden**: ![Symbol] verschiebt den Zielpunkt,

- **vergrößern**: ![Symbol] stellt die Daten werden im Grafikbereich vergrößert dar,

- **verkleinern**: ![Symbol] stellt die Daten werden im Grafikbereich verkleinert dar,

- **Kamera zurücksetzen**: ![Symbol] zeigt die gesamte, über die Projektgrenzen definierte Ansicht,

- **Brennweite vergrößern**: ![Symbol] vergrößert die Brennweite (vgl. Kapitel 17.4 zu den Auswirkungen!)

- **Brennweite verkleinern**: ![Symbol] verkleinert die Brennweite (vgl. Kapitel 17.4 zu den Auswirkungen!)

- **Kameraeigenschaften**: ![Symbol] zeigt Eigenschaften der Kamera an (Bild 2-35)

- **Einstellungen**: ![Symbol] zeigt Einstellungen der Ansicht an (Bild 2-36)

- **neues Fenster**: ![Symbol] erzeugt neues 3D-Ansichtfenster

➔ MENÜ ANSICHT
   ➔ Perspektiven verwalten
      ➔ Kamera neu
         ➔ Felder im Eingabefenster ausfüllen (Bild 2-34)
           ➔ OK
      ➔ Kamera bearbeiten
         ➔ Felder im Eingabefenster ausfüllen (Bild 2-35)
           ➔ OK
      ➔ ![Symbol]
         ➔ zu visualisierende Projektdaten festlegen (Bild 2-33)
      ➔ ![Symbol]
         ➔ Einstellungen der Ansicht im Eingabefenster festlegen (Bild 2-36)
           ➔ OK

Bild 2-33: Auswahl der zu visualisierenden Projektdaten

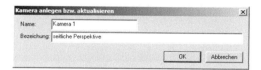

Bild 2-34: Eingabefenster zur Definition einer Kamera

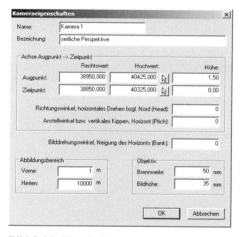

Bild 2-35: Eingabefenster zur Definition einer Kamera

Bild 2-36: Eingabefenster zu Einstellungen der Ansicht

2.4   Hilfefunktionen

Über das Menü **?** und die Funktionsgruppe *CARD/1-Hilfe* wird die CARD/1-Hilfe aufgerufen (Bild 2-37). Aus den angebotenen Hilfethemen kann das Gesuchte gewählt werden.

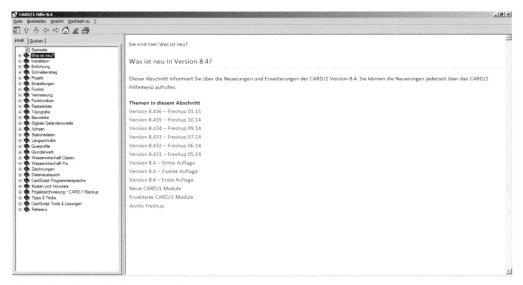

Bild 2-37: CARD/1 Windows-Hilfetext

Soll das Hilfethema zur aktuell ausgeführten Funktionsgruppe angezeigt werden, genügt die Betätigung der F1-Taste (Bild 2-37). Bei der Bearbeitung bzw. Erstellung von Vereinbarungen kann über die Tastenkombination UMSCHALT+F1 eine kontextbezogene Hilfe für die Anweisung, auf der der Cursor steht, angezeigt werden.

2.5 Schnelleinstieg

Um einen schnellen Einstieg in CARD/1 zu ermöglichen, stehen für ausgewählte Themen Lernvideos mit der Beschreibung der jeweiligen Arbeitsabläufe zur Verfügung. Über das Menü **?** und die Funktionsgruppe *Schnelleinstieg* werden derzeit (Die Lernvideos werden mit den CARD/1-Freshups aktualisiert und erweitert.) folgende Themenbereiche aufgezeigt:

- **System,**
- **Transformationen,**
- **Vermessung,**
- **Topografie,**
- **DGM,**
- **Achsen,**
- **Längsschnitte,**
- **Gradiente entwerfen,**
- **Zeichnungen,**
- **Datenaustausch und**
- **Kosten AKS.**

Die vertonten Lernvideos liegen im WMV-Format (Windows Media Video) vor und sind mit üblichen Mediaplayern abspielbar. Die Nutzung der Lernvideos ist nicht zwingend an Lautsprecher gebunden. Der gesprochene Text wird als Schrift im Video eingeblendet.

3   CARD/1-Entwurfsvorgang

Im Folgenden soll ein CARD/1-spezifischer Arbeitsablauf für ein Projekt schematisch als Überblick dargestellt werden. Ausgehend von der Projektanlage bis hin zur Zeichnungsausgabe umfasst der Arbeitsablauf 20 Arbeitsschritte. Die einzelnen Arbeitsschritte werden in den folgenden Kapiteln detailliert erläutert. Aus didaktischen Gründen wird dabei von der hier dargestellten Gliederung und Reihenfolge abgewichen.

1. **PROJEKT ANLEGEN**
   $\Rightarrow$ MENÜ PROJEKT
   – Neu   ✎ Anwenderprojekt

2. **EXTERNE VERMESSUNGSDATEN EINLESEN**
   $\Rightarrow$ MENÜ TOPOGRAFIE
   $\Rightarrow$ Funktionsgruppe *Datenaustausch*
   – CARD/1-Topografiedaten einzeln oder über Sammeldatei einlesen, ggf. Schichten anlegen
   $\Rightarrow$ MENÜ PROJEKT
   $\Rightarrow$ Funktionsgruppe *Projektausdehnung bearbeiten*
   – Projektausdehnung den Projektdaten anpassen
   $\Rightarrow$ MENÜ EINSTELLUNGEN)
   $\Rightarrow$ Funktionsgruppe *Symbolbibliothek bearbeiten*
   – Symbolbibliothek erzeugen bzw. ergänzen

   ODER:

   $\Rightarrow$ MENÜ TOPOGRAFIE
   $\Rightarrow$ Funktionsgruppe *Datenaustausch*
   – Datenschnittstelle je nach Datenherkunft auswählen
   $\Rightarrow$ MENÜ PROJEKT
   $\Rightarrow$ Funktionsgruppe *Projektausdehnung bearbeiten*
   – Projektausdehnung den Projektdaten anpassen
   $\Rightarrow$ MENÜ EINSTELLUNGEN)
   $\Rightarrow$ Funktionsgruppe *Symbolbibliothek bearbeiten*
   – Symbolbibliothek erzeugen bzw. ergänzen

3. **TOPOGRAFIEDATEN NACH- UND BEARBEITEN**
  ⇒ MENÜ TOPOGRAFIE
  ⇒ Funktionsgruppe der jeweils zu bearbeitenden Topografiedatenart wählen
  – Topografiedaten durch Code-Angleichung strukturieren
  – Topografiedaten auf Vollständigkeit und Plausibilität prüfen

4. **LAGEZWANGSPUNKTE FESTLEGEN**
  ⇒ MENÜ VERKEHRSWEG
  ⇒ Funktionsgruppe *Zwangspunkte*
  ⇒ Funktionsgruppe *Lagezwangspunkte bearbeiten*
  – Lagezwangspunkte festlegen bzw.
    bearbeiten ✎ Lage-ZP

5. **ACHSENTWURF**
  ⇒ MENÜ VERKEHRSWEG
  ⇒ Funktionsgruppe *Achse*
  ⇒ Funktionsgruppe *Achse entwerfen*
  – Achsentwurf durchführen ✎ Linienführung im LP
  ⇒ Funktionsgruppe *Achse auswerten*
  – differenziertes Achsprotokoll erstellen ✎ Ausdruck

6. **KNOTENPUNKTSENTWURF**
  ⇒ MENÜ VERKEHRSWEG
  ⇒ Funktionsgruppe *Einmündung entwerfen*
  – Achs- und Knotenpunktentwurf durchführen ✎ Linienführung im LP

  ODER:

  ⇒ Funktionsgruppe *Kreisverkehr entwerfen*
  – Achs- und Knotenpunktentwurf durchführen ✎ Linienführung im LP

7. **ÜBERPRÜFUNG DER BEFAHRBARKEIT**
  ⇒ MENÜ VERKEHRSWEG
  ⇒ Funktionsgruppe *Achse*
  ⇒ Funktionsgruppe *Achse entwerfen*
  – Fahrlinie als Achse entwerfen ✎ Fahrlinie
  ⇒ Funktionsgruppe *Schleppkurve berechnen*
  – Fahrlinie als aktuelle Achse auswählen
  – Schleppkurvenberechnung ✎ Schleppkurven als
    globaler Zeichnungslayer

8. DIGITALES GELÄNDEMODELL ERSTELLEN UND AUSWERTEN
⇒ MENÜ TOPOGRAFIE
  ⇒ Funktionsgruppe *DGM bearbeiten*
    – digitales Geländemodell anlegen
    – Referenzdaten einlesen
    – Datenprüfung
    – Triangulierung

9. HÖHENZWANGSPUNKTE FESTLEGEN
⇒ MENÜ VERKEHRSWEG
  ⇒ Funktionsgruppe *Zwangspunkte*
    ⇒ Funktionsgruppe *Höhenzwangspunkte bearbeiten*
      – Höhenzwangspunkte festlegen bzw.
        bearbeiten   ✑ Höhen-ZP

10. GRADIENTENENTWURF
⇒ MENÜ VERKEHRSWEG
  ⇒ Funktionsgruppe *Längsschnitt*
    ⇒ Funktionsgruppe *Geländelinie aus DGM berechnen*
      – Längsschnitt der Achsen ausgeben   ✑ Geländelängsschnitt
                                                (GELaaaaann.crd)

    ⇒ Funktionsgruppe *Gradiente entwerfen*
      – Achse wählen
      – Geländelängsschnitt auswählen
      – Gradiente entwerfen   ✑ Linienführung im HP
                                                (GRAaaaaann.crd)

11. ACHSAUSWERTUNG
⇒ MENÜ VERKEHRSWEG
    – Funktionsgruppe *Achsen auswerten*
      – erweiterte Kleinpunktliste von Achsen erstellen
                                              ✑ Stationsliste von Achse mit
                                                Haupt- und Gradienten-
                                                punkten (STAaaaaann.crd)

12. QUERPROFILE ENTWICKELN UND BEARBEITEN

$\Rightarrow$ MENÜ VERKEHRSWEG

   $\Rightarrow$ Funktionsgruppe *Stationsdaten*

      $\Rightarrow$ Funktionsgruppe *Querneigungsband bearbeiten*

         – Querneigungsdefinitionsdatei erstellenmit Hilfe des Ausdruckes der diff. Hauptpunktliste oder halbautomatisch generieren   ✎ Querneigungsdefinitionsdatei (QUEaaaaann.crd)

   $\Rightarrow$ Funktionsgruppe *Stationsdaten*

      $\Rightarrow$ Funktionsgruppe *Breiteband bearbeiten*

         – Breitedatei manuell erstellen   ✎ Breitedefinitionsdatei (BRTaaaaann.crd)

   $\Rightarrow$ Funktionsgruppe *Querprofile*

      $\Rightarrow$ Funktionsgruppe *Querprofile aus DGM berechnen*

         – Querprofile der Achsen ausgeben   ✎ Geländeprofile an Stationen

      $\Rightarrow$ Funktionsgruppe *Querprofile entwickeln*

         – Entwicklungsdatei erstellen bzw. editieren   ✎ Entwicklungsdatei (QPRaaaaann.crd)

   $\Rightarrow$ Funktionsgruppe *Querprofile bearbeiten*

         – Querprofile ggf. manuell nacharbeiten

13. SICHTWEITENBERECHNUNG UND RÄUMLICHE LINIENFÜHRUNG

$\Rightarrow$ MENÜ VERKEHRSWEG

   $\Rightarrow$ Funktionsgruppe *Sichtweiten berechnen*

      – Parameter für die Sichtweitenberechnung festlegen   ✎ Sichtweitendateien

      – bei Fehlermeldung manuelle Prüfung der berechnungsrelevanten Querprofillinie

      – Prüfung auf Standardraumelemente durchführen   ✎ Abschnittsbänder

14. ÜBERTRAGUNG DER ENTWICKELTEN BÖSCHUNGEN IN DEN LAGEPLAN

$\Rightarrow$ MENÜ TOPOGRAFIE

   $\Rightarrow$ Funktionsgruppe *Topografie aus Querprofilen generieren*

      – Vorgang definieren und Querprofildaten übernehmen

$\Rightarrow$ MENÜ TOPOGRAFIE

   $\Rightarrow$ Funktionsgruppe *Böschungen bearbeiten*

      – Böschungen manuell nacharbeiten

15. ENTWURFSÜBERPRÜFUNG
  − Prüfung der digitalen Projektdaten auf
     o   Vollständigkeit,
     o   Plausibilität,
     o   Einhaltung Regelwerke und
     o   Einhaltung vorhandener Zwangspunkte

16. FAHRSIMULATION
  ⇒ MENÜ VERKEHRSWEG
     ⇒ Funktionsgruppe *Fahrweg simulieren*
        − Modellierungsdatei anlegen bzw. editieren   ✎ Vereinbarung
                                                          (MODaaaaann.crd)

        − Fahrsimulation ausführen

17. LAGEPLANZEICHNUNG ERSTELLEN
  ⇒ MENÜ ZEICHNUNG
     ⇒ Funktionsgruppe *Blattschnitte bearbeiten*
        − Blätter anlegen   ✎ Blattschnitte
     ⇒ Funktionsgruppe *Lageplanzeichnung erstellen*
        − Anweisung erstellen bzw. editieren   ✎ Anweisung (*.plv)
        − Lageplanzeichnung erzeugen   ✎ Lageplanzeichnung (*.plt)

18. ACHSZEICHNUNG ERSTELLEN
  ⇒ MENÜ ZEICHNUNG
     ⇒ Funktionsgruppe *Achszeichnung erstellen*
        − Anweisung erstellen bzw. editieren   ✎ Anweisung
                                                          (LPLaaaaann.crd)

        − Achszeichnung erzeugen   ✎ Achszeichnung
                                                          (LPLaaaaann.plt)

19. HÖHENPLANZEICHNUNG ERSTELLEN
  ⇒ MENÜ ZEICHNUNG
     ⇒ Funktionsgruppe *Längsschnittzeichnung erstellen*
        − Anweisung erstellen bzw. editieren   ✎ Anweisung
                                                          (GPLaaaaann.crd)

        − Höhenplanzeichnung erzeugen   ✎ Höhenplanzeichnung
                                                          (GPLaaaaann.plt)

20. QUERPROFILZEICHNUNG ERSTELLEN
⇒ MENÜ ZEICHNUNG

   ⇒ Funktionsgruppe *Querprofilzeichnung erstellen*

     – Anweisung erstellen bzw. editieren   ↳ Anweisung
                                              (PPLaaaaann.crd)

     – Querprofilzeichnung erzeugen   ↳ Querprofilzeichnung
                                              (PPLaaaaann.plt)

Der Entwurfsvorgang ist nicht zwingend von einem Bearbeiter durchzuführen. In Abhängigkeit von der Projektphase und der Büroorganisation ist es sinnvoll bestimmte Arbeitsschritte durch „Spezialisten" durchführen zu lassen. Dies bietet sich besonders bei

- **Arbeitsschritt 2:** Externe Vermessungsdaten einlesen,

- **Arbeitsschritt 3:** Topografiedaten nach- und bearbeiten,

- **Arbeitsschritt 8:** Digitales Geländemodell erstellen und auswerten,

- **Arbeitsschritt 12:** Querprofile entwickeln und bearbeiten,

- **Arbeitsschritt 17:** Lageplanzeichnung erstellen,

- **Arbeitsschritt 18:** Achszeichnung erstellen,

- **Arbeitsschritt 19:** Höhenplanzeichnung erstellen und

- **Arbeitsschritt 20:** Querprofilzeichnung erstellen

an, da diese immer wieder gleiche Routinen aufweisen und gewisse Spezialkenntnisse erfordern. Gerade für diese Spezialkenntnisse ist der fortwährende Gebrauch von Vorteil, um eine hohe Effizienz zu erreichen. Hier eröffnen sich aber auch zugleich vielfältige Möglichkeiten zur Anwendung von CardScript (vgl. Kapitel 22).

4 Anwenderprojekte bearbeiten

4.1 Neue Projekte anlegen

Unter dem Menü **PROJEKT** kann über die Funktionsgruppe *Neu* ein neues Anwenderprojekt angelegt werden. Hierbei sind die in Bild 4-1 enthaltenen Felder auszufüllen.

Die Länge des Projektnamens ist auf 40 Zeichen begrenzt. Die Projektbezeichnung ist eine Ergänzung zum Projektnamen und wird nur CARD/1-intern benutzt. Die Projektart (vgl. Kapitel 1.3.2) ist standardmäßig auf „normal" (Anwenderprojekt) eingestellt. Mit dem Thema kann das Projekt als Bahn-, Straßen-, Kanal- oder Bestandsprojekt eingeordnet werden. Gleichzeitig werden die jeweils spezifischen Befehle der Funktionsgruppen aktiviert. Der Status zeigt die Aktivität des Projektes an. Es kann als aktiv, ruhend, abgeschlossen oder Status unbekannt eingestuft werden.

Bei der Bearbeitung von sehr vielen Projekten helfen der Status und die Kategorie als Filterkriterien.

Der Projektpfad ist frei wählbar. Die Projektdaten werden in das mit dem Feld Projektordner angelegte Unterverzeichnis des Projektpfads gespeichert. Als Projektordnername wird standardmäßig der Projektname übernommen. Es kann davon abgewichen werden. Dabei ist die übliche Beschränkung der Verzeichnis- und Dateinamen (max. 256 Zeichen) zu beachten.

Nach Bestätigung des Eingabefensters wird ein Verzeichnis angelegt, in dem CARD/1-spezifische Dateien und Datenbanken enthalten sind. Das angelegte Projekt beinhaltet jedoch noch keine CAD-Daten. Es ist leer.

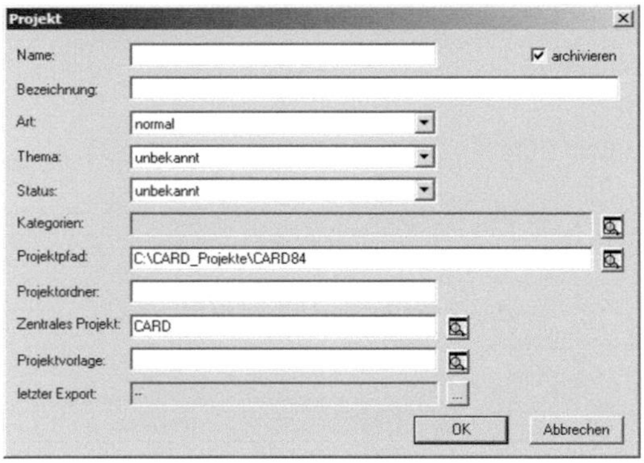

Bild 4-1: Eingabefenster für die Projektanlage

4.2 Projekte verwalten

Unter dem Menü **PROJEKT** kann über die Funktionsgruppe *Projekte verwalten* der Projektmanager aufgerufen werden.

Im Projektmanager-Menü **Projekt** stehen folgende Funktionen zur Verfügung:

- **Öffnen**: schließt den Projektmanager und öffnet das zuvor ausgewählte Anwenderprojekt.

- **Neu**: legt ein neues Projekt an (vgl. Kapitel 4.1).

- **Kopieren**: kopiert ein Anwenderprojekt aus einem auszuwählenden Projektverzeichnis.

- **Löschen**: löscht ein Anwenderprojekt aus dem aktuellen Projektverzeichnis.

- **Importieren von Ordner**: CARD/1-Projekte der Version 7.7 oder exportierte CARD/1-Projekte der CARD/1-Versionen 8.0 bis 8.4 werden importiert. Die zu importierenden Projekte dürfen nicht bereits im Projektordner stehen, da vorhandene Unterverzeichnisse durch CARD/1 aus Sicherheitsgründen nicht überschrieben werden können. Die Projekte können einzeln oder als Stapel importiert werden.

- **Importieren von Projektbereich**: direkt aus dem Projektbereich der CARD/1-Versionen 8.0 bis 8.4 werden CARD/1-Projekte importiert. Die zu importierenden Projekte dürfen nicht bereits im Projektordner stehen, da vorhandene Unterverzeichnisse durch CARD/1 aus Sicherheitsgründen nicht überschrieben werden können. Die Projekte können einzeln oder als Stapel importiert werden.

- **Exportieren**: exportiert CARD/1-Projekte aus dem Projektbereich.

- **Registrieren:** erlaubt das direkte Bearbeiten eines Projekt im Exportordner, ohne dass im Projektordner eine Projektkopie angelegt wird. Es lassen sich nur deregistrierte Projekte der aktuellen CARD/1-Version sowie exportierte Projekte der CARD/1-Versionen 8.1 bis 8.4 registrieren.

- **Deregistrieren:** ermöglicht den Export eines CARD/1 Projektes, ohne eine Kopie in einem Exportordner zu erstellen. Die Deregistrierung kann als einzelnes Projekt oder im Stapel erfolgen. Deregistrierte Projekte können nicht ohne eine weitere Registrierung nicht weiter bearbeitet werden. Zum Schutz vor unbeabsichtigten Folgen unterliegt das Deregistrieren folgenden Bedingungen:

  - Arbeitsprojekte können nur deregistriert werden, wenn sie in der aktuellen Datenversion vorliegen und nicht mit einem Projektlock oder einem Projektgruppenlock gesperrt sind.

  - Zentrale Projekte sind nur deregistrierbar, wenn keine Referenzen von Arbeitsprojekten vorhanden sind.

  - Das zentrale Projekt CARD kann grundsätzlich nicht deregistriert werden.

- **Stapelumformung:** erlaubt die automatische Umformung mehrerer Projekte der Versionen 7.7 und 8.0.

- **Schließen:** schließt den Projektmanager.

Erst der Export bzw. die Deregistrierung ermöglicht die separate (Projektbereich unabhängig) Sicherung sowie die Weitergabe von Projekten. Mit dem Kopieren von CARD/1-Projekten auf Betriebssystemebene wird keine weitergabefähige Kopie erstellt!

Mit den im Projektmanager-Menü **Bearbeiten** zur Verfügung stehenden Funktionen können die Attribute und Kategorien der Projekte bearbeitet werden. Darüber hinaus kann der nach einem Programmabsturz vorhandene Schreibschutz eines Projekts aufgehoben werden.

Die unter den in den Projektmanager-Menüs **Ansicht** und **Markieren** zur Verfügung stehenden Funktionen ermöglichen die Gruppierung (z. B. Kategoriefilter, Statusfilter) und Auswahl der Projekte.

5   Einstellungen

5.1   Allgemeines

CARD/1 bietet vielfältige Möglichkeiten die Programm- und Projekteinstellungen zu vereinbaren bzw. zu bearbeiten:

o   Kodetabellen bearbeiten,

o   Darstellungstabellen bearbeiten,

o   Profiltabellen bearbeiten,

o   Baumarttabelle bearbeiten,

o   Neigungsklassen definieren,

o   Kode/Schicht-Konvertierungstabellen bearbeiten,

o   Symbolbibliothek bearbeiten,

o   Makrolinien bearbeiten,

o   Schriftarten bearbeiten,

o   Stifte bearbeiten,

o   Stricharten bearbeiten,

o   Schriftstile bearbeiten,

o   Flächenstile bearbeiten,

o   Zeichnungsränder bearbeiten,

o   Nebenattributdefinitionen verwalten,

o   Materialien bearbeiten,

o   Oberflächen bearbeiten,

o   Koordinatensysteme bearbeiten,

o   Vermessungseinstellungen bearbeiten,

o   Regelwerke verwalten,

o   Klassische Druckausgabe gestalten,

o   Druckausgabe bearbeiten,

o   Ausgabeformate festlegen,

o   Basispfad für Bilder festlegen,

o   Systemeinstellungen bearbeiten,

o   Rechnereinstellungen bearbeiten,

o   Anwendereinstellungen bearbeiten,

o   Eigene Programme einbinden und

o   Datenaustausch.

Im Folgenden werden nur die Funktionsgruppen beschrieben, auf die in den anderen Kapiteln entsprechend Bezug genommen wird. Für alle anderen wird auf die CARD/1-Hilfe bzw. -Dokumentation verwiesen.

5.2   Symbolbibliothek bearbeiten

Um die Symbole grafisch sowohl auf dem Bildschirm als auch in der Zeichnung darstellen zu können, muss eine Verknüpfung zwischen der Symbolnummer und einer Grafik definiert werden. Dies erfolgt in der Symbolbibliothek. Erfolgt dies nicht, werden die Symbole einheitlich durch ein einziges Symbol (◻) dargestellt (Bild 5-1).

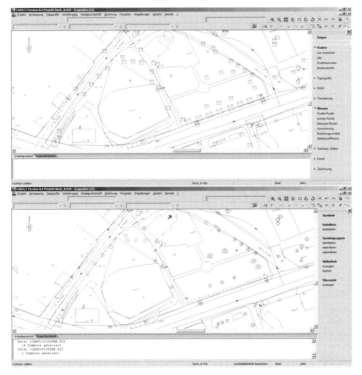

Bild 5-1: Grafische Darstellung der Symbole ohne (oben) und mit (unten) Symbolbibliothek

In CARD/1 stehen unterschiedliche Symbolbibliotheken zur Verfügung. Standardmäßig befinden sich diese in den Regelwerken und im Zentralprojekt. Zu diesen können im lokalen Projekt zusätzliche angelegt werden. Voraussetzung dafür sind Symbolzeichnungen im PLT-Format.

Die Symbolübersicht wird als Zeichnungsdatei im A4-Format generiert, so dass sie über einen Drucker ausgegeben werden kann.

➔ **MENÜ EINSTELLUNGEN**

  ➔ Symbolbibliothek bearbeiten

    ➔ Dateiliste bearbeiten (Bild 5-2)

      ➔ Bearbeiten

        ➔ Einfügen

          ➔ Symbolzeichnungen aus der Dateiliste des Arbeitspro-
jekts wählen

            ➔ OK

        oder

        ➔ Zentrales Projekt

          ➔ Symbolzeichnungen aus der Dateiliste wählen
(Bild 5-3)

            ➔ OK

      ➔ Tabelle

        ➔ sichern

      ➔ Tabelle

        ➔ schließen

    ➔ Übersicht erzeugen

      ➔ Felder im Eingabefenster ausfüllen bzw. Standardwerte über-
nehmen

      ➔ OK

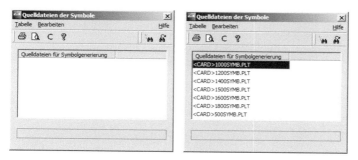

Bild 5-2: Dateiliste für Quelldateien ohne (links) und mit (rechts) Einträgen

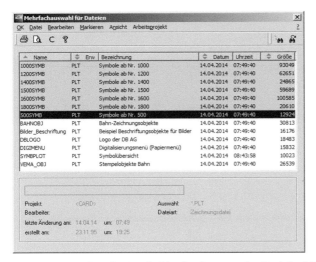

Bild 5-3: Dateiliste für Symboldateien im zentralen Projekt CARD

5.3   Projektausdehnung bearbeiten

Um die importierten Vermessungsdaten im Übersichtsfenster auch darstellen zu können, ist es notwendig, die Projektgrenzen den eingelesenen minimalen und maximalen Lageplankoordinaten anzupassen (Bild 5-4).

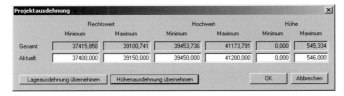

Bild 5-4: Projektausdehnung ändern

→ **MENÜ PROJEKT**
   → Projektausdehnung bearbeiten
      → Ausdehnung aus Daten
         → Lageausdehnung übernehmen
         → Höhenausdehnung übernehmen
            → OK

               → neu darstellen [image] oder F5

5.4 Regelwerke verwalten

Regelwerke sind das Fundament eines jeden Entwurfs. Folgerichtig wurde in CARD/1 mit der Version 8.4.3 eine Regelwerksverwaltung eingeführt, um alle Parameter und Objekte, die mit einem bestimmten Grundlagenregelwerk verbunden sind, in ihrer Geltung zu beeinflussen. Die in CARD/1 definierten Regelwerke beeinflussen maßgeblich die Zeichnungserstellung. Eine Auswahl ist in Bild 5-5 dargestellt. Die Regelwerke werden unterschiedlich aktiviert. So ist z. B. im Projektthema *Straßenentwurf* (vgl. Kapitel 4.1) automatisch das Regelwerk RE 2012 (vgl. Kapitel 19.1.2) aktiviert.

Regel-werk	Bezeichnung	Aktivierung	Kataloge / Definitionen
Basis	Regelwerk für die Arbeit mit CARD/1	Ist zwingend aktiviert.	• Schriftstilkatalog • Materialienkatalog • Oberflächenkatalog • Symbolbibliothek • Stifte • Stricharten • Zeichnungsränder
RE 2012	Regelwerk für die RE-konforme Zeich-nungserstellung	Regelwerk wird beim Öffnen eines Projektes mit Thema 'Straßenentwurf' automatisch aktiviert, kann aber auch manuell aktiviert/deaktiviert werden.	• Schriftstilkatalog • Flächenstilkatalog • Symbolbibliothek • Makrolinien • Stifte • Stricharten • Zeichnungsränder • Zeichnungsobjekte • Einfügedateien
ALKIS	Regelwerk für den ALKIS Import	Regelwerk wird mit dem Starten der Funktionsgruppe ALKIS-Daten importieren automatisch aktiviert, kann aber auch manuell akti-viert/deaktiviert werden.	• AAA-Objektkatalog
StraKat	Regelwerk für den CARD/1 Straßen-möbilierungskatalog	Regelwerk benötigt für die Aktivierung eine Lizenz.	• Schriftstilkatalog • Flächenstilkatalog • Symbolbibliothek • Zeichnungsobjekte
VzKat	Regelwerk für den CARD/1 Verkehrs-zeichenkatalog	Regelwerk benötigt für die Aktivierung eine Lizenz.	• Schriftstilkatalog • Stifte • Zeichnungsobjekte

Bild 5-5: CARD/1-Regelwerke (Auswahl)

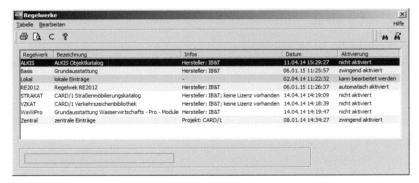

Bild 5-6: Regelwerke verwalten

➜ **MENÜ EINSTELLUNGEN**

  ➜ Regelwerke verwalten

    ➜ Regelwerk im Auswahlfenster auswählen

      ➜ Bearbeiten

        ➜ Regelwerk aktivieren bzw. deaktivieren
          (je nach Aktivierungsstatus)

      ➜ Tabelle

        ➜ schließen

6 Topografiedaten

6.1 Datenstruktur

Grundlegend werden in CARD/1 sechs Topografiedatenarten (Punkte, Linien, Böschungen, Symbole, Bäume und Texte) unterschieden.

Auf die Bearbeitung der einzelnen Datenarten wird im Kapitel 6.3 eingegangen.

Zur Vereinfachung der Entwurfsabläufe ist es zweckmäßig, die Topografiedaten zu strukturieren. Hierzu steht die Funktionsgruppe **Schichten verwalten** zur Verfügung. Alle Datenarten, außer den Punkten, können einzelnen Schichten zugeordnet werden. Punkte werden in einer globalen, projektspezifischen Punktdatenbank verwaltet und stehen somit in allen Schichten zur Verfügung.

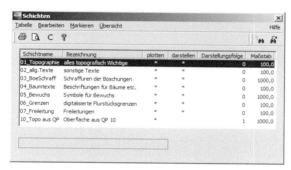

Bild 6-1: Schichten verwalten

Für die Schichtverwaltung stehen folgende Funktionen zur Verfügung:

- **Schicht anlegen:** legt eine neue Schicht an.
- **Schicht kopieren:** kopiert eine vorhandene Schicht mit all ihren Daten.
- **Schicht aufteilen:** verschiebt auszuwählende Datenarten einer Schicht in eine neue Schicht.
- **Schicht löschen:** löscht eine vorhandene Schicht bzw. die markierten.
- **Schicht ändern:** ändert die Attribute einer vorhandenen Schicht.
- **Markierte Schicht löschen:** löscht alle zuvor markierten Schichten.
- **Schichttabelle abgleichen/ergänzen:** gleicht die Struktur der Schichten im Arbeitsprojekt mit der im zentralen Projekt vorgegebenen Schicht ab und ergänzt ggf. die Schichten im Arbeitsprojekt.
- **Schichten markieren:** ermöglicht über die im Menü „Markieren" der Schichtverwaltung zur Verfügung stehenden Funktionen einzelne oder mehrere Schichten zur markieren.

➔ **MENÜ TOPOGRAFIE**
   ➔ Schichten verwalten
      ➔ Bearbeiten
         ➔ Funktion auswählen
      ➔ Tabelle
         ➔ sichern
      ➔ Tabelle
         ➔ schließen

Für die Datenbearbeitung steht immer eine aktive Schicht zur Verfügung. Alle anderen Schichten und damit auch die darin enthaltenen Daten sind inaktiv und können nicht bearbeitet werden. In der Kontextauswahl/-anzeige ist der Name der aktiven Schicht aufgeführt.

In der Standarddarstellung sind im Lageplanfenster die Daten der inaktiven Schichten grün und der aktiven Schicht zunächst rot dargestellt. Bei der Bearbeitung einer Datenart werden diese Daten violett angezeigt.

➔ **MENÜ TOPOGRAFIE**
   ➔ Bearbeitung einer schichtabhängigen Topografiedatenart wählen
      ➔ KONTEXTAUSWAHL/-ANZEIGE
         ➔ Schicht mit Doppelklick auswählen (Bild 6-2)
         oder
         ➔ neu anlegen

Bild 6-2: Wahl der aktiven Schicht

Alternativ kann eine Schicht über die Auswahl ihr zugehöriger Topografiedaten aktiviert werden. Hierfür ist vor der Auswahl im Kontextmenü das Symbol anzuklicken. Zudem müssen die Topografiedaten der zu aktivierenden Schicht dargestellt werden (vgl. Kapitel 2.3.1).

Für die erweiterte Strukturierung der Darstellung der vorhandenen Topografiedaten ist die Belegung der spezifischen Kodierung mit grafischen Elementen bzw. Farben möglich. So können z. B. Gebäude, die als Flächenberechnung (inkl. Kode) definiert sind, durch die Vereinbarung einer Schraffurbelegung für den speziellen Flächenberechnungskode besser kenntlich gemacht werden (Bild 6-6). Des Weiteren können für jeden Kode einer Topografiedatenart zwei separate Farben (aktiv und inaktiv) gewählt und zusätzlich Linien als Makrolinien vereinbart sowie Punkte mit Symbolen belegt werden. Allerdings sollten diese Hilfsmittel sparsam eingesetzt werden, da sonst der Bearbeiter leicht den Überblick verlieren kann.

Als Erweiterung der RAS-Verm hat die Straßenbauverwaltung Sachsen u. a. einen Katalog der Punktkodierung, Abbildungselemente und Schichtbeziehungen zur Herstellung und Fortführung von Bestandsplänen erarbeitet und eingeführt (STRAßENBAUVERWALTUNG SACHSEN 2007). Ähnliche Vorschriften gibt es auch in anderen Bundesländern.

➔ **MENÜ EINSTELLUNGEN**
  ➔ Darstellungstabellen bearbeiten
    ➔ Datenart wählen
      ➔ aktive Darstellung
        ➔ Datenart wählen
          ➔ Datei mit Doppelklick auswählen
            ➔ im CAD-Menü zurückgehen ◀
      ➔ bearbeiten
        ➔ Zeile auswählen
          ➔ bearbeiten
            ➔ Funktion auswählen
        oder
        ➔ Bearbeiten
          ➔ Zeile eingeben
            ➔ Felder im Eingabefenster ausfüllen
              ➔ OK
      ➔ Tabelle
        ➔ sichern
      ➔ Tabelle
        ➔ schließen
      ➔ JA
      oder
      ➔ neu anlegen
        ➔ Felder im Eingabefenster ausfüllen
          ➔ OK
        ➔ Zeile auswählen
          ➔ bearbeiten
            ➔ Funktion auswählen
        oder
        ➔ Bearbeiten
          ➔ Zeile eingeben
            ➔ Felder im Eingabefenster ausfüllen

➔ OK
➔ Tabelle
    ➔ sichern
➔ Tabelle
    ➔ schließen
➔ JA

➔ Daten darstellen
    ➔ Darstellungsart
        ➔ Kodedarstellung wählen
            ➔ Optionen für Kodedarstellung festlegen
            ➔ OK

Bild 6-3: Darstellungstabelle bearbeiten/neu anlegen

Bild 6-4: Darstellungsdefinition bearbeiten

Bild 6-5: Darstellungsart bearbeiten

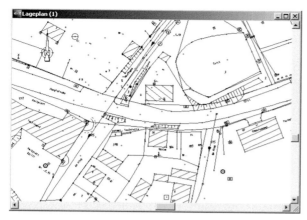

Bild 6-6: Kodedarstellung im Lageplan

6.2   Topografiedaten im- und exportieren

Grundlage für die Trassierung sind Vermessungsdaten. Diese können auf zwei Wegen in das Anwenderprojekt importiert werden. Zum einen steht das CARD/1-Format zur Verfügung und zum anderen können über spezielle Schnittstellen die Daten von anderen Programmsystemen übernommen werden (Kapitel 19.6.3.4).

Die in Kapitel 6.1 beschriebenen Topografiedatenarten besitzen folgende CARD/1-spezifische Dateierweiterung:

- Punkte: *.asc,

- Linien: *.pol,

- Böschungen/Schraffen: *.bsa,

- Symbole: *.sya,

- Bäume: *.baa und

- Texte: *.txa.

Auf die Datenformate soll an dieser Stelle nicht näher eingegangen, sondern vielmehr auf die CARD/1-Dokumentation verwiesen werden.

Je nach der durch den Vermesser vorgegebenen Datenstruktur gehören zu einem Projekt mehrere Dateien einer Datenart. Die Dateien können manuell einzeln oder automatisch mit einer Sammeldatei eingelesen werden. Beim manuellen Import sollten immer erst alle Punktdaten eingelesen werden, da diese oft die Grundlage für die Zuordnung weiterer Topografiedatenarten (z. B. Linien) darstellen.

Die zu importierenden Daten-Dateien können in das Verzeichnis des Arbeitsprojekts zu kopiert oder direkt von einem externen Ordner aus importiert werden.

Nach dem Import der externen Vermessungsdaten ist es ggf. notwendig, die Projektgrenzen den eingelesenen minimalen und maximalen Lageplankoordinaten anzupassen (vgl. Kapitel 5.3). Die ggf. notwendigen Anpassungen werden direkt nach dem Einlesen vorgeschlagen.

➜ **MENÜ TOPOGRAFIE**
  ➜ Datenaustausch
    ➜ CARD/1-Topografiedaten im-/exportieren
      ➜ Punkte
        ➜ einlesen – CARD/1-Format
          ➜ aus der Tabelle die Datei mit der Maus und einem Dop-
             pelklick auswählen
      ➜ Linien
        ➜ ...

Die gleichen Topografiedaten, können auch exportiert werden. Dabei ist die Ausgabe des CARD/1-spezifischen Formats und bei Punktdaten von frei definierbaren Fremdformaten möglich. Auf die Ausgabe von Fremdformaten soll an dieser Stelle nicht näher eingegangen, sondern vielmehr auf die CARD/1-Dokumentation verwiesen werden.

Bei der Auswahl der zu exportierenden Daten ist zu beachten, dass Punkte schichtunabhängig und alle anderen Datenarten schichtabhängig gespeichert sind. D. h., um alle Daten einer Art ausgeben zu können, muss die Sammeldatei verwendet werden (Bild 6-7), da sonst für jede Schicht, in der diese Datenart vorkommt, der Export separat notwendig ist.

Die zu exportierenden Topografiedaten können in den CARD/1-spezifischen Formaten der Versionen 8.4.2, 8.4-8.1, 8.0/7.7, 7.5 und 7.0 ausgegeben werden.

Im Folgenden erfolgt nur die Beschreibung der Grundfunktionen des Topografiedatenexports. Für alle anderen Funktionen wird auf die CARD/1-Dokumentation verwiesen.

Bild 6-7: Eingabefenster zur Definition einer Sammeldatei

➜ **MENÜ TOPOGRAFIE**
  ➜ Datenaustausch
    ➜ CARD/1-Topografiedaten im-/exportieren
      ➜ Sammeldatei
        ➜ ausgeben alle
          ➜ Felder im Eingabefenster ausfüllen (Bild 6-7)
            ➜ OK

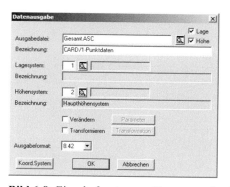

Bild 6-8: Eingabefenster zum Export von Punkten

➔ **MENÜ TOPOGRAFIE**

  ➔ Datenaustausch

    ➔ CARD/1-Topografiedaten im-/exportieren

      ➔ Punkte

        ➔ markieren

          ➔ demarkieren

            ➔ Punktwahl alle

          ➔ markieren

            ➔ relevante Punkte mit der geeigneten Funktion aus-
wählen

          ➔ im CAD-Menü zurückgehen ◀

        ➔ markierte ausgeben – CARD/1-Format

          ➔ Felder im Eingabefenster ausfüllen (Bild 6-8)

            ➔ OK

Bild 6-9: Eingabefenster zum Export von Linien

➜ **MENÜ TOPOGRAFIE**
  ➜ Datenaustausch
    ➜ CARD/1-Topografiedaten im-/exportieren
      ➜ Linien
        ➜ KONTEXTAUSWAHL/-ANZEIGE
          ➜ Schicht mit Doppelklick auswählen
            ➜ Linien markieren
              ➜ demarkieren
                ➜ Linienwahl alle
              ➜ demarkieren
                ➜ relevante Linien mit der geeigneten Funktion
                  auswählen

              ➜ im CAD-Menü zurückgehen
            ➜ ausgeben – markiert
              ➜ Felder im Eingabefenster ausfüllen (Bild 6-9)
                ➜ OK

➜ **MENÜ TOPOGRAFIE**
  ➜ Datenaustausch
    ➜ CARD/1-Topografiedaten im-/exportieren
      ➜ Symbole/Texte/Bäume/Schraffen
        ➜ ... (siehe Linien)

6.3   Topografiedaten bearbeiten

Bei der Projektbearbeitung ist es notwendig, Topografiedaten zu bearbeiten. Über das Menü **TOPOGRAFIE** kann die zu bearbeitende Datenart ausgewählt werden.

6.3.1   Punkte

Punkte stellen oft die Grundlage für die Zuordnung weiterer Topografiedatenarten (z. B. Linien, Symbole, Bäume) dar. Es ist daher für den Import von Topografiedaten notwendig, die Punktdaten als erste Datenart einzulesen (vgl. Kapitel 6.2).

Die Selektion einer Gruppe von Punkten, auf die anschließend Funktionen angewendet werden sollen, ist ein zentrales Instrument in der CAD-Planung. Aus diesem Grund stehen die Funktionen **Punkte markieren / demarkieren** nicht nur in der Topografie, sondern auch in weiteren Modulen zur Verfügung. Die Markierung erfolgt auf Grundlage von Punkteigenschaften, Polygonen oder Achsen.

→ **MENÜ TOPOGRAFIE**
  → Punkte bearbeiten (Topografie)
    → markieren
      → markieren oder demarkieren wählen
        → Funktion zur Punktselektion wählen (z. B. Höhenbereich)

Um nach einer bereits vorgenommenen Selektion eine weitere Selektion durchzuführen, wobei nach deren Abschluss nur die hierbei ausgewählten Punkte noch markiert sein sollen, müssen zuvor alle Punkte demarkiert oder die Option „*markieren neu*" verwendet werden, da es sonst zu einer Vermischung der beiden selektierten Punktmengen kommt.

6.3.2 Linien

Neue Linien können punktabhängig auf vorhandene Punkte oder punktunabhängig mit dem Fadenkreuz konstruiert werden.

Für die Linienpunktkonstruktion stehen folgende Optionen zur Verfügung:

○ **Fadenkreuz:** Die Lagekoordinaten des zu konstruierenden Linienpunktes werden mit dem Fadenkreuz bestimmt.

○ **alle Punkte:** Der Linienpunkt wird mit Bezug auf einen vorhandenen Punkt konstruiert, unabhängig vom Markierungsstatus des Bezugspunktes.

○ **markierte Punkte:** der Linienpunkt wird mit Bezug auf einen vorhandenen, markierten Punkt konstruiert.

○ **Linienpunkt:** Der Linienpunkt wird mit Bezug auf einen vorhandenen Linienpunkt konstruiert.

○ **Zeichnungskoordinate:** Die (Lage-)Koordinaten eines Elementpunktes einer dargestellten Zeichnung werden für die Punktkonstruktion übernommen.

○ **Punktwolkenpunkt:** Zur Konstruktion des Linienpunkts werden die Lagekoordinaten und die Höhe eines Laserscannerpunktes einer dargestellten Punktwolke verwendet.

○ **Fremddaten:** Aus einer dargestellten Fremddatendatei werden die Koordinaten für die Linienpunktkonstruktion übernommen.

○ **Punktliste:** Der Linienpunkt wird mit Bezug auf einen vorhandenen Punkt, der aus der Punktliste gewählt wird, konstruiert.

○ **Punktkonstruktion:** Das Verfahren gleicht dem der Funktion *neuer Punkt* mit der Erweiterung, dass die Konstruktionsverfahren, die bei der Punktkonstruktion zur Verfügung stehen, verwendet werden können.

○ **Koordinatenkonstruktion:** Das Verfahren gleicht dem der Funktion *Fadenkreuz* mit der Erweiterung, dass die Konstruktionsverfahren, die bei der Punktkonstruktion zur Verfügung stehen, verwendet werden können, ohne dass ein Punkt konstruiert wird.

Bild 6-10: Optionen bei der Konstruktion von Linienpunkten

Die Konstruktion eines Polygons wird durch die Funktion ***Beenden*** abgeschlossen.

Soll ein Polygon geschlossen werden, gibt es folgende Optionen:

o **schließen:** Schließt das Polygon, indem automatisch ein Linienelement zwischen dem letzten Polygonpunkt und dem Anfangspunkt konstruiert wird

o **schließen 1-rechtwinklig:** Schließt das Polygon, indem das aktuelle Linienelement soweit verlängert bzw. gekürzt wird, bis das Lot durch den Endpunkt auch durch den Anfangspunkt verläuft. Diese Option setzt die Verbindungsart „Gerade" beim letzten Linienelement voraus.

o **schließen 2-rechtwinklig:** Schließt das Polygon mit zwei Linienelementen. Je ein Linienelement wird dabei im Anfangspunkt und im Endpunkt des Polygons als Lot errichtet. Der Schnittpunkt der beiden Lote wird automatisch als Linienpunkt in das Polygon eingefügt. Diese Option setzt die Verbindungsart „Gerade" beim letzten Linienelement voraus.

Die Optionen können immer nach der Konstruktion eines Linienpunkts durch Klicken der rechten Maustaste aufgerufen werden. Ein zu schließendes Polygons muss mindestens drei Linienpunkte enthalten!

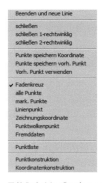

Bild 6-11: Optionen beim Schließen eines Polygonzugs

➔ **MENÜ TOPOGRAFIE**

    ➔ Linien bearbeiten

        ➔ KONTEXTAUSWAHL/-ANZEIGE

            ➔ Schicht mit Doppelklick auswählen

        ➔ neue Linie

            ➔ Kode-, Höhenvorgabe und Verbindungsart festlegen

                ➔ Koordinaten der Linienpunkte per Fadenkreuz oder über Werteingabe festlegen

Vorhandene Linien bzw. deren Eigenschaften werden mit den Funktionsgruppen

o   Bearbeiten,

o   Linienpunkt,

o   Linienelement oder

o   Linien

geändert.

➔ **MENÜ TOPOGRAFIE**

    ➔ Linien bearbeiten

        ➔ KONTEXTAUSWAHL/-ANZEIGE

            ➔ Schicht mit Doppelklick auswählen

        ➔ wählen

            ➔ mit dem Fadenkreuz im Grafikbereich die zu verändernde Linie wählen

                ➔ Funktionsgruppe für die Bearbeitung/Änderung wählen

6.3.3   Böschungen

Im Menü **TOPOGRAFIE** unter der Funktionsgruppe *Böschungen bearbeiten* können die Böschungsschraffen konstruiert werden. Hierzu sind zwei Linien, die Böschungsoberkante und die Böschungsunterkante, Voraussetzung. Neue Böschungen werden mit der Funktion **Böschungen eingeben** festgelegt.

Zur Änderung vorhandener Böschungen stehen folgende Funktionsgruppen zur Verfügung:

o   Nebenattribute

o   Abstand,

o   Kehle und

o   Kode.

➔ **MENÜ TOPOGRAFIE**

   ➔ Böschungen bearbeiten

      ➔ KONTEXTAUSWAHL/-ANZEIGE

         ➔ Schicht mit Doppelklick auswählen

      ➔ eingeben

         ➔ Linie für Böschungsoberkante wählen

            ➔ Anfangspunkt für die Schraffen auf der Linie bestimmen

               ➔ Endpunkt für die Schraffen auf der Linie bestimmen

         ➔ Linie für Böschungsunterkante wählen

            ➔ Anfangspunkt für die Schraffen auf der Linie bestimmen

               ➔ Endpunkt für die Schraffen auf der Linie bestimmen

➔ **MENÜ TOPOGRAFIE**

   ➔ Böschungen bearbeiten

      ➔ KONTEXTAUSWAHL/-ANZEIGE

         ➔ Schicht mit Doppelklick auswählen

      ➔ wählen

         ➔ Funktionsgruppe für die Bearbeitung/Änderung wählen

6.3.4 Symbole

Symbole verdeutlichen die Eigenschaften eines Vermessungspunktes. In CARD/1 stehen unterschiedliche Symbolbibliotheken zur Verfügung (vgl. Kapitel 5.2). Standardmäßig befinden sich diese im Zentralprojekt. Zu diesen können im lokalen Projekt zusätzliche angelegt werden. Voraussetzung dafür sind Symbolzeichnungen im PLT-Format.

Symbole können punktabhängig auf vorhandene Punkte oder punktunabhängig mit dem Fadenkreuz konstruiert werden. Neue Symbole werden entweder über die Funktion **Symbole eingeben** oder über **Symbole auf markierte Punkte** festgelegt. Bei der letztgenannten Funktion wird auf alle markierten Punkte der Symbolverweis gelegt. Eventuell vorhandene Symbole werden dabei übereinander geschrieben.

Zur Änderung vorhandener Symbole stehen folgende Funktionsgruppen zur Verfügung:

o Attribute,

o Nebenattribute,

o Position,

o Winkel und

o Kode.

Über den Auswahlbutton im Symboleingabefenster (Bild 6-12) kann das gewünschte Symbol direkt aus den Symbolbibliotheken (Bild 6-13) gewählt werden. Für die Positionsbestimmung des Symbols stehen die gleichen Optionen wie bei der Linienpunktkonstruktion zur Verfügung (vgl. Kapitel 6.3.2).

Bild 6-12: Eingabefenster zur Symboleingabe

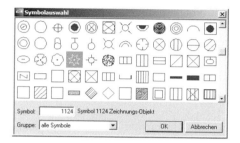

Bild 6-13: Symbolauswahl aus der Symbolbibliothek

➔ **MENÜ TOPOGRAFIE**

   ➔ Symbole bearbeiten

      ➔ KONTEXTAUSWAHL/-ANZEIGE

         ➔ Schicht mit Doppelklick auswählen

      ➔ eingeben

         ➔ Felder im Eingabefenster ausfüllen

            ➔ OK

               ➔ Position des Symbols bestimmen

➔ **MENÜ TOPOGRAFIE**

   ➔ Symbole bearbeiten

      ➔ KONTEXTAUSWAHL/-ANZEIGE

         ➔ Schicht mit Doppelklick auswählen

      ➔ wählen

         ➔ Funktionsgruppe für die Bearbeitung/Änderung wählen

Anstelle von Symbolen können auch Zeichnungsobjekte genutzt werden. Dies ist von Vorteil, wenn die „Symbole"

o   mehrfarbig sein sollen,

o   Füllflächen enthalten oder

o   Windows-Texte aufweisen.

6.3.5 Bäume

Bäume können punktabhängig auf vorhandene Punkte oder punktunabhängig mit dem Faden-kreuz konstruiert werden. Neue Bäume werden entweder über die Funktion **Bäume eingeben** oder über **Bäume auf markierte Punkte** festgelegt, wobei bei der letztgenannten Funktion auf alle markierten Punkte ein Baum gesetzt wird. Eventuell vorhandene Bäume werden da-bei übereinander geschrieben. Die in den Feldern des Eingabefensters einzutragenden Werte für den Kronen- und den Stammdurchmesser sind in Metern anzugeben.

Ein Baum im Baumkataster wird mit folgenden Attributen durch die global (meist im Zentralprojekt) festgelegten Kodes und Baumarten definiert:

o   Kode,

o   Baumart,

o   Bezeichnung botanisch und

o   Gattung.

Darüber hinaus werden die individuellen Eigenschaften des Baumes im Baumkataster durch folgende Attribute definiert:

o   Bezeichnung,

o   Stammdurchmesser,

o   Stammhöhe,

o   Kronendurchmesser,

o   Baumscheibenfläche,

o   Stammumfang,

o   Baumhöhe und

o   Wurzelhalsdurchmesser.

Diese Attribute sind keine Pflichtfelder zum Ausfüllen. Sie erleichtern jedoch die weitere Arbeit, z. B. bei der Ermittlung der Anzahl der Ersatzpflanzungen für zu fällende Bäume oder bei der Visualisierung des Bewuchses. Werden zur Darstellung von Bäumen im Lageplan deren Attribute nicht benötigt, können sie auch durch ein Symbol (vgl. Kapitel 6.3.4) darge-stellt werden.

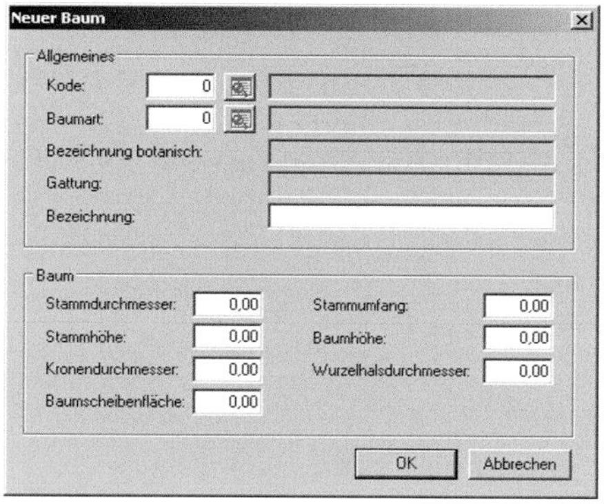

Bild 6-14: Eingabefenster zur Baumeingabe

Zur Änderung vorhandener Bäume stehen folgende Funktionsgruppen zur Verfügung:

o   Attribute,

o   Nebenattribute,

o   Position und

o   Kode.

→ **MENÜ TOPOGRAFIE**
  → Bäume bearbeiten
    → KONTEXTAUSWAHL/-ANZEIGE
      → Schicht mit Doppelklick auswählen
    → eingeben
      → Felder im Eingabefenster ausfüllen
        → OK
          → Position des Baumes bestimmen

→ **MENÜ TOPOGRAFIE**
  → Bäume bearbeiten
    → KONTEXTAUSWAHL/-ANZEIGE
      → Schicht mit Doppelklick auswählen
    → wählen
      → Funktionsgruppe für die Bearbeitung/Änderung wählen

6.3.6   Texte

Texte können punktabhängig auf vorhandene Punkte oder punktunabhängig mit dem Fadenkreuz konstruiert werden. Neue Texte werden entweder über die Funktion **Texte eingeben** (Bild 6-15) oder über **Texte generieren** festgelegt, wobei bei der letztgenannten Funktion von allen markierten Punkten ausgewählte Eigenschaften als Texte erzeugt werden.

Zur Änderung vorhandener Texte stehen folgende Funktionsgruppen zur Verfügung:

o   Text,

o   Suche und Ersetzen,

o   Parameter (Bild 6-16),

o   Nebenattribute,

o   Winkel,

o   Attribute,

o   relative Position und

o   Kode.

Bild 6-15: Eingabefenster für Text eingeben

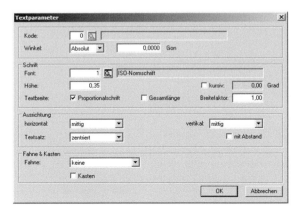

Bild 6-16: Eingabefenster für Textparameter

→ **MENÜ TOPOGRAFIE**

  → Texte bearbeiten

   → KONTEXTAUSWAHL/-ANZEIGE

    → Schicht mit Doppelklick auswählen

   → eingeben

    → Text in das Feld im Eingabefenster eingeben

     → Parameter

      → Felder im Eingabefenster ausfüllen

       → OK

      → OK

     → Position des Textes bestimmen

→ **MENÜ TOPOGRAFIE**

  → Texte bearbeiten

   → KONTEXTAUSWAHL/-ANZEIGE

    → Schicht mit Doppelklick auswählen

   → wählen

    → Funktionsgruppe für die Bearbeitung/Änderung wählen

6.4 Topografiedaten auswerten

Für die temporäre Auswertung von Strecken und Flächen im Lageplan stehen verschiedene Funktionen zur Verfügung, bei denen vorhandene Punkte oder Linien genutzt werden. Die auszuwertende Strecke bzw. Fläche wird dabei gelb abgebildet. Die Ergebnisse der Auswertung werden im Protokollfenster angezeigt.

→ **MENÜ TOPOGRAFIE**

  → Flächen und Strecken auswerten

   → Funktionsgruppe für die Bearbeitung/Änderung wählen

7 Achsen

7.1 Allgemeines

Eine Achse setzt sich aus einzelnen Achselementen zusammen. Im Straßenentwurf werden dabei die drei mathematischen Funktionen

o Gerade,

o Kreisbogen und

o Klothoide (als Übergangsbogen)

verwendet, wobei an den Übergangsstellen die Elemente knickfrei aneinandergefügt sein sollen.

Der Achsentwurf in CARD/1 ist grafisch-interaktiv. Er kann sowohl in der Straßen- als auch in der Bahn- und Kanalplanung verwendet werden. Grundlage für die Trassierung stellen topografische Daten in unterschiedlicher Form (z.B. CARD/1-Topografiedaten, eingescannte Karten, WebMapService-Dienste) dar.

In CARD/1 gibt es keine Fest-, Schwenk-, Koppel- und Pufferelemente. Es wird lediglich ein Grundelementtyp verwendet, der sowohl die Funktionen von Fest- als auch Schwenk-, Koppel- und Pufferelementen übernehmen kann. Die Eingabe der Grundelemente ist daher in einer beliebigen Reihenfolge möglich. Dabei stellen die Gerade und der Kreisbogen eigenständige Grundelemente dar. Der Übergangsbogen ist immer ein Bestandteil eines Kreisbogens.

Mit CARD/1 kann jede beliebige, aus den drei Grundelementen zusammensetzbare Elementfolge trassiert werden. Ob diese Folge von Grundelementen sinnvoll und der Verkehrssicherheit dienlich ist, muss der Entwurfsingenieur entscheiden. Für die Trassierung von Kurven (Bild 7-1) finden sich in der Literatur Aussagen über deren Auswirkungen auf die Verkehrssicherheit:

o Kurven mit Kreisbogen und Klothoiden:

– Verbundkurve:

Sie besteht aus einem Kreisbogen sowie einer einleitenden und einer ausleitenden Klothoide. Wird die Relation zwischen dem Kreisbogenradius und den beiden Klothoidenparametern ($\frac{1}{3}R \leq A \leq R$) eingehalten und weisen alle drei Elemente eine entsprechende Länge auf, eignet sich die Verbundkurve sehr gut zur Trassierung von Kurven. Sind die Parameter der beiden Klothoiden gleich, handelt es sich um eine symmetrische, sonst um eine unsymmetrische Verbundkurve.

Wird ein Kreisbogen nur an einer Seite mit einer Klothoide ausgestattet, handelt es sich nicht um eine Verbundkurve! Diese Elementfolge sollte vermieden werden.

- Wendelinie:

Eine Wendelinie besteht aus zwei Verbundkurven mit unterschiedlichem Krümmungssinn. Eine kurze Gerade zwischen den beiden inneren Klothoiden ist zulässig. Ist diese nicht vorhanden, bilden die beiden inneren Klothoiden eine Wendeklothoide. Wird die Relation zwischen den Kreisbogenradien sowie den vier Klothoidenparametern ($\frac{1}{3}R \leq A \leq R$) eingehalten und weisen alle sechs Elemente eine entsprechende Länge auf, eignet sich die Wendelinie sehr gut zur Trassierung von Kurven. Bei einer längeren Geraden zwischen den beiden inneren Klothoiden handelt ist sind nicht mehr um eine Wendelinie sondern um zwei eigenständige Verbundkurven!

- Eilinie:

Eine Eilinie besteht aus zwei unterschiedlich großen, gleichsinnig gekrümmten Kreisbögen sowie einer einleitenden, einer überleitenden und einer ausleitenden Klothoide. Dabei muss der kleinere Kreisbogen innerhalb des größeren liegen. Ist dies nicht der Fall, kann mit Hilfen einer dritten Kreisbogens, der beide Kreisbögen einhüllt und einer weiteren überleitenden Klothoide eine so genannte doppelte Eilinie konstruiert werden. Die überleitende Klothoide wird auch als Eiklothoide bezeichnet. Bei Einhaltung der Relation zwischen den beiden bzw. drei Kreisbogenradien und den drei bzw. vier Klothoidenparametern ($\frac{1}{3}R \leq A \leq R$) und entsprechenden Längen aller Elemente eignet sich die Eilinie gut zur Trassierung von Kurven.

o Kurven ohne Klothoide:

- Kreisbogen:

Ein Kreisbogen ohne ein- und ausleitende Klothoide wirkt sich bei einer auf Fahrdynamik basierenden Trassierung negativ auf die Verkehrssicherheit aus und ist daher zu vermeiden. Erst bei sehr großen Kreisbogenradien tritt diese Wirkung nicht mehr auf. Dementsprechend weisen die Richtlinien Werte aus, ab denen auf die Anordnung von Klothoiden verzichtet werden kann.

Bei Trassierungen auf fahrgeometrischer Grundlage ($V_{zul} \leq 50$ km/h) eignet sich der Kreisbogen auch ohne Klothoiden sehr gut zur Trassierung von Kurven.

- Flachbogen:

Ein Flachbogen besteht nur aus einem Kreisbogen ohne ein- und ausleitende Klothoide und weist einen sehr kleinen Öffnungswinkel ($\gamma \leq 10$ gon) auf. Bei Einhaltung der in den Richtlinien aufgeführten Mindestkreisbogenlänge eignet sich der Flachbogen zur Trassierung von Kurven.

- Korbbogen:

Ein Korbbogen besteht aus mehreren, unterschiedlich großen, gleichsinnig gekrümmten Kreisbögen, die direkt (ohne ein-, aus- und überleitenden Klothoiden) aneinander stoßen. Diese Elementfolge wirkt sich negativ auf die Verkehrssicherheit aus und ist daher zu vermeiden.

o Sonderformen:

– Scheitelklothoide:

Eine Scheitelklothoide besteht aus einer ein- und einer ausleitenden Klothoide gleicher Krümmung, die bei einem gemeinsamen Radius aneinander stoßen, ohne dass
sich ein Kreisbogen dazwischen befindet. Die Klothoidenparameter sollen symmet-
risch gestaltet werden. Die Scheitelklothoide sollte nur bei einem kleinen Öffnungswinkel ($\gamma \leq 10$ gon) sowie einem großen gemeinsamen Radius zur Trassierung von
Kurven verwendet werden. Für die Gestaltung der Querneigung sind besondere
Randbedingungen zu beachten.

Um eine Scheitelklothoide zu trassieren, muss in CARD/1 ein wenige Millimeter langer Kreisbogen, an dem die beiden Klothoiden „hängen", trassiert werden.

– C-Klothoide:

Eine C-Klothoide besteht aus einer aus- und einer einleitenden Klothoide gleicher
Krümmung, die bei ihrem jeweiligen Nullpunkt ($R = \infty$) aneinander stoßen, ohne dass
sich eine Gerade dazwischen befindet. Diese Elementfolge wirkt sich negativ auf die
Verkehrssicherheit aus und ist daher zu vermeiden. I. d. R. kann diese Elementfolge
durch eine Eilinie ersetzt werden.

– Korbklothoide:

Eine Korbklothoide besteht aus einer Folge von Klothoidenstücken gleicher Krümmung, die bei ihrem jeweiligen Stoßpunkt gleiche Radien und Tangenten aufweisen.
Diese Elementfolge wirkt sich negativ auf die Verkehrssicherheit aus und ist daher zu
vermeiden.

Neben der Anpassung der Elementfolge innerhalb einer Kurve müssen auch die aufeinander
folgenden Kurven und der Übergang zwischen Kurve und Gerade abgestimmt werden. Hierfür werden in den Richtlinien entsprechende Aussagen getroffen.

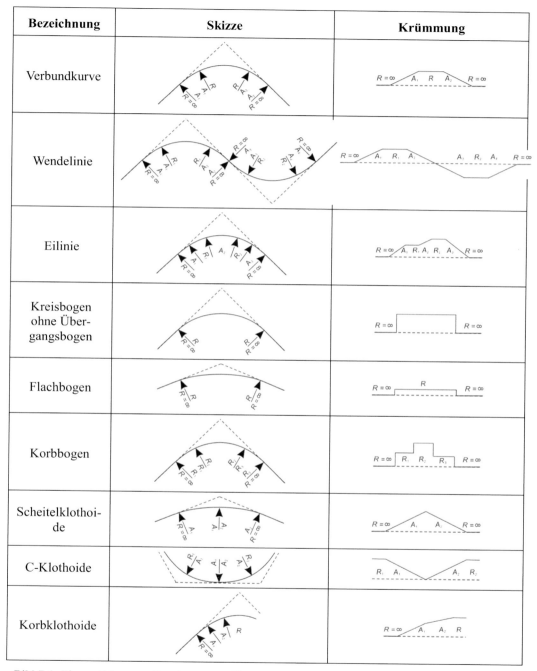

Bezeichnung	Skizze	Krümmung
Verbundkurve		
Wendelinie		
Eilinie		
Kreisbogen ohne Über- gangsbogen		
Flachbogen		
Korbbogen		
Scheitelklothoi- de		
C-Klothoide		
Korbklothoide		

Bild 7-1: Elementfolgen zur Trassierung von Kurven

7.2   Achsentwurf

7.2.1   Grundlagen

Der Achsentwurf ist über das Menü **VERKEHRSWEG** und die Funktionsgruppe *Achse* erreichbar. In einem CARD/1-Projekt können bis zu 32.000 Achsen angelegt und verwaltet werden. Jede Achse wird dabei mit einer fünfstelligen Nummer abgespeichert.

Zur Strukturierung der Achsen können einer Achse folgende Attribute vergeben werden:

o   **Achsbezeichnung:** erlaubt die Eingabe eines Langtextes (maximal 40 Zeichen).

o   **Kode:** ermöglicht eine zusätzliche Strukturierung der Achsen.

o   **Achstyp:** wirkt sich auf die Dialoge verschiedenen Funktionsgruppen aus. Folgende Achstypen werden in CARD/1 verwendet:

  −   Straße,

  −   Eisenbahn,

  −   Kanal,

  −   Magnetbahn,

  −   Straßenbahn,

  −   Wasserstraße,

  −   Deich,

  −   Hilfsachse,

o   **Achssubtyp:** strukturiert die Achsen eines bestimmten Achstyps. Folgende Achssubtypen werden in CARD/1 für den Achstyp *Straße* verwendet:

  −   Hauptachse,

  −   Fahrbahnrand,

  −   Kreisfahrbahn (äußerer Rand),

  −   Tropfen,

  −   linke Dreiecksinsel,

  −   Rechtsabbieger,

  −   rechte Dreiecksinsel,

  −   Rechtseinbieger,

  −   Fahrbahnteiler (Kreisverkehr),

  −   einfache Eckausrundung (Kreisverkehr),

  −   Eckausrundung (Kreisverkehr),

  −   Fahrstreifenbegrenzung,

  −   Leitlinie,

  −   Außenring,

  −   Innenring,

o **Stationsanzeige:** steuert, welche Stationswerte in der Grafik, in Dialogen sowie in Druckausgabelisten angezeigt werden (vgl. Kapitel 7.2.2):

  – Interne Stationierung: Die angezeigten Stationswerte beziehen sich auf die eigene Achse (und nicht auf die Bezugsachse). Die Stationierung enthält keine Fehlstationen.

  – Externe Stationierung:

   o Bezugsachse ist nicht zugeordnet: Vorhandene Fehlstationen an der eigenen (aktuellen) Achse werden berücksichtigt.

   o Bezugsachse ist zugeordnet: Die Stationswerte beziehen sich auf die Bezugsachse. Vorhandene Fehlstationen an der Bezugsachse werden berücksichtigt.

o **Vorschrift:** bietet eine Auswahl der für Straßenachsen anzuwendenden Regelwerke

  – RAA: Richtlinien für die Anlage von Autobahnen

  – RAA (Rampe): Richtlinien für die Anlage von Autobahnen, Straßentyp: Rampe

  – RAL: Richtlinien für die Anlage von Landstraßen

  – RAL (Rampe): Richtlinien für die Anlage von Landstraßen, Straßentyp: Rampe

  – RASt: Richtlinien für die Anlage von Stadtstraßen

  – RAS-L: Richtlinien für die Anlage von Straßen, Teil: Linienführung (Ausgabe 1995)
    ⇨ Wurden durch die RAA, die RAL und die RASt ersetzt!

o **Entwurfsklasse (nur bei Vorschrift „RAA", „RAL" und „RASt"):** bietet die Auswahl der Entwurfsklasse entsprechend der gewählten Vorschrift. Damit werden gleichzeitig die Geschwindigkeit und Grenz- und Richtwerte der Entwurfselemente bestimmt.

o **Kategoriengruppe (nur bei Vorschrift „keine" und „RAS-L"):** bietet die Auswahl der Kategorien nach RAS-N

o **Verbindungsfunktionsstufe (nur bei Vorschrift „keine" und „RAS-L"):** bietet die Auswahl der Verbindungsfunktionsstufen nach RAS-N

o **Geschwindigkeit (nur bei Vorschrift „keine" und „RAS-L"):** ermöglicht die Festlegung einer Entwurfsgeschwindigkeit V_e gemäß RAS-L

o **Kilometrierung:** ermöglicht die Definition einer Bezugsachse. Die Stationsangaben werden somit automatisch auf die Stationierung der Bezugsachse umgerechnet (vgl. Kapitel 7.2.2).

o **Gradiente:** ermöglicht die Festlegung einer Hauptgradiente.

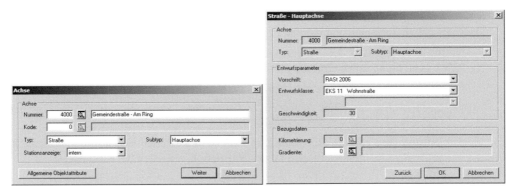

Bild 7-2: Achsattribute

Trotz dieser umfassenden Möglichkeit, eine Achse mit Attributen zu beschreiben, sollte für eine effiziente Projektbearbeitung die Achsnummer nach einer logischen Struktur vergeben werden!

BEISPIEL:

o   Die durchgehende Hauptachse erhält die Nummer 1000.

o   Fahrbahnrandachsen auf der linken Seite erhalten aufsteigende ungerade Nummern (z. B. 1003, 1005, etc.).

o   Fahrbahnrandachsen auf der rechten Seite erhalten aufsteigende gerade Nummern (z. B. 1002, 1004, etc.).

o   Kreuzende Straßen erhalten die Nummern 100, 200, etc.

o   Fahrbahnrandachsen der kreuzenden Straßen werden analog denen der durchgehenden Hauptachse behandelt.

o   Eine andere Variante der Hauptachse erhält die Nummer 10000.

➔ MENÜ VERKEHRSWEG
  ➔ Achsen
    ➔ Achse entwerfen
      ➔ aktuelle Achse neu
        ➔ Felder im Eingabefenster ausfüllen
          ➔ Weiter
            ➔ Felder im Eingabefenster ausfüllen
              ➔ OK
                ➔ Funktionsgruppe für die Bearbeitung/Änderung
                  wählen

➔ **MENÜ VERKEHRSWEG**

➔ Achsen

➔ Achse entwerfen

➔ aktuelle Achse wählen

➔ mit dem Fadenkreuz eine Achse auswählen

➔ mit dem Fadenkreuz die Achse bestätigen

➔ Funktionsgruppe für die Bearbeitung/Änderung wählen

oder

➔ KONTEXTAUSWAHL/-ANZEIGE

➔ Achse mit Doppelklick auswählen

➔ Funktionsgruppe für die Bearbeitung/Änderung wählen

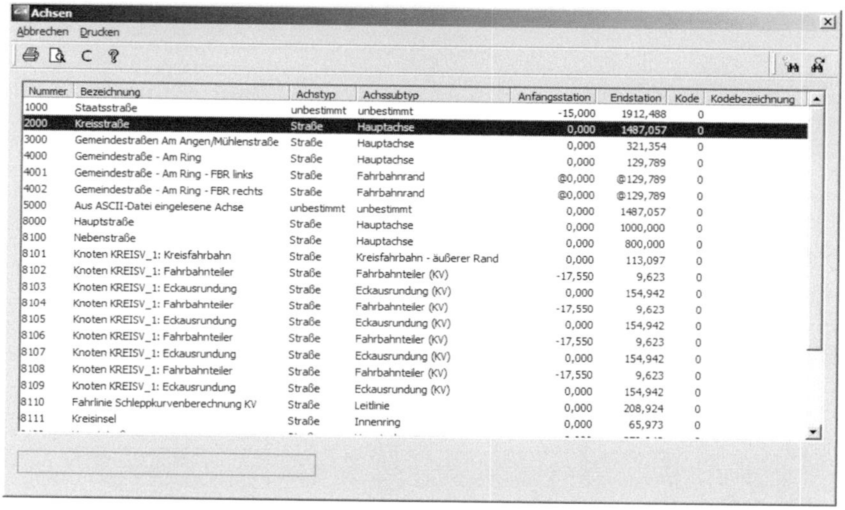

Nummer	Bezeichnung	Achstyp	Achssubtyp	Anfangsstation	Endstation	Kode	Kodebezeichnung
1000	Staatsstraße	unbestimmt	unbestimmt	-15,000	1912,488	0	
2000	Kreisstraße	Straße	Hauptachse	0,000	1487,057	0	
3000	Gemeindestraßen Am Angen/Mühlenstraße	Straße	Hauptachse	0,000	321,354	0	
4000	Gemeindestraße - Am Ring	Straße	Hauptachse	0,000	129,789	0	
4001	Gemeindestraße - Am Ring - FBR links	Straße	Fahrbahnrand	@0,000	@129,789	0	
4002	Gemeindestraße - Am Ring - FBR rechts	Straße	Fahrbahnrand	@0,000	@129,789	0	
5000	Aus ASCII-Datei eingelesene Achse	unbestimmt	unbestimmt	0,000	1487,057	0	
8000	Hauptstraße	Straße	Hauptachse	0,000	1000,000	0	
8100	Nebenstraße	Straße	Hauptachse	0,000	800,000	0	
8101	Knoten KREISV_1: Kreisfahrbahn	Straße	Kreisfahrbahn - äußerer Rand	0,000	113,097	0	
8102	Knoten KREISV_1: Fahrbahnteiler	Straße	Fahrbahnteiler (KV)	-17,550	9,623	0	
8103	Knoten KREISV_1: Eckausrundung	Straße	Eckausrundung (KV)	0,000	154,942	0	
8104	Knoten KREISV_1: Fahrbahnteiler	Straße	Fahrbahnteiler (KV)	-17,550	9,623	0	
8105	Knoten KREISV_1: Eckausrundung	Straße	Eckausrundung (KV)	0,000	154,942	0	
8106	Knoten KREISV_1: Fahrbahnteiler	Straße	Fahrbahnteiler (KV)	-17,550	9,623	0	
8107	Knoten KREISV_1: Eckausrundung	Straße	Eckausrundung (KV)	0,000	154,942	0	
8108	Knoten KREISV_1: Fahrbahnteiler	Straße	Fahrbahnteiler (KV)	-17,550	9,623	0	
8109	Knoten KREISV_1: Eckausrundung	Straße	Eckausrundung (KV)	0,000	154,942	0	
8110	Fahrlinie Schleppkurvenberechnung KV	Straße	Leitlinie	0,000	208,924	0	
8111	Kreisinsel	Straße	Innenring	0,000	65,973	0	

Bild 7-3: Achsauswahl

7.2.2 Stationierung

Eine Achse besitzt grundsätzlich immer eine eigene Stationierung. Die Achse wird damit in ihrer Länge eingeteilt (Kilometrierung). Zudem erhält sie durch die Bestimmung des Anfangs- und des Endpunktes eine Richtung. Diese eigene Stationierung wird mit dem Wert *intern* des Achsattributs *Stationierungsanzeige* festgelegt (Bild 7-4). In manchen Fällen ist es vorteilhaft, wenn für eine Achse, i. d. R. eine Nebenachse, die gleichen Stationen wie auf einer Bezugsachse, i. d. R. eine Hauptachse, gelten. Dies kann mit dem Wert *extern* des Achsattributs *Stationierungsanzeige* festgelegt werden (Bild 7-5).

Um bei der grafischen Darstellung der Stationen eine Unterscheidung zu ermöglichen, wird den externen Stationsangaben ein @ vorangestellt (Bild 7-6). Stationswerte, die von Fehlstationen beeinflusst sind, werden mit der Achsabschnittskennung gekennzeichnet.

Bei gelisteten Stationsdaten wird über die Kilometrierung die Bezugsachse angegeben (Bild 7-7).

Bild 7-4: interne Stationierung

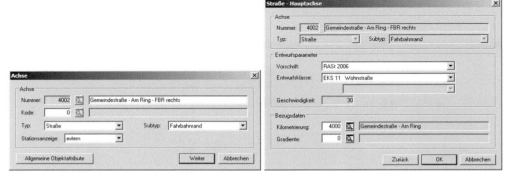

Bild 7-5: externe Stationierung

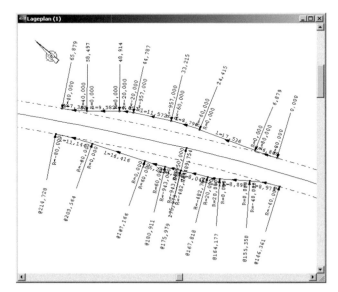

Bild 7-6: interne und externe Stationierung am Beispiel zweier Busbuchten

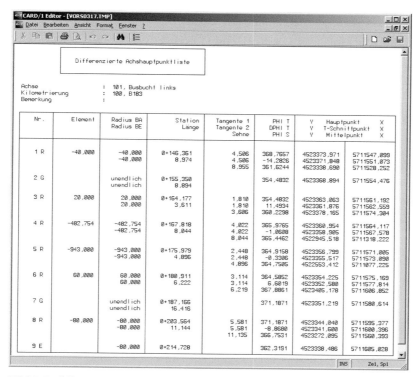

Bild 7-7: differenzierte Achshauptpunktliste der Achse mit externer Stationierung (vgl. Bild 7-6)

7.2.3 Konstruktion von Grundelementen

Für die Trassierung von Geraden und Kurven stehen fünf Funktionsgruppe zur Verfügung:

o   2 Punkte,

o   2 Punkte + Abstand,

o   Ausgleichung,

o   relativ zu einer Achse,

o   Mittelpunkt und

o   kopieren.

Komplexe Elemente, die aus mehreren Grundelementen bestehen, können mit den beiden Funktionsgruppen:

o   parallele Achse,

o   Verziehung und

o   Radius einrechnen

trassiert werden. In den folgenden Kapiteln werden von den o. g. nur ausgewählte Funktionen erläutert. Für detailliertere Darlegungen wird auf die CARD/1-Hilfe verwiesen.

7.2.3.1 Grundsätze bei der Grundelementkonstruktion

Bei der Konstruktion von Grundelementen müssen folgende vier CARD/1-spezifische Grundsätze beachtet werden:

1) Die Grundelemente sollten ungefähr in der Lage und der Ausrichtung konstruiert werden, wie der Bereich für die spätere Achse benötigt wird. Die Lage der Grundelemente wird durch deren Anfangs- und Endpunkt bestimmt. Mit ihnen wird ein Teilstück einer mathematischen Funktion definiert. Die Anfangs- und Endpunkte sind jedoch nicht mit den späteren Hauptpunkten der Achse gleichzusetzen.
2) Mit der Verkettung wird die Reihenfolge und die Richtung der Grundelemente festgelegt (siehe Kapitel 7.2.4.5).
3) Durch die rechnerische Lagebestimmung hinsichtlich benachbarter Grundelemente wird das einzurechnende Grundelement von seiner Lage her auf die mathematischen Tangenten des bzw. der Nachbarelemente eingepasst (siehe Kapitel 7.2.4.1).
4) Geraden werden durch einen Radius von 0 m definiert.

7.2.3.2 2 Punkte

Mit dieser Funktion ist es am einfachsten Grundelemente zu bestimmen. Es sind lediglich der Elementanfangs-, der Elementendpunkt und der Radius festzulegen.

Die Festlegung der Elementanfangs- und der Elementendpunkte kann mit dem Fadenkreuz oder mit der Werteingabe geschehen. Zudem können vorhandene Lageplan-, Linien-, Element-, Achshaupt-, Zwangs- und Weichenpunkte gewählt werden. Die Koordinaten der Elementpunkte, der Radius und die Parameter der ein- und ausleitenden Klothoide werden in der Wertanzeige dargestellt. Darüber hinaus werden der Vorgang und das Ergebnis im Protokollfenster dokumentiert.

Für die genaue Positionierung stehen die Funktionsgruppen **Konstruktion polar einfach, Konstruktion orthogonal, Konstruktion Achskleinpunkt** und **Konstruktion Achsschnitt** zur Verfügung.

Bei der Festlegung der Klothoidenparameter bietet CARD/1 im CAD-Menü eine Auswahl geeigneter Werte (Klothoidenparameter A und Klothoidenlänge $L_Ü$) an. Bei der Wahl des Klothoidenparameters sind folgende zwei Randbedingungen (gemäß RAL) zu beachten:

1) Der Kreisbogenradius (R in m) und der Klothoidenparameter (A in m) sollen in Relation zueinander stehen:

$$\frac{R}{3} \leq A \leq R$$

2) Der Klothoidenparameter soll so groß sein, dass die Anrampung der Fahrbahnränder ohne Überschreitung der zulässigen Anrampungsneigung (max Δs in %) vollständig innerhalb des Übergangsbogens erfolgen kann:

$$\min A = \sqrt{\frac{a \cdot (q_e - q_a)}{\max \Delta s} \cdot R}$$

a [m]   Abstand des Fahrbahnrandes zur Drehachse

q_e/q_a [%]   Querneigung am Klothoidenende bzw. -anfang

Mit den zur Auswahl stehenden Werten kann sehr leicht ein Übergangsbogen gefunden werden, der beiden Randbedingungen genügt.

➜ **MENÜ VERKEHRSWEG**
  ➜ Achsen
    ➜ Achse entwerfen
      ➜ aktuelle Achse neu
        ➜ Felder im Eingabefenster ausfüllen
          ➜ Weiter
            ➜ Felder im Eingabefenster ausfüllen
              ➜ OK
                ➜ Elemente
                  ➜ neu
                    ➜ 2 Punkte
                      ➜ mit dem Fadenkreuz im Grafikfenster den Grundelementanfangs- und -endpunkt bestimmen
                        ➜ Radius mit dem Fadenkreuz oder der Werteingabe festlegen
                          ➜ Klothoidenparameter als Vorschlagswert wählen oder mit der Werteingabe festlegen
                            ➜ Verkettung zum Anschlusselement mit Fadenkreuz eingeben
                              ➜ endgültige Lage des Grundelementes bestimmen
                    ➜ ggf. weitere Elemente konstruieren
                      ➜ im CAD-Menü zurückgehen ◀
                ➜ Achse übernehmen
                  ➜ Felder im Eingabefenster ausfüllen
                    ➜ OK

7.2.3.3   Komplexelement parallel zu einer Achse

Parallel zu einander führende Achsen lassen sich sehr leicht mit dieser Funktion trassieren. Es sind der Achsbereich, zu dem parallel trassiert werden soll, mit Anfangs- und Endpunkt und ein konstanter seitlicher Abstand festzulegen. Voraussetzung ist eine vorhandene Achse oder eine Achsparallele.

Die Achsnummer sowie die Bezeichnung, der Achstyp und der Achssubtyp der Achse, auf deren Grundlage parallel trassiert werden soll, werden im Protokollfenster angezeigt. Die durch die aktuelle Fadenkreuzposition bestimmte Anfangs- und Endstation sowie der seitliche Achsabstand und die zugehörige Station werden in der Wertanzeige aufgeführt.

➔ **MENÜ VERKEHRSWEG**

  ➔ Achsen

    ➔ Achse entwerfen

      ➔ aktuelle Achse neu

        ➔ Felder im Eingabefenster ausfüllen

          ➔ Weiter

            ➔ Felder im Eingabefenster ausfüllen

              ➔ OK

                ➔ Elemente

                  ➔ neu

                    ➔ parallele Achse

                      ➔ Achse zu der die Parallele erzeugt werden soll, im Grafikfenster wählen (Bild 7-8-1)

                        ➔ Achse bestätigen

                          ➔ Anfangs- und Endstation für Parallele mit dem Fadenkreuz oder der Werteingabe festlegen (Bild 7-8-2)

                        oder

                        ➔ Klick mit rechter Maustaste und *Anfang – Ende* wählen

                          ➔ seitlichen Abstand für parallele Achselemente angeben (Bild 7-8-3)

                            in Stationierungsrichtung rechts: positiv

                            in Stationierungsrichtung links: negativ

                        ➔ im CAD-Menü zurückgehen

                ➔ Achse übernehmen

                  ➔ Felder im Eingabefenster ausfüllen

                    ➔ OK

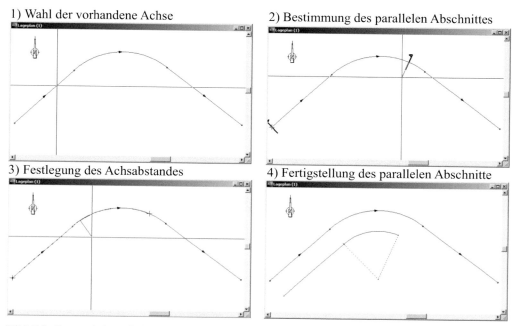

Bild 7-8: Konstruktion mit der Funktion *parallele Achse*

7.2.3.4 Verziehung

Um Breitendifferenzen im Straßenquerschnitt zu überbrücken, werden Verziehungen einge-setzt. Mit der Funktionsgruppe *Verziehung* stehen vier Konstruktionsarten zur Verfügung:

o Verziehung nach RAS-K-1,

o Verziehung mit Zwischentangente unter Vorgabe der Tangentenlänge der beiden identi-schen Kreisbögen,

o Verziehung mit Zwischentangente unter Vorgabe des Radius der beiden identischen Kreisbögen oder der Länge der Zwischengeraden und

o Verziehung mit Zwischentangente unter Vorgabe des Radius der beiden identischen Kreisbögen und der Festlegung der Länge der Zwischengerade.

Voraussetzung für alle Konstruktionsarten ist mindestens eine vorhandene Achse. Außer bei der letztgenannten Konstruktionsart sind zur Berechnung einer Verziehung der Anfangs- und der Endpunkt mit der jeweiligen tangentialen Anschlussrichtung auf einer Achse festzulegen. Für die letztgenannte Konstruktionsart ist nur der gewählte Anfangspunkt maßgebend, das Verziehungsende wird selbständig berechnet. Die Eingabe des Endpunktes stellt dabei nur eine Näherung dar, um die Verziehungsrichtung festzulegen. Bei der Festlegung des Anfangs-und Endpunktes der Verziehung ist der seitliche Abstand zu den relevanten Achsen anzuge-ben.

Das Ergebnis der ersten beiden Konstruktionsarten nach RAS-K-1 bzw. nach zwei Kreisbö-gen sind zwei in der Regel unrunde Kreisbogenradien. Sie dürfen als gleichwertiger Ersatz für die parabolische Einheitsverziehung gemäß RAS-K-1 bzw. RAS-L angesehen werden. Die eingerechneten Kreisbögen können in Abhängigkeit der Krümmungsdifferenz der beiden Achsen und des Verhältnisses des Verbreiterungsmaßes zur Verziehungslänge gegensinnig oder auch gleichsinnig gekrümmt sein. „Echte" parabolische Verziehungen können in CARD/1 nur über Breitendateien vereinbart werden (Kapitel 11.4).

Die übrigen Verziehungsfunktionen generieren zwei gleichgroße, gegensinnig gekrümmte Kreisbögen mit Zwischengerade. Sie finden in der selbständigen Trassierung von Fahrbahnrändern (z. B. für Park- und Busbuchten oder im Bereich der Bahnplanung zur Verschwenkung von Gleisen) Anwendung.

➜ **MENÜ VERKEHRSWEG**
  ➜ Achsen
    ➜ Achse entwerfen
      ➜ aktuelle Achse neu
        ➜ Felder im Eingabefenster ausfüllen
          ➜ Weiter
            ➜ Felder im Eingabefenster ausfüllen
              ➜ OK
                ➜ Elemente
                  ➜ neu
                    ➜ Verziehung
                      ➜ Verziehung nach RAS-K-1
                        ➜ Achse für Verziehungsbeginn im Grafikfenster wählen und bestätigen
                          ➜ Anfangsstation für Verziehung auf gewählter Achse festlegen
                            ➜ seitlichen Abstand zur gewählten Achse angeben
                              ➜ Achse für Verziehungsende wählen im Grafikfenster wählen und bestätigen
                                ➜ Endstation für Verziehung auf gewählter Achse angeben
                                  ➜ seitlichen Abstand zur gewählten Achse angeben
                              ➜ im CAD-Menü zurück gehen ◀
              ➜ Achse übernehmen
                ➜ Felder im Eingabefenster ausfüllen
                  ➜ OK

7.2.4 Ändern von Grundelementen

Für die Änderung von Grundelementen stehen folgende Funktionsgruppen zur Verfügung:

o **einrechnen:** bestimmt die endgültige Lage eines auszuwählenden Grundelements.

o **teilen:** teilt das Element entsprechend der angegebenen Länge. Klothoiden können nicht geteilt werden, da sie keine eigenständigen Grundelemente sind!

o **löschen:** löscht das auszuwählende Grundelement.

o Lage ändern:

  – **verschieben:** verschiebt das auszuwählende Grundelement.

  – **verlängern:** ändert die Länge des auszuwählenden Grundelements.

  – **Elementpunkt:** ändert die Lage eines Endpunktes oder soweit vorhanden eines Mittelpunktes des auszuwählenden Grundelements.

  – **Verkettung:** ändert die Reihenfolge und die Richtung der Grundelemente.

o Form ändern:

  – **Radius:** ändert den Radius eines auszuwählenden Grundelements.

  – **Übergangsbogen:** ändert die Klothoidenparameter eines auszuwählenden Grundelements.

In den folgenden Kapiteln werden von den o. g. nur ausgewählte Funktionen erläutert. Für detailliertere Darlegungen wird auf die CARD/1-Hilfe verwiesen.

7.2.4.1 Einrechnen

Die Konstruktion der Grundelemente erfordert nicht generell die exakte Positionierung der Elementpunkte. Vielmehr reicht es aus, wenn die ungefähre Lage und Ausrichtung festgelegt werden, die der Bereich der späteren Achse einnehmen soll. Diese vielleicht etwas ungenau anmutende Vorgehensweise hat folgenden Hintergrund:

Wenn das Grundelement die Funktion eines Koppel- oder Pufferelements zugewiesen bekommt, muss sich seine Lage in Abhängigkeit der benachbarten Elemente verändern. Die vorläufige Lage des Grundelements wird durch dessen Anfangs- und Endpunkt bestimmt. Durch sie wird ein Teilstück einer mathematischen Funktion definiert. Die Anfangs- und Endpunkte sind jedoch nicht mit den späteren Hauptpunkten der Achse gleichzusetzen. Erst durch die rechnerische Lagebestimmung benachbarter Grundelemente wird das einzurechnende Grundelemente von seiner Lage her auf die mathematischen Tangenten des bzw. der Nachbarelemente eingepasst. Zusätzlich zur Lage ändern sich die Längen des zu bestimmenden Elementes und des bzw. der benachbarten Entwurfselemente.

In CARD/1 gibt es fünf verschiedene Arten der Lagebestimmung:

o **Puffern:** Ein Grundelement wird zwischen **zwei** Nachbarelementen bzw. Achsen eingerechnet. Das einzurechnende Element wird an den Tangenten der beiden Nachbarelemente ausgerichtet.

o **Schwenken:** Ein Grundelement wird an **ein** Nachbarelement bzw. Achse geschwenkt. Das einzurechnende Element wird an der Tangente des Nachbarelements ausgerichtet.

o **Koppeln:** Ein Grundelement wird an **ein** Nachbarelement gekoppelt. Das einzurechnende Element wird an der Tangente des Nachbarelements ausgerichtet. Die zu berechnende Länge des einzurechnenden Elements kann gewählt werden.

o **Schneiden:** Ein Grundelement wird mit **ein**em Nachbarelement verschnitten, so dass ein Knick als Elementverbindung erzeugt wird.

o **Klothoide bestimmen:** Das einzurechnende Element bleibt in seiner Lage unverändert. Eine passende Klothoide wird zu **ein**em benachbarten Element berechnet.

Achsparallelen (Kapitel 7.2.6) können gleichermaßen wie Achsen als Bezug gewählt werden.

Nach der Lagebestimmung werden nicht nur die einzelnen verketteten Grundelemente, sondern auch die temporär berechnete Achse (weiße Linie im Grafikbereich) abgebildet. Die berechneten Achshauptpunkte (Elementanfangs- bzw. Elementendpunkte) werden als kurzer Querstrich dargestellt.

Bei der Lagebestimmung durch **Puffern** stehen vier Funktionen zur Verfügung:

o Puffern zwischen zwei Elementen,

o Puffern zwischen zwei Achsen,

o Puffern zwischen einem Element und einer Achse und

o weiträumiges Puffern.

➜ MENÜ VERKEHRSWEG
   ➜ Achsen
      ➜ Achse entwerfen
         ➜ aktuelle Achse wählen
            ➜ mit dem Fadenkreuz eine Achse auswählen
               ➜ mit dem Fadenkreuz eine Achse bestätigen
         oder
         ➜ KONTEXTAUSWAHL/-ANZEIGE
            ➜ Achse mit Doppelklick auswählen
               ➜ Elemente
                  ➜ einrechnen
                     ➜ Element, dessen endgültige Lage bestimmt werden soll, im Grafikfenster wählen und bestätigen

➔ puffern zwei Elemente
oder
➔ puffern zwei Achsen
  ➔ erste Achse oder -parallele für Pufferele-
    ment wählen
  ➔ zweite Achse oder -parallele für Pufferele-
    ment wählen
oder
➔ puffern Element-Achse
  ➔ Achse oder -parallele für Pufferelement
    wählen
oder
➔ puffern weiträumig
  ➔ erstes Randelement Pufferelement wählen
  ➔ zweites Randelement für Pufferelement wäh-
    len

1) Ausgangslage   2) Ergebnis

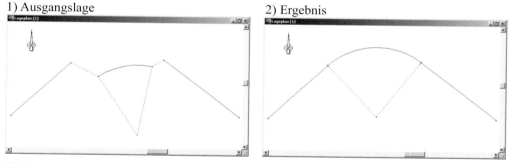

Bild 7-9: Lagebestimmung mit der Funktion *Puffern zwei Elemente*

Bei der Lagebestimmung durch **Schwenken** stehen vier Funktionen zur Verfügung:

o   Schwenken an Element,

o   Schwenken an Achse,

o   Schwenken um Punkt an Element und

o   Schwenken um Punkt an Achse.

Dabei wird bei den beiden erstgenannten Funktionen der vom relevanten Nachbarelement abgewandte Elementpunkt als Schwenkpunkt verwendet. Bei den beiden letztgenannten Funktionen kann der Schwenkpunkt beliebig festgelegt werden.

➜ **MENÜ VERKEHRSWEG**

  ➜ Achsen

    ➜ Achse entwerfen

      ➜ aktuelle Achse wählen

        ➜ mit dem Fadenkreuz eine Achse auswählen

          ➜ mit dem Fadenkreuz eine Achse bestätigen

      oder

      ➜ KONTEXTAUSWAHL/-ANZEIGE

        ➜ Achse mit Doppelklick auswählen

          ➜ Elemente

            ➜ einrechnen

              ➜ Element, dessen endgültige Lage bestimmt werden soll, im Grafikfenster wählen und bestätigen

                ➜ schwenken an Element

                  ➜ Zielelement für Schwenkelement wählen (bei nur einem Nachbarelement: automatische Wahl)

                oder

                ➜ schwenken an Achse

                  ➜ an Achse anzuschwenkenden Elementendpunkt wählen

                    ➜ Achse für Schwenkelement wählen

                oder

                ➜ schwenken um Punkt an Element

                  ➜ Zielelement für Schwenkelement wählen(bei nur einem Nachbarelement: automatische Wahl)

                    ➜ Punkt wählen, um den geschwenkt werden soll

                oder

                ➜ schwenken um Punkt an Achse

                  ➜ an Achse anzuschwenkenden Elementendpunkt wählen

                    ➜ Achse für Schwenkelement wählen

                      ➜ Punkt wählen, um den geschwenkt werden soll

1) Ausgangslage   2) Ergebnis

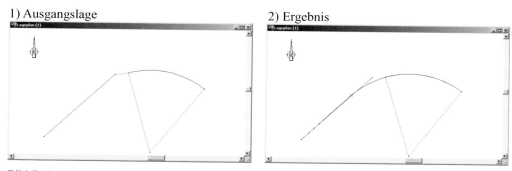

Bild 7-10: Lagebestimmung mit der Funktion *Schwenken an Element*

Die Funktion **Koppeln** erlaubt das knickfreie Ankoppeln des aktuellen Elementes an ein Nachbarelement. Der vom relevanten Nachbarelement zugewandte Elementpunkt ist der Koppelungspunkt. Zusätzlich wird von diesem Elementpunkt die Tangentenrichtung für das Ankoppeln verwendet. Die Lage des aktuellen Elementes ist beim Koppelungsvorgang frei. Anschließend kann die Länge des gekoppelten Elementes festgelegt werden. Der dabei entstehende Radius darf jedoch einen maximalen Öffnungswinkel von 399,99 gon aufweisen.

➔ MENÜ VERKEHRSWEG
  ➔ Achsen
    ➔ Achse entwerfen
      ➔ aktuelle Achse wählen
        ➔ mit dem Fadenkreuz eine Achse auswählen
          ➔ mit dem Fadenkreuz eine Achse bestätigen
      oder
      ➔ KONTEXTAUSWAHL/-ANZEIGE
        ➔ Achse mit Doppelklick auswählen
          ➔ Elemente
            ➔ einrechnen
              ➔ Element, dessen endgültige Lage bestimmt werden soll, im Grafikfenster wählen und bestätigen
                ➔ koppeln
                  ➔ das dem Koppelelement vorausgehendes Element wählen
                    ➔ Elementlänge festlegen

1) Ausgangslage

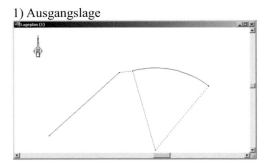

2) Ergebnis

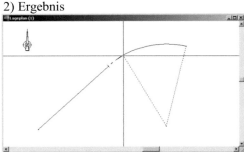

Bild 7-11: Lagebestimmung mit der Funktion *Koppeln*

Bei der Funktion **Schneiden** bleibt die Lage des Grundelements unverändert. Es wird mit einem Nachbarelement so verschnitten, dass eine geknickte Achse erzeugt wird. Dabei muss es einen Schnittpunkt zwischen dem Kreisbogen und dem Nachbarelement geben ($\Delta R < 0$).

➔ **MENÜ VERKEHRSWEG**

   ➔ Achsen

      ➔ Achse entwerfen

         ➔ aktuelle Achse wählen

            ➔ mit dem Fadenkreuz eine Achse auswählen

               ➔ mit dem Fadenkreuz eine Achse bestätigen

         oder

         ➔ KONTEXTAUSWAHL/-ANZEIGE

            ➔ Achse mit Doppelklick auswählen

               ➔ Elemente

                  ➔ einrechnen

                     ➔ Element, dessen endgültige Lage bestimmt werden soll, im Grafikfenster wählen und bestätigen

                        ➔ schneiden

                           ➔ Zielelement für Schnitt wählen (bei nur einem Nachbarelement: automatische Wahl)

1) Ausgangslage   2) Ergebnis

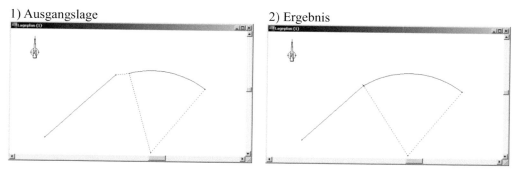

Bild 7-12: Lagebestimmung mit der Funktion *Schneiden*

Bei der Verwendung der Funktion **Klothoide bestimmen** wird, wenn das einzurechnende Grundelement ein Kreisbogen ist und dieser seine Lage nicht verändern soll, als Übergang zu einem Nachbarelement eine Klothoide berechnet. Dabei darf es keinen Schnittpunkt zwischen dem Kreisbogen und dem Nachbarelement geben ($\Delta R > 0$). Ist das Nachbarelement ein Kreisbogen mit gegensinnigem Richtungssinn, so wird eine Wendeklothoide erzeugt.

➔ MENÜ VERKEHRSWEG
   ➔ Achsen
      ➔ Achse entwerfen
         ➔ aktuelle Achse wählen
            ➔ mit dem Fadenkreuz eine Achse auswählen
               ➔ mit dem Fadenkreuz eine Achse bestätigen
        oder
         ➔ KONTEXTAUSWAHL/-ANZEIGE
            ➔ Achse mit Doppelklick auswählen
               ➔ Elemente
                  ➔ einrechnen
                     ➔ Element, dessen endgültige Lage bestimmt werden soll, im Grafikfenster wählen und bestätigen
                        ➔ Klothoide bestimmen
                           ➔ Bogenendpunkt zur Klothoidenbestimmung wählen

1) Ausgangslage   2) Ergebnis

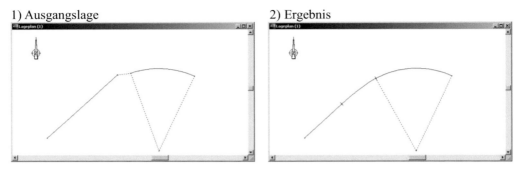

Bild 7-13: Lagebestimmung mit der Funktion *Klothoide bestimmen*

7.2.4.2   *Verschieben*

Mit der Funktion **Verschieben** kann ein vorhandenes Grundelement unter Beibehaltung seines Radius und Öffnungswinkels verschoben werden. Die Festlegung der neuen Bezugspunktposition kann mit dem Fadenkreuz, per Tastatureingabe oder mit Bezug auf bestehende Daten geschehen. Die Koordinaten der aktuellen Fadenkreuzposition werden in der Kopfzeile angezeigt.

```
➔ MENÜ VERKEHRSWEG
    ➔ Achsen
        ➔ Achse entwerfen
            ➔ aktuelle Achse wählen
                ➔ mit dem Fadenkreuz eine Achse auswählen
                    ➔ mit dem Fadenkreuz eine Achse bestätigen
            oder
        ➔ KONTEXTAUSWAHL/-ANZEIGE
            ➔ Achse mit Doppelklick auswählen
                ➔ Elemente
                    ➔ verschieben
                        ➔ Element mit dem Fadenkreuz auswählen
                            ➔ Elementpunkt als Bezugspunkt mit dem Faden-
                              kreuz auswählen
                                ➔ neue Position des Bezugspunktes bestimmen
```

7.2.4.3   *Verlängern*

Mit der Funktion **Verlängern** kann ein vorhandenes Grundelement unter Beibehaltung seiner Lage auf einer Seite verlängert werden. Die Festlegung der neuen Elementlänge kann mit dem Fadenkreuz, per Tastatureingabe oder mit Bezug auf bestehende Daten geschehen. Die Koordinaten der aktuellen Fadenkreuzposition werden in der Kopfzeile angezeigt.

➔ **MENÜ VERKEHRSWEG**

  ➔ Achsen

    ➔ Achse entwerfen

      ➔ aktuelle Achse wählen

        ➔ mit dem Fadenkreuz eine Achse auswählen

          ➔ mit dem Fadenkreuz eine Achse bestätigen

    oder

    ➔ KONTEXTAUSWAHL/-ANZEIGE

      ➔ Achse mit Doppelklick auswählen

        ➔ Elemente

          ➔ verlängern

            ➔ Element mit dem Fadenkreuz auswählen

              ➔ zu verändernden Elementpunkt mit dem Faden-
kreuz auswählen

                ➔ neue Länge des Elements bestimmen

7.2.4.4 Elementpunkt

Mit der Funktion **Elementpunkt** können alle Elementpunkte (Anfangs-, End- und Mittelpunkt) verschoben werden. Die Festlegung der neuen Elementpunktposition kann mit dem
Fadenkreuz oder per Tastatureingabe geschehen. Die Koordinaten der aktuellen Fadenkreuzposition werden in der Kopfzeile angezeigt.

➔ **MENÜ VERKEHRSWEG**

  ➔ Achsen

    ➔ Achse entwerfen

      ➔ aktuelle Achse wählen

        ➔ mit dem Fadenkreuz eine Achse auswählen

          ➔ mit dem Fadenkreuz eine Achse bestätigen

    oder

    ➔ KONTEXTAUSWAHL/-ANZEIGE

      ➔ Achse mit Doppelklick auswählen

        ➔ Elemente

          ➔ Elementpunkt

            ➔ Element, dessen Elementpunkt verändert werden
soll, im Grafikfenster wählen

              ➔ zu ändernden Elementpunkt wählen

                ➔ neue Position des Elementpunktes festlegen

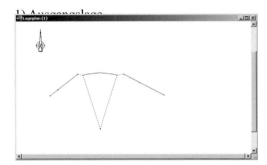
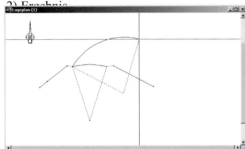

Bild 7-14: Veränderung eines Elementpunkts

7.2.4.5   Verkettung

Für die mathematische Bestimmung der Achse ist es notwendig, die Reihenfolge und die Richtung der Grundelemente zu definieren. Dies erfolgt mit der Funktion **Verkettung**. Es werden dabei die benachbarten Grundelementpunkte miteinander „verkettet" (gelbe gestrichelte Linie). Durch das Einfügen eines weiteren Grundelements zwischen zwei miteinander verketteten Grundelementen wird die bestehende Verkettung aufgelöst und durch zwei neue Verkettungen ersetzt.

Falls ein anderer Elementpunkt als der durch das Programm angebotene verkettet werden soll, kann mit der rechten Maustaste die Option **anderer Punkt** gewählt und zu dem anderen Elementpunkt gewechselt werden.

Bei der Verkettung ist immer eine Autofang-Funktion für die Elementpunkte eingeschaltet. Die Funktion Verkettung sollte nur zur Fehlerkorrektur verwendet werden.

➜ MENÜ VERKEHRSWEG
    ➜ Achsen
        ➜ Achse entwerfen
            ➜ aktuelle Achse wählen
                ➜ mit dem Fadenkreuz eine Achse auswählen
                    ➜ mit dem Fadenkreuz eine Achse bestätigen
            oder
        ➜ KONTEXTAUSWAHL/-ANZEIGE
            ➜ Achse mit Doppelklick auswählen
                ➜ Elemente
                    ➜ Verkettung
                        ➜ Element, dessen Verkettung verändert werden soll, im Grafikfenster wählen
                            ➜ Anschlusspunkt für die Verkettung wählen (ggf. Option „anderen Punkt" aktivieren

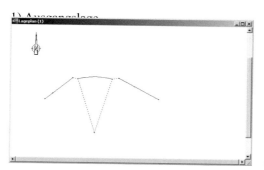
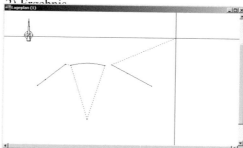

Bild 7-15: Veränderung der Verkettung

7.2.4.6 Radius

Mit der Funktion **Radius** kann der Radius eines Kreisbogens verändert werden. Dies kann mit dem Fadenkreuz oder mit der Werteingabe geschehen. Die Größe und das Vorzeichen des durch die aktuelle Fadenkreuzposition bestimmten Radius werden in der Wertanzeige aufgeführt. Der Radius kann dabei einen maximalen Öffnungswinkel von 199,999 gon besitzen (fast ein Halbkreis), da bei 200 gon das Vorzeichen nicht exakt bestimmbar wäre.

➔ MENÜ VERKEHRSWEG
  ➔ Achsen
    ➔ Achse entwerfen
      ➔ aktuelle Achse wählen
        ➔ mit dem Fadenkreuz eine Achse auswählen
          ➔ mit dem Fadenkreuz eine Achse bestätigen
      oder
      ➔ KONTEXTAUSWAHL/-ANZEIGE
        ➔ Achse mit Doppelklick auswählen
          ➔ Elemente
            ➔ Radius
              ➔ Element, dessen Radius verändert werden soll, im Grafikfenster wählen
                ➔ neuen Radis festlegen

1) Ausgangslage

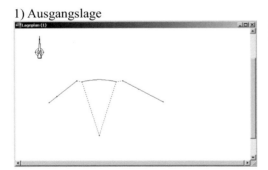

2) Ergebnis

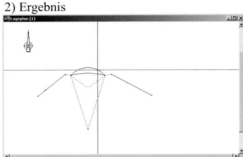

Bild 7-16: Veränderung des Radius

7.2.4.7 Übergangsbogen

Mit der Funktion **Übergangsbogen** können die Übergangsbögen (Klothoiden) am Elementan-
fangs- (A1) und -endpunkt (A2) eines Kreisbogens verändert werden. Dies kann durch die
Auswahl eines Vorschlagswertes im CAD-Menü oder mit der Werteingabe geschehen. Dabei
wird zuerst der Übergangsbogen für den Elementanfangspunkt und dann für den Elementendpunkt festgelegt. Der aktuell bearbeitete Elementpunkt ist durch einen Kreis im Grafikfenster
gekennzeichnet. Falls an einem Elementpunkt keine Änderungen notwendig sind, kann die
Funktion *keine Änderung* gewählt werden. Die bisherigen Werte der Übergangsbögen werden (sofern Übergangsbögen vorhanden sind) im Protokollfenster angezeigt.

➔ MENÜ VERKEHRSWEG
   ➔ Achsen
      ➔ Achse entwerfen
         ➔ aktuelle Achse wählen
            ➔ mit dem Fadenkreuz eine Achse auswählen
               ➔ mit dem Fadenkreuz eine Achse bestätigen
      oder
      ➔ KONTEXTAUSWAHL/-ANZEIGE
         ➔ Achse mit Doppelklick auswählen
            ➔ Elemente
               ➔ Übergangsbogen
                  ➔ Element, dessen Übergangsbogen verändert werden
                    soll, im Grafikfenster wählen
                    ➔ Größe des Übergangsbogens am Elementanfangs-
                      punkt festlegen
                      ➔ Größe des Übergangsbogens am Elementend-
                        punkt festlegen

1) Ausgangslage

2) Festlegung des 1. Klothoidenparameters

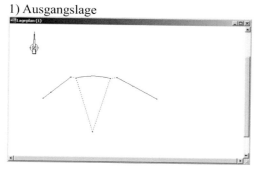
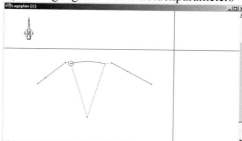

Bild 7-17: Ändern eines Übergangsbogens

7.2.5   Achsberechnung

Mit der Achsberechnung wird der Achsentwurf abgeschlossen. Die Achse erhält bei der Achsberechnung eine Stationierung entsprechend des gewählten Achsanfangs- und Achsendpunktes. Die Achshauptpunkte und die Elemente werden in die CARD/1-interne Achsdatenbank übernommen. Bei der Achsberechnung können auch nur Teilbereiche berechnet werden (wenn z. B. nicht alle Grundelemente in ihrer Lage eingerechnet wurden).

➜ MENÜ VERKEHRSWEG

  ➜ Achsen

    ➜ Achse entwerfen

      ➜ aktuelle Achse wählen

        ➜ mit dem Fadenkreuz eine Achse auswählen

          ➜ mit dem Fadenkreuz eine Achse bestätigen

      oder

      ➜ KONTEXTAUSWAHL/-ANZEIGE

        ➜ Achse mit Doppelklick auswählen

          ➜ Elemente

            ➜ Achse übernehmen

              ➜ Felder im Eingabefenster ausfüllen

                ➜ OK

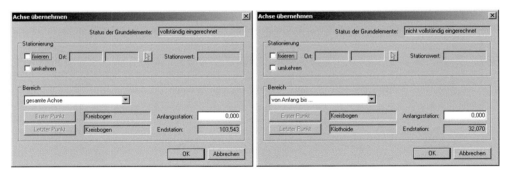

Bild 7-18: Achsberechnung (vollständige/unvollständige Lagebestimmung)

7.2.6   Achsen umnummerieren

Für die Änderung der Achsnummer einer vorhandenen Achse steht die Funktion *Achsen umnummerieren* zur Verfügung (Bild 7-19). Diese Funktion sollte nicht unüberlegt verwendet werden! Da im Straßenentwurf die Daten spätestens ab der zweiten Entwurfsebene Achsabhängigkeiten aufweisen, hat eine Veränderung der Achsnummer ggf. grundlegende Folgen. CARD/1 bewältigt diese Folgen zum Teil automatisch. So werden alle achsbezogenen Daten (z. B. Stationsdaten) sowie alle Objekte (z. B. Schleppkurven), die sich auf die umzunummerierende Achse beziehen automatisch geändert. Die in diesen Daten oder Objekten enthaltenen Texte werden allerdings nicht mit geändert (Bild 7-20). Auch Achsnummern in Querprofilentwicklungsdateien und Zeichnungsvereinbarungen werden nicht verändert!

Zum Schutz vor Überschreiben ist das Umnummerieren auf eine vorhandene Achse nicht möglich.

Sind zu der „Nachher"-Achsnummer bereits Stationsdaten oder Objekte vorhanden, werden diese bei der Umnummerierung gelöscht!

Bild 7-19: Achsen umnummerieren

Bild 7-20: Stationsliste nach Umnummerierung der Achse

7.3   Achsparallelen

Ränder von Fahrstreifen, Fahrbahn oder andere Flächen, die einen konstanten Abstand zur Achse aufweisen, können zum einen als parallele Achse (Kapitel 7.2.3.3) und zum anderen als Achsparallele definiert werden. Achsparallelen besitzen den Vorteil, dass sie bei einer Änderung der Bezugsachse sich automatisch ebenfalls ändern. Sie werden grundsätzlich für die gesamte Länge einer Achse definiert. Für jede Achse können bis zu 32.000 Achsparallelen definiert und verwaltet werden. Generell werden nur für die unter der Funktionsgruppe **Darstellung** markierten Achsen die Achsparallelen im Grafikfenster dargestellt. Achsparallelen werden zentral verwaltet. Sie stehen somit auch in anderen Modulen (z. B. Knotenpunkt) zur Verfügung und können dort teilweise mit den gleichen Funktionen wie Achsen angesprochen werden.

Achsparallelen können mit den Funktionen **neu, ändern** und **löschen** verwaltet werden. Die Funktion **neu** ermöglicht die Definition von Achsparallelen mit einem frei wählbaren Abstand zu einer vorhandenen Achse. Ihre Lage wird über das Vorzeichen des Abstandes zur Achse definiert. Hierbei kommt wieder die allgemeine Festlegung zum Tragen, d. h. positiver Wert = rechts in Stationierungsrichtung, negativer Wert = links in Stationierungsrichtung.

➜ MENÜ VERKEHRSWEG
   ➜ Achsen
      ➜ Achse entwerfen
         ➜ aktuelle Achse wählen
            ➜ mit dem Fadenkreuz eine Achse auswählen
               ➜ mit dem Fadenkreuz eine Achse bestätigen
         oder
         ➜ KONTEXTAUSWAHL/-ANZEIGE
            ➜ Achse mit Doppelklick auswählen
               ➜ Achsparallelen
                  ➜ neu
                     ➜ Felder im Eingabefenster ausfüllen
                        ➜ OK

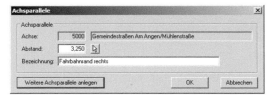

Bild 7-21: Achsparallele anlegen

Mit den Funktionen **löschen** bzw. **alle löschen** können vorhandene Achsparallelen einzeln mit dem Fadenkreuz im Grafikfenster oder alle für die aktuelle Achse vorhandenen gelöscht werden.

➜ MENÜ VERKEHRSWEG
  ➜ Achsen
    ➜ Achse entwerfen
      ➜ aktuelle Achse wählen
        ➜ mit dem Fadenkreuz eine Achse auswählen
          ➜ mit dem Fadenkreuz eine Achse bestätigen
      oder
      ➜ KONTEXTAUSWAHL/-ANZEIGE
        ➜ Achse mit Doppelklick auswählen
          ➜ Achsparallelen
            ➜ löschen
              ➜ Achsparallele mit dem Fadenkreuz im Grafikfenster wählen und bestätigen
            oder
            ➜ alle löschen
              ➜ JA

7.4 Achsauswertung

Da viele Daten im Straßenentwurf stationsbezogen sind, werden Routinen für die Auswertung von Achsen benötigt. Für die Achsauswertung stehen drei Arten zur Verfügung:

o   Einzelauswertungen,
o   Listen und
o   Achsprotokolle.

7.4.1 Einzelauswertungen

Für die Einzelauswertung von Achsen stehen folgende Funktionen zur Verfügung:

o   Abstand Achse – Achse,

o   Abstand Achse – Punkt,

o   Schnitt Achse – Achse,

o   Schnitt Achse – Gerade,

o   Schnitt Achse – Kreis und

o   Achskleinpunkt auswerten.

In den folgenden Kapiteln werden von den o. g. nur ausgewählte Funktionen erläutert. Für detailliertere Darlegungen wird auf die CARD/1-Hilfe verwiesen.

7.4.1.1   Abstand Achse – Punkt

Mit der Funktion **Abstand Achse – Punkt** können rechtwinklige Abstände zwischen einer Achse und Punkten ausgewertet werden. Mit dem Fadenkreuz oder per Tastatureingabe müssen die Achse, die Näherungsstation und die Punktkoordinaten festgelegt werden.

Als Ergebnisse werden der kleinste rechtwinklige Abstand und die zugehörige Station in einem Ergebnisfenster angezeigt. Sie können auch über einen Drucker ausgegeben werden.

➜ MENÜ VERKEHRSWEG
   ➜ Achsen
      ➜ Achse auswerten
         ➜ Einzelauswertung
            ➜ Abstand Achse - Punkt

               ➜ über das Symbol [⌖] mit dem Fadenkreuz eine Achse im
                 Grafikfenster auswählen
               oder

               ➜ über das Symbol [⌕] aus der Achstabelle eine Achse
                 auswählen

                  ➜ über das Symbol [⌖] mit dem Fadenkreuz einen Punkt
                    im Grafikfenster auswählen
                  oder

                  ➜ über das Symbol [⌕] aus der Punktliste einen Punkt
                    auswählen
                     ➜ OK

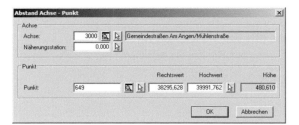

Bild 7-22: Achsauswertung mit der Funktion *Abstand Achse – Punkt* - Auswahlfenster

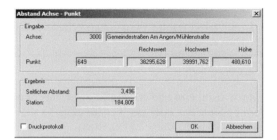

Bild 7-23: Achsauswertung mit der Funktion *Abstand Achse – Punkt* - Ergebnisfenster

7.4.1.2   Schnitt Achse – Achse

Mit der Funktion **Schnitt Achse – Achse** können Schnittpunkte zweier Achsen ausgewertet werden. Dabei muss es keinen direkten Schnittpunkt beider Achsen geben. Der Schnittpunkt kann hinter dem Endpunkt oder auch vor dem Anfangspunkt einer Achse liegen. Es wird dann die Tangente des letzten Achselements als Fortführung angesehen. Im Auswahlfenster müssen die Achsen, die seitlichen Achsabstände und die jeweilige Näherungsstation des Schnittpunktes festgelegt werden. Die Angabe der Näherungsstation ist wichtig, da zwei Achsen sich auch mehrmals schneiden können.

Als Ergebnisse werden die beiden Schnittstationen, der Schnittwinkel und die Schnittpunktkoordinaten in einem Ergebnisfenster angezeigt. Sie können auch über einen Drucker ausgegeben werden.

➔ **MENÜ VERKEHRSWEG**

   ➔ Achsen

      ➔ Achse auswerten

         ➔ Einzelauswertung

            ➔ Schnitt Achse - Achse

               ➔ über das Symbol ⬚ mit dem Fadenkreuz die erste Achse im Grafikfenster auswählen

               oder

               ➔ über das Symbol ⬚ aus der Achstabelle die erste Achse auswählen

                   ➔ den seitlichen Abstand in das Eingabefeld eingeben

                       ➔ über das Symbol ⬚ mit dem Fadenkreuz eine Näherungsstation auf der ersten Achse wählen

                           ➔ über das Symbol ⬚ mit dem Fadenkreuz die zweite Achse im Grafikfenster auswählen

                           oder

                           ➔ über das Symbol ⬚ aus der Achstabelle die zweite Achse auswählen

                               ➔ den seitlichen Abstand in das Eingabefeld eingeben

                                   ➔ über das Symbol ⬚ mit dem Fadenkreuz eine Näherungsstation auf der zweiten Achse wählen

                                     ➔ OK

Bild 7-24: Achsauswertung mit der Funktion *Schnitt Achse – Achse* - Auswahlfenster

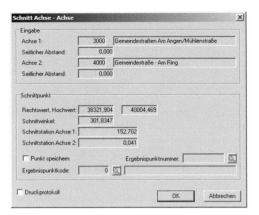

Bild 7-25: Achsauswertung mit der Funktion *Schnitt Achse – Achse* - Ergebnisfenster

7.4.2   Listen

Unter der Funktionsgruppe **Listen** stehen folgende Auswerteroutinen zur Verfügung:

o   Achsen,

o   Achsabstände,

o   Punktabstände,

o   Kleinpunkte,

o   erweiterte Kleinpunkte und

o   Absteckung.

In den folgenden Kapiteln werden von den o. g. nur ausgewählte Funktionen erläutert. Für detailliertere Darlegungen wird auf die CARD/1-Hilfe verwiesen.

7.4.2.1   *Achsen*

Die Funktion **Achsen** gibt in einem Ergebnisfenster alle, im Anwenderprojekt vorhandenen Achsen aus. Dabei werden die Achsnummer, die Bezeichnung, der Achstyp, der Achssubtyp, die Anfangs- und die Endstation angezeigt.

➔ **MENÜ VERKEHRSWEG**
  ➔ Achsen
    ➔ Achse auswerten
      ➔ Achsen

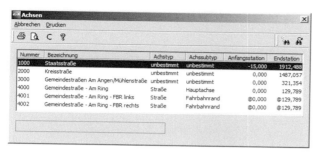

Bild 7-26: Achsauswertung mit der Funktion *Achsen*

7.4.2.2 Erweiterte Kleinpunkte

Mit der Funktion **erweiterte Kleinpunkte** können Kleinpunkte unter festlegbaren Vorgaben berechnet werden. Im Eingabefenster können die Achse und folgende zu berücksichtigende Stationsdaten festgelegt werden:

o   die Achshauptpunkte,

o   die Stationsliste bzw. der regelmäßige Stationsabstand,

o   die Querneigungsliste für den rechten und den linken Fahrbahnrand,

o   die Gradiente,

o   der seitliche Abstand und

o   die Breitenliste.

Als Ergebnisse können die ermittelten Kleinpunkte als Lageplanpunkte gespeichert oder über einen Drucker ausgegeben werden. Die Angaben der Querneigungsliste, der Gradiente und der Breitenliste dienen nur zur Berücksichtigung der in diesen Dateien enthaltenen Stationen. Wird eine Gradiente angegeben und die Option *Mit Höhenberechnung* aktiviert, erhalten die Kleinpunkte eine Höhe.

Mit dieser Funktion kann auch automatisch eine neue Stationsliste erzeugt werden. Hierzu darf keine vorhandene Stationsliste eingetragen werden (Feldwert = 0) und es sind die Nummer sowie die Bezeichnung der zu erzeugenden Stationsliste einzugeben. Es werden dann alle durch die o. g. Vorgaben berücksichtigten Stationen auf der Achse ausgegeben.

➔ MENÜ VERKEHRSWEG

   ➔ Achsen

      ➔ Achse auswerten

         ➔ erweiterte Kleinpunkte

            ➔ Felder im Eingabefenster ausfüllen

               ➔ Funktion zur Ergebnisausgabe wählen

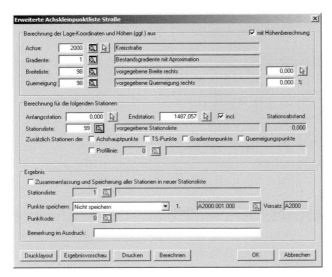

Bild 7-27: Achsauswertung mit der Funktion *erweiterte Kleinpunkte*

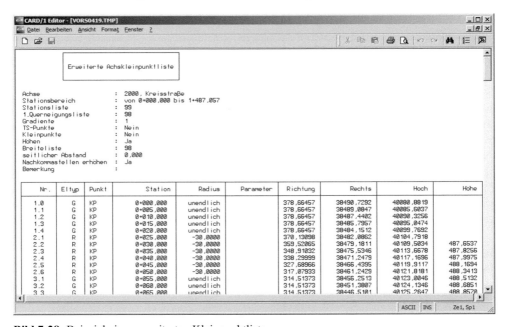

Bild 7-28: Beispiel einer erweiterten Kleinpunktliste

7.4.3 Achsprotokolle

Die Funktionen **Achsprotokoll einfach** und **Achsprotokoll differenziert** geben Listen mit Eigenschaften der Achshauptpunkte aus. Mit dem Fadenkreuz oder der Werteingabe muss die Achse festgelegt werden.

Wie schon der Funktionsname verrät, enthält das einfache Achsprotokoll (Bild 7-29) weniger Werte als das differenzierte (Bild 7-32). Das differenzierte Achsprotokoll ist vorwiegend für die Ausgabe über einen Drucker konzipiert.

➔ **MENÜ VERKEHRSWEG**

   ➔ Achsen

      ➔ Achse auswerten

         ➔ Achsprotokoll einfach

            ➔ mit dem Fadenkreuz im Grafikfenster eine Achse wählen und bestätigen

            oder

            ➔ in die Werteingabe die Achsnummer eingeben

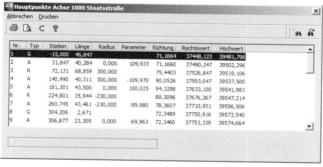

Bild 7-29: Achsauswertung mit der Funktion *Achsprotokoll einfach*

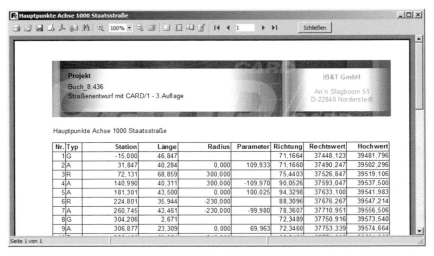

Bild 7-30: Ergebnisdarstellung der Achsauswertung mit der Funktion *Achsprotokoll einfach* mittels Fastreport

➜ MENÜ VERKEHRSWEG

   ➜ Achsen

      ➜ Achse auswerten

         ➜ Achsprotokoll differenziert

            ➜ über das Symbol mit dem Fadenkreuz eine Achse im Grafikfenster auswählen

            oder

            ➜ über das Symbol aus der Achstabelle eine Achse auswählen

               ➜ Drucklayout, Ergebnisvorschau oder Drucken wählen

Bild 7-31: Auswahlfenster für die Achsauswertung mit der Funktion *Achsprotokoll differenziert*

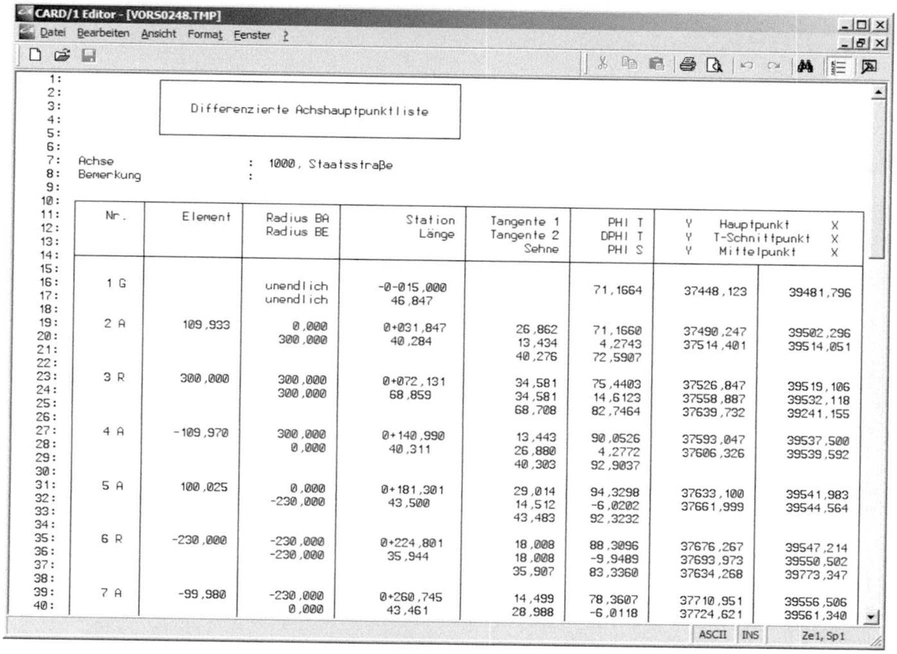

CARD/1 Editor - [VORS0248.TMP]

Datei Bearbeiten Ansicht Format Fenster ?

```
 1:
 2:
 3:                    Differenzierte Achshauptpunktliste
 4:
 5:
 6:
 7:    Achse                 : 1000, Staatsstraße
 8:    Bemerkung             :
 9:
10:
```

Nr.	Element	Radius BA Radius BE	Station Länge	Tangente 1 Tangente 2 Sehne	PHI T DPHI T PHI S	Y Hauptpunkt X Y T-Schnittpunkt X Y Mittelpunkt X
1 G		unendlich unendlich	-0-015,000 46,847		71,1664	37448,123 39481,796
2 A	109,933	0,000 300,000	0+031,847 40,284	26,862 13,434 40,276	71,1660 4,2743 72,5907	37490,247 39502,296 37514,401 39514,051
3 R	300,000	300,000 300,000	0+072,131 68,859	34,581 34,581 68,708	75,4403 14,6123 82,7464	37526,847 39519,106 37558,887 39532,118 37639,732 39241,155
4 A	-109,970	300,000 0,000	0+140,990 40,311	13,443 26,880 40,303	90,0526 4,2772 92,9037	37593,047 39537,500 37606,326 39539,592
5 A	100,025	0,000 -230,000	0+181,301 43,500	29,014 14,512 43,483	94,3298 -6,0202 92,3232	37633,100 39541,983 37661,999 39544,564
6 R	-230,000	-230,000 -230,000	0+224,801 35,944	18,008 18,008 35,907	88,3096 -9,9489 83,3360	37676,267 39547,214 37693,973 39550,502 37634,268 39773,347
7 A	-99,980	-230,000 0,000	0+260,745 43,461	14,499 28,988	78,3607 -6,0118	37710,951 39556,506 37724,621 39561,340

```
11:
12:
13:
14:
15:
16:
17:
18:
19:
20:
21:
22:
23:
24:
25:
26:
27:
28:
29:
30:
31:
32:
33:
34:
35:
36:
37:
38:
39:
40:
```

ASCII   INS   Ze1, Sp1

Bild 7-32: Ergebnisdarstellung der Achsauswertung mit der Funktion *Achsprotokoll differenziert*

8 Knotenpunkte

8.1 Allgemeines

Knotenpunkte werden hinsichtlich ihrer baulichen Grundform und ihrer Betriebsform unterschieden. Die baulichen Grundformen sind:

o planfreie Knotenpunkte,

o teilplanfreie Knotenpunkte,

o teilplangleiche Knotenpunkte

o plangleiche Einmündungen und Kreuzungen und

o Kreisverkehre.

Die planfreien, teilplanfreien und teilplangleichen Knotenpunkte bestehen dabei aus mehreren Teilknotenpunkten sowie den zugehörigen Rampen. Bei den Teilknotenpunkten handelt es sich um Ein- bzw. Ausfahrbereiche, Einmündungen, Kreuzungen sowie Kreisverkehre.

Bei der Betriebsform ist die Art der Vorfahrtsregelung auschlaggebend. Man unterscheidet zwischen folgenden beiden Betriebsformen:

o Vorfahrtsregelung mit Verkehrszeichen und

o Vorfahrtsregelung mit Lichtzeichenanlage.

Mit dem Knotenpunktmodul lassen sich Einmündungen und Kreisverkehre definieren. Somit können in CARD/1 auch komplexe Knotenpunkte durch die Kombination mehrerer Teilknotenpunkte definiert und bearbeitet werden.

Wichtig für den Knotenpunktentwurf ist der Winkel zwischen den sich schneidenden Achsen der übergeordneten und der untergeordneten Straße. Das Knotenpunktmodul von CARD/1 ermöglicht unter Beachtung des in den Regelwerken empfohlenen Kreuzungswinkels von 80 bis 120 gon die automatische Trassierung der maßgebenden, mit (+) in der folgenden Auflistung gekennzeichneten Knotenpunktelemente. Knotenpunkte, deren Kreuzungswinkel sich außerhalb des angegebenen Bereiches befindet, müssen manuell trassiert werden und bedürfen keiner eigenen Knotenpunktdefinition in CARD/1.

Folgende Knotenpunktelemente werden in den Richtlinien definiert:

o durchgehende Fahrstreifen (+),

o Ausfahrten (+),

o Einfahrten (+),

o Rampen,

o Linksabbiegen (+),

o Rechtsabbiegen (+),

o Kreuzen und Einbiegen (+),

o Fahrbahnteiler (+),

- ○ Dreiecksinsel (+),
- ○ Mittelinsel/Überquerungshilfe,
- ○ Eckausrundung (+),
- ○ Kreisfahrbahn (+),
- ○ Kreisinsel (+),
- ○ Kreiseinfahrten und -ausfahrten (+),
- ○ Bypass.

8.2 Einmündung

8.2.1 Grundlagen

Zur Konstruktion von Einmündungen sind in CARD/1 die Richtlinien RAL und RAS-K1 hinterlegt. In den folgenden Ausführungen wird ausschließlich die Konstruktion gemäß dem aktuell gültigen Regelwerk – RAL – beschrieben.

Bei der Definition von Einmündungen sind folgende CARD/1-spezifische Festlegungen zu beachten:

1. **Über- und untergeordnete Straße:**

    Für eine Einmündung ist unabhängig von der Betriebsform immer die gerade durchgehende Straße die übergeordnete Straße und die darauf einmündende Straße die untergeordnete Straße.

2. **Fahrbahnranddefinition:**

    Für die Definition einer Einmündung ist die korrekte Bestimmung aller maßgebenden Fahrbahnränder entscheidend. Sie ist in Bild 8-1 dargestellt. Hervorzuheben ist dabei die Lage des Fahrbahnrandes auf der Seite der Einmündung. Er muss sich immer auf der Seite der einmündenden Straße befinden!

    Die Fahrbahnränder können mittels selbständiger Achsen (vgl. Kapitel 7.2) oder Achsparallelen (vgl. Kapitel 7.3) erzeugt werden.

3. **Linksabbiegestreifen**

    Ist ein Linksabbiegestreifen vorgesehen, muss die Option *Linksabbiegestreifen* aktiviert werden. Die Bestimmung des linken und rechten Randes des Linksabbiegestreifens ist für die korrekte Trassierung der Fahrbahnteiler (z. B. Tropfen) notwendig.

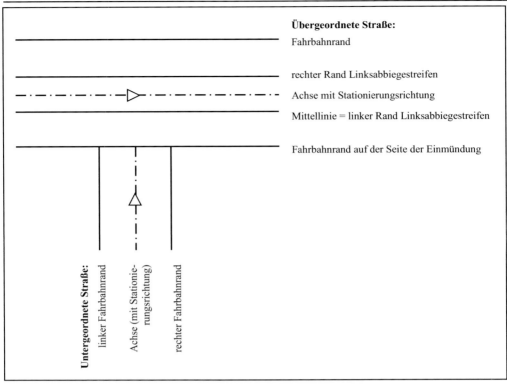

Bild 8-1: Globale Festlegung beim Entwurf einer Einmündung

8.2.2   Konfiguration und Grundgeometrie der Einmündung

Komplexe Knotenpunkte sind in CARD/1 in einzelne Einmündungen zu gliedern. So teilt sich z. B. eine Kreuzung in zwei gegenüber liegende Einmündungen auf, die separat definiert und bearbeitet werden. Vor der Konfiguration einer Einmündung ist der Kreuzungswinkel der über- und untergeordneten Straße entsprechend des im Kapitel 7.4.1.2 dargestellten Vorgehens zu prüfen.

Die Definition der Grundgeometrie der Einmündung erfolgt durch die Eingabe der relevanten Knotenpunktattribute im Eingabefenster (Bild 8-2) und die grafisch-interaktive Bestimmung der Fahrbahnränder und der Ränder zusätzlicher Fahrstreifen (Bild 8-8). Die Grundgeometrie wird im Grafikfenster (Bild 8-9) dargestellt. Dabei werden die zugehörigen Achsen und Achsparallelen im Grafikfenster gelb dargestellt.

Entsprechend den Vorgaben der RAL erfolgen die Verknüpfung des Rechtsabbiegetyps mit der übergeordneten und die Verknüpfung des Zufahrttyps mit der untergeordneten Achse.

→ **MENÜ VERKEHRSWEG**

   → Einmündung entwerfen

      → neu

         → Felder im Eingabefenster zur Konfiguration der Einmündung
            ausfüllen (Bild 8-2)

         → OK

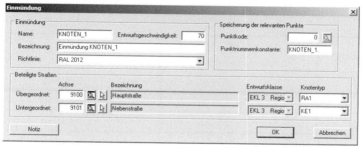

Bild 8-2: Eingabefenster zur Konfiguration der Einmündung

Bild 8-3: Fehlermeldung bei Missachtung der Einsatzbereiche der Rechtsabbiege- und Zufahrtstypen

Die zur Definition der Grundgeometrie erforderlichen Angaben zur Lage der Ränder der übergeordneten Straße ist von der Entwurfsklasse und der Anordnung eines Linksabbiege-streifens sowie dessen Lage zur Achse abhängig (Bild 8-4, Bild 8-5 und Bild 8-6). Für die Lage der Ränder der untergeordneten Straße ist ausschließlich die Entwurfsklasse maßgebend (Bild 8-7).

EKL	Rand Einmündungsseite	rechter Rand Linksabbiegestreifen	Mittellinie
2	4,25 m	3,25 m	0,00 m
3	4,00 m	3,25 m	0,00 m
4	3,00 m	2,75 m	0,00 m

Bild 8-4: Angaben zur Lage der Ränder der übergeordneten Straße bei der zur untergeordneten Straße abgewandter Lage des Linksabbiegestreifens (Vorzeichenregel beachten! Angaben als absoluter Betrag!)

EKL	Rand Einmündungsseite	rechter Rand Linksabbiegestreifen	Mittellinie
2	7,50 m	0,00 m	3,25 m
3	7,25 m	0,00 m	3,25 m
4	5,75 m	0,00 m	2,75 m

Bild 8-5: Angaben zur Lage der Ränder der übergeordneten Straße bei der zur untergeordneten Straße zugewandter Lage des Linksabbiegestreifens (Vorzeichenregel beachten! Angaben als absoluter Betrag!)

EKL	Rand Einmündungsseite	rechter Rand Linksabbiegestreifen	Mittellinie
2	5,875 m	1,625 m	1,625 m
3	5,625 m	1,625 m	1,625 m
4	4,375 m	1,375 m	1,375 m

Bild 8-6: Angaben zur Lage der Ränder der übergeordneten Straße bei mittiger Lage des Linksabbiegestreifens (Vorzeichenregel beachten! Angaben als absoluter Betrag!)

EKL	linker Rand	rechter Rand	Mittellinie
2	4,25 m	4,25 m	0,00 m
3	4,00 m	4,00 m	0,00 m
4	3,00 m	3,00 m	0,00 m

Bild 8-7: Angaben zur Lage der Ränder der untergeordneten Straße (Vorzeichenregel beachten! Angaben als absoluter Betrag!)

➜ **MENÜ VERKEHRSWEG**
   ➜ Einmündung entwerfen
      ➜ Einmündung wählen
         ➜ Einmündungsdefinition aus dem Auswahlfenster auswählen
            ➜ Grundgeometrie
               ➜ Felder im Eingabefenster zur Definition der Grundgeometrie der Einmündung ausfüllen (Bild 8-8)
                  ➜ OK

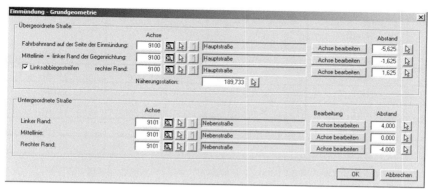

Bild 8-8: Eingabefenster zur Definition der Grundgeometrie der Einmündung

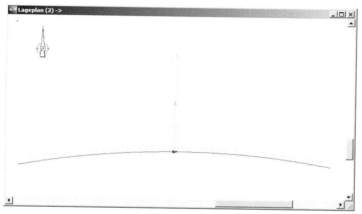

Bild 8-9: Definierte Grundgeometrie der Einmündung im Grafikfenster

8.2.3 Gestaltungelemente

Mit der Funktion *Gestaltung* werden die zu konstruierenden Gestaltungselemente festgelegt. Für jedes Gestaltungselement ist eine neue Achse anzugeben. Die gewählten Gestaltungselemente werden automatisch mit voreingestellten Standardparametern im Grafikfenster konstruiert und können über die Funktionsgruppe *Parameter* einzeln bearbeitet werden. Mit der Aktivierung des Schalters *im Achsentwurf* ist die Konstruktion der Gestaltungselemente in der Funktionsgruppe *Achse entwerfen* möglich. Darüber hinaus kann für die Stationierung der Gestaltungselemente der Startpunkt, die Richtung sowie die Anfangsstation bestimmt werden.

übergeordnete Straße	untergeordnete Straße	Rechtsabbiege typ	Zufahrtstyp	Tropfen
EKL 2	EKL 2 / EKL 3	RA1	KE1 / KE2	groß
EKL 3	EKL 3	RA2	KE1 / KE2	klein
EKL 3	EKL 3	RA3	KE3	groß
EKL 3	EKL 3	RA4	KE4	klein
EKL 3	EKL 4	RA5	KE5	klein
EKL 4	EKL 4	RA6	KE6	klein

Bild 8-10: Einsatzbereiche der Rechtsabbiege- und Zufahrtstypen und abhängige Tropfengröße

➔ **MENÜ VERKEHRSWEG**

   ➔ Einmündung entwerfen

      ➔ Einmündung wählen

         ➔ Einmündungsdefinition aus dem Auswahlfenster auswählen

            ➔ Gestaltung

               ➔ Felder im Eingabefenster zur Definition der zu konstruierenden Knotenpunktelemente ausfüllen (Bild 8-11)

               ➔ OK

Bild 8-11: Festlegung der zu konstruierenden Gestaltungselemente

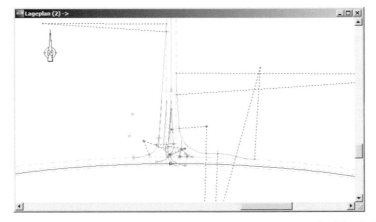

Bild 8-12: konstruierte Gestaltungselemente (nur temporär, noch nicht als Achsen)

8.2.4   Parameter der Gestaltungelemente

8.2.4.1   Tropfen

Fahrbahnteiler in Tropfenform werden besonders im Außerortsbereich angewendet. Sie können als große oder kleine Variante ausgebildet werden. Ihre automatische Konstruktion ist mit dem Knotenpunktmodul gemäß den in den RAL, Anhang 6 festgelegten Regeln möglich. Dabei werden Standardgrößen der Konstruktionsparameter im Eingabefenster (Bild 8-13 und Bild 8-14) vorgeschlagen. Diese können alle manuell verändert werden.

Die Verwendung des großen bzw. des kleinen Tropfens ist abhängig vom Rechtsabbiege- und Zufahrtstyp (Bild 8-10).

➔ MENÜ VERKEHRSWEG

    ➔ Einmündung entwerfen

        ➔ Einmündung wählen

            ➔ Einmündungsdefinition aus dem Auswahlfenster auswählen

                ➔ Parameter Tropfen

                    ➔ Werte in den Feldern des Eingabefensters ändern

                        ➔ OK

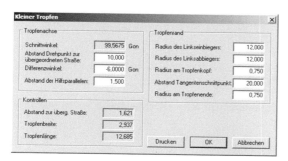

Bild 8-13: Parameter zur Konstruktion eines kleinen Tropfens

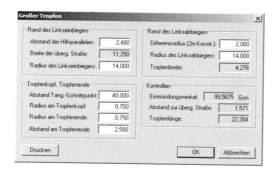

Bild 8-14: Parameter zur Konstruktion eines großen Tropfens

8.2.4.2   Linke Seite

Die linke Seite umfasst die Gestaltung des Rechtsabbiegetyps (vgl. Kapitel 8.2.3). Die Verwendung der Rechtsabbiegetypen ist abhängig von der Entwurfsklasse der über- und untergeordneten Straße und dem verwendeten Zufahrtstyp (Bild 8-10).

➔ **MENÜ VERKEHRSWEG**

   ➔ Einmündung entwerfen

      ➔ Einmündung wählen

         ➔ Einmündungsdefinition aus dem Auswahlfenster auswählen

            ➔ Parameter linke Seite

               ➔ Werte in den Feldern des Eingabefensters ändern

                  ➔ OK

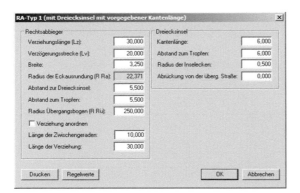

Bild 8-15: Parameter zur Konstruktion des Rechtsabbiegetyps RA1 (Rechtsabbiegestreifen und Dreiecksinsel mit Vorgabe der Kantenlänge)

Bild 8-16: Parameter zur Konstruktion des Rechtsabbiegetyps RA2 (Rechtsabbiegestreifen und Dreiecksinsel ohne Vorgabe der Kantenlänge)

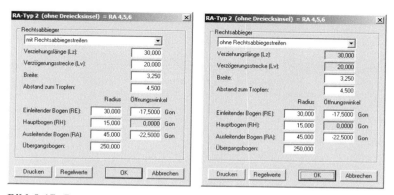

Bild 8-17: Parameter zur Konstruktion der Rechtsabbiegetypen RA2, RA4, RA5 und RA6 (mit und ohne Rechtsabbiegestreifen und ohne Dreiecksinsel)

8.2.4.3   Rechte Seite

Die rechte Seite umfasst die Gestaltung des Zufahrttyps (vgl. Kapitel 8.2.3). Die Verwendung der Zufahrttypen ist abhängig von der Entwurfsklasse der über- und untergeordneten Straße und dem verwendeten Rechtsabbiegetypen (Bild 8-10).

➜ **MENÜ VERKEHRSWEG**

   ➜ Einmündung entwerfen

      ➜ Einmündung wählen

         ➜ Einmündungsdefinition aus dem Auswahlfenster auswählen

            ➜ Parameter rechte Seite

               ➜ Werte in den Feldern des Eingabefensters ändern

                  ➜ OK

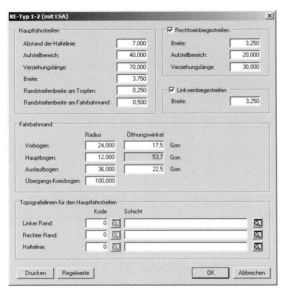

Bild 8-18: Parameter zur Konstruktion des Zufahrttypen KE1 und KE2 (mit und ohne Links- bzw. Rechtseinbiegestreifen)

Bild 8-19: Parameter zur Konstruktion der Zufahrttypen KE3, KE4, KE5 und KE6

8.2.5   Ergebnis

Um die konstruierten Gestaltungselemente als Achsen abzuspeichern und damit die Konstruktion der Einmündung abzuschließen, ist die Übernahme erforderlich. Die generierten Punkte werden dabei in die Punktdatenbank übernommen.

➜ **MENÜ VERKEHRSWEG**

  ➜ Einmündung entwerfen

    ➜ Einmündung wählen

      ➜ Einmündungsdefinition aus dem Auswahlfenster auswählen

        ➜ Grundgeometrie

          ➜ Felder im Eingabefenster zur Definition der Grundgeo-
metrie der Einmündung ausfüllen (Bild 8-8)

            ➜ OK

        ➜ Gestaltung

          ➜ Felder im Eingabefenster zur Definition der zu kon-
struierenden Knotenpunktelemente ausfüllen (Bild 8-11)

            ➜ OK

      ggf.

      ➜ Parameter Tropfen

        ➜ Werte in den Feldern des Eingabefensters ändern

          ➜ OK

      ggf.

      ➜ Parameter linke Seite

        ➜ Werte in den Feldern des Eingabefensters ändern

          ➜ OK

      ggf.

      ➜ Parameter rechte Seite

        ➜ Werte in den Feldern des Eingabefensters ändern

          ➜ OK

      ➜ Ergebnis übernehmen

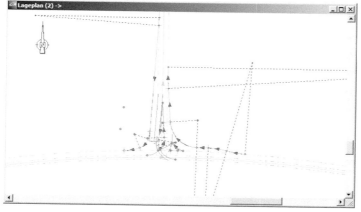

Bild 8-20: Darstellung der konstruierten Gestaltungselemente und deren zugehörigen Achsen

8.3   Kreisverkehr

8.3.1   Grundlagen

Kreisverkehre sind eine Grundform plangleicher Knotenpunkte. Unter Beachtung der entsprechenden Randbedingungen besitzen sie gegenüber Einmündungen und Kreuzungen zahlreiche Vorteile. Dem wird wieder seit einigen Jahren Rechnung getragen, so dass sie mittlerweile keine Ausnahme mehr sind.

Ein Kreisverkehr besteht aus:

o   der Kreisfahrbahn:

Sie ist eine ringförmige Fahrbahn mit konstanter Breite, die entgegen dem Uhrzeigersinn durchfahren wird. Ihr Außendurchmesser bestimmt im Allgemeinen die Ausbildung des Kreisverkehrs.

o   der Kreisinsel:

Sie wird von der Kreisfahrbahn umschlossen und kann, je nach Kreisverkehrtyp, überfahrbar oder nicht überfahrbar ausgebildet werden.

o   Kreisein- und Kreisausfahrten:

Sie sind die Fahrstreifen der zu verknüpfenden Straßen und werden i. d. R. einstreifig ausgebildet. Die Kreisein- und Kreisausfahrt sind durch Fahrbahnteiler zu trennen.

o   ggf. einem Bypass:

Er ist eine separate, von der Kreisfahrbahn baulich getrennte Fahrbahn, auf der die Rechtsabbieger direkt geführt werden.

Im Merkblatt für die Anlage von Kreisverkehren werden drei Typen unterschieden:

o   Minikreisverkehr:

Sie besitzen eine überfahrbare Mittelinsel und einen Außendurchmesser zwischen 13 und 22 m. Ihr Einsatzbereich beschränkt sich auf angebaute Innerortsstraßen mit einer zulässigen Höchstgeschwindigkeit von maximal 50 km/h.

o   kleiner Kreisverkehr:

Sie besitzen eine nicht überfahrbare Mittelinsel und einen Außendurchmesser zwischen 26 und 40 m. Sowohl innerorts als auch außerorts können sie verwendet werden. Eine Besonderheit in der geometrischen und verkehrlichen Ausbildung stellen die kleinen Kreisverkehre mit einbahnig zweistreifig befahrbarer Kreisfahrbahn dar.

o   großer Kreisverkehr:

Sie besitzen eine nicht überfahrbare Mittelinsel, mehrere, durch Markierung gekennzeichnete Fahrstreifen und einen Außendurchmesser von mehr als 60 m. Ihr Betrieb sollte grundsätzlich mit Lichtsignalanlage erfolgen.

Für die Trassierung von Kreisverkehren gilt, dass die Achsen der zu verknüpfenden Straßen radial auf den Kreismittelpunkt gerichtet sein sollen. Zudem ist es für Kreisverkehre ungünstig, wenn sich aufgrund der Topographie zu große Schrägneigungen der Kreisfahrbahn ergeben.

8.3.2   Verwalten der Kreisverkehrdefinitionen

Voraussetzung für die Definition eines Kreisverkehrs in CARD/1 sind zwei sich schneidende Achsen. Jeder Kreisverkehr bedarf einer Definition. Zum Vereinbaren und zur Verwaltung der Definitionen stehen folgende Funktionen zur Verfügung:

- o **neu:** dient zur Festlegung einer neuen Kreisverkehrdefinition

- o **wählen:** dient zur Auswahl einer bestehenden Kreisverkehrdefinition

- o **kopieren:** dient zum Kopieren der aktuellen Kreisverkehrdefinition. Sinnvoll bei Variantenuntersuchungen mit geringen Parameterunterschieden. Mit einer Additionskonstante werden die Achsnummern für die Gestaltungselemente zu den Quellachsen festgelegt. Die Bezeichnungstexte der Quellachsen werden ebenfalls übernommen.

- o **zeigen:** zeigt die Attribute einer bestehenden Kreisverkehrdefinition in einem Anzeigefenster

- o **löschen:** löscht die aktuelle Kreisverkehrdefinition

Die aktuelle Kreisverkehrdefinition wird in der Kontextanzeige aufgeführt.

➔ MENÜ VERKEHRSWEG
   ➔ Kreisverkehr entwerfen
      ➔ Kreisverkehr neu
         ➔ Felder im Eingabefenster zur Definition des Kreisverkehrs ausfüllen (Bild 8-21)
            ➔ OK

Bild 8-21: Definition eines Kreisverkehrs

8.3.3   Gestaltung der Kreisverkehrelemente

8.3.3.1   Kreisfahrbahn

Die Kreisfahrbahn ist das erste zu konstruierende Element eines Kreisverkehrs. Sie wird über die Angabe

- o des Kreismittelpunktes

- o des Durchmessers und

- o den Breiten des Außen- und des Innenrings

definiert. Die Speicherung erfolgt als Achse. Die dabei angegebene Achsnummer darf noch nicht in der Achsdatenbank enthalten sein. Für die Festlegung des Kreismittelpunktes stehen verschiedene Verfahren zur Verfügung. In der Praxis hat sich der Bezug auf den Schnittpunkt der Straßenachsen bewährt (vgl. Kapitel 7.4.1.2). Das Ergebnis der Konstruktion wird im Lageplanfenster dargestellt (Bild 8-23).

➔ **MENÜ VERKEHRSWEG**

  ➔ Kreisverkehrsplatz entwerfen

    ➔ Kreisverkehr wählen

      ➔ Kreisverkehrdefinition aus dem Auswahlfenster auswählen

        ➔ Bearbeiten Kreisfahrbahn

          ➔ Felder im Eingabefenster zur Definition der zu konstruierenden Kreisfahrbahn ausfüllen (Bild 8-22)

            ➔ OK

        ➔ Ergebnis übernehmen

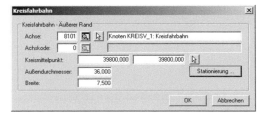

Bild 8-22: Definition der Kreisfahrbahn

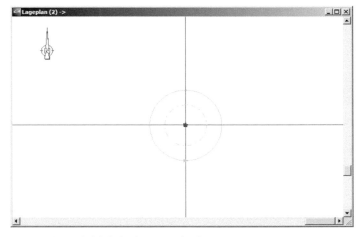

Bild 8-23: Kreisfahrbahn im Lageplanfenster

8.3.3.2   Anschlüsse

Voraussetzung für die Definition von Anschlüssen ist eine vorhandene Kreisfahrbahn. Mit der Konstruktion der Anschlüsse werden die Fahrbahnteiler und die Eckausrundungen der Kreisein- und -ausfahrten automatisch trassiert. Jeder Anschluss ist über die Angabe

- o   der Fahrbahnachse und deren Schnittpunkt mit der Kreisfahrbahn,
- o   des linken und rechten Fahrbahnrandes sowie
- o   den Elementen zur Gestaltung (Fahrbahnteiler und Eckausrundungen)

separat zu definieren. Die Speicherung erfolgt als Achsen. Die dabei angegebenen Achsnummern dürfen noch nicht in der Achsdatenbank enthalten sein. Die Eckausrundungen benachbarter Anschlüsse werden dabei automatisch miteinander verbunden. Ist dies aus geometrischen Gründen nicht möglich, wird im Protokollfenster darauf hingewiesen. Die Eingaben zur Definition der Anschlüsse werden von CARD/1 auf Plausibilität geprüft. Ggf. wird der Anwender durch eine Warnung (Bild 8-25) auf den Korrekturbedarf hingewiesen. Das Ergebnis der Konstruktion wird im Lageplanfenster dargestellt (Bild 8-27).

Die Kreisinsel wird nicht automatisch als Achse erzeugt. Bei Bedarf ist sie nachträglich manuell zu trassieren.

➜ **MENÜ VERKEHRSWEG**
  ➜ Kreisverkehrsplatz entwerfen
    ➜ Kreisverkehr wählen
      ➜ Kreisverkehrdefinition aus dem Auswahlfenster auswählen
        ➜ Bearbeiten Anschlüsse
          ➜ Anschluss neu
            ➜ Felder im Eingabefenster zur Definition der zu konstruierenden Kreisfahrbahn ausfüllen (Bild 8-24)
              ➜ OK
                ➜ Bearbeiten Fahrbahnteiler
                  ➜ Felder im Eingabefenster zur Definition des zu konstruierenden Fahrbahnteilers ausfüllen (Bild 8-26)
                    ➜ OK
                ➜ Bearbeiten Eckausrundung
                  ➜ Felder im Eingabefenster zur Definition der zu konstruierenden Eckausrundungen ausfüllen (Bild 8-26)
                    ➜ OK
                      ➜ im CAD-Menü zurückgehen ◀
      ➜ Ergebnis übernehmen

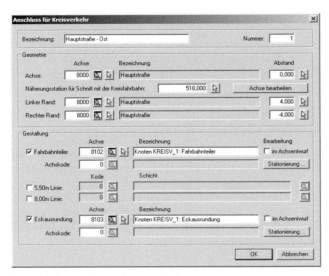

Bild 8-24: Definition eines Anschlusses

Bild 8-25: Warnung der Plausibilitätskontrolle

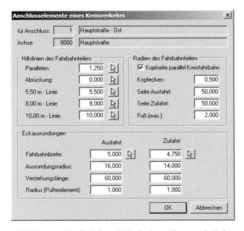

Bild 8-26: Definition Fahrbahnteiler und Eckausrundung

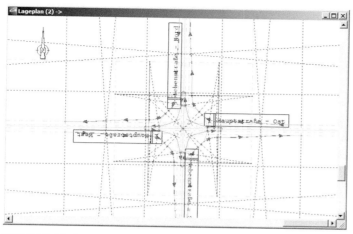

Bild 8-27: Kreisverkehr im Lageplanfenster

9 Digitales Geländemodell

9.1 Allgemeines

Das digitale Geländemodell ist ein Datenmodell zur Beschreibung der Erdoberfläche auf Grundlage einer repräsentativen Menge von Punkten mit dreidimensionalen Koordinaten. Es basiert auf der Abstraktion des vermessenen Geländes in einzelne Dreiecke. Die Einteilung in Dreiecke erfolgt unter der Maßgabe, dass bei Bekanntsein der Koordinaten (Lage und Höhe) der das Dreieck aufspannenden drei Punkte für jeden Punkt, der sich innerhalb des Dreieckes befindet, die Lage und Höhe eindeutig durch Interpolation bestimmt werden kann.

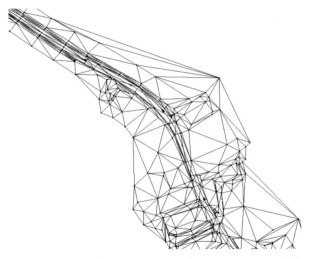

Bild 9-1: Ausschnitt aus dem DGM einer vermessenen Fläche

Für die wirklichkeitsgetreue Nachbildung des vermessenen Geländes werden zum einen Punkte und zum anderen Punktverbindungen benötigt. Die Punktverbindungen können dabei differenzierte Eigenschaften besitzen. Das CARD/1-DGM besteht somit aus DGM-PUNKTEN, KANTEN und DREIECKEN. Um das DGM hinsichtlich Umfang und Form zu strukturieren stehen UMRING-Polygone zur Verfügung.

a) DGM-Punkte

Die topografischen Punkte aus der Punktdatenbank können ganz oder teilweise als DGM-Punkte in ein DGM eingebunden werden. Dabei werden keine neuen Punkte konstruiert. Zwischen dem DGM-Punkt und dem topografischen Punkt (Basispunkt) besteht eine monodirektionale Verknüpfung. D. h., um den DGM-Punkt zu verändern, muss der Basispunkt in der Topografie verändert werden. Alle DGM-Punkte müssen sinnvolle Höhen besitzen. DGM-Punkte mit gleichen Lagekoordinaten oder Punktnummern sind nicht zulässig.

b) Kanten

Eine Kante ist die Verbindung zweier DGM-Punkte. Sie dienen im DGM zur Interpolation von Zwischenhöhen und zur Bildung von Dreiecken. CARD/1 unterscheidet drei Arten von Kanten:

o   Kanten werden automatisch bei der Triangulierung erzeugt.

o   Bruchlinien sind Linien, die den kontinuierlichen Verlauf einer Oberfläche unterbrechen, z. B. Böschungsober- und -unterkante, Borde, Gebäude. Bei der Berechnung gerundeter Höhenschichtlinien stellen sie einen Knick im Gelände dar. Sie sind so genannte "harte" Kanten und werden aus der Topografie als Referenzen übernommen.

o   Formlinien sind Linien zur Darstellung des natürlichen Geländes, z. B. Tal- bzw. Kammlinien, Mulden. Bei der Berechnung gerundeter Höhenschichtlinien werden sie ausgerundet. Sie sind so genannte als "weiche" Kanten und werden aus der Topografie als Referenzen übernommen.

Zwei Bruch-/Formlinien dürfen sich nicht schneiden oder überdecken. Eine Bruch-/Formlinie darf nicht über einen Punkt oder direkt (< 1 cm) an ihm vorbei laufen.

c) Dreiecke

Ein Dreieck ist die Zusammenfassung dreier Kanten, die ein leeres Dreieck bilden. Dreiecke werden zur Berechnung von Höhenschichtlinien und Massen benötigt. Sie werden bei der Triangulierung automatisch erzeugt. Die Anzahl der Dreiecke ist in CARD/1 nicht begrenzt.

d) Umringe

Umringe sind ein Hilfsmittel zur Definition von Modellausschnitten. Ein Umring kann grafisch eingegeben und verändert werden. Er darf auf Kanten und DGM-Punkten liegen sowie Kanten kreuzen.

Mit Bild 9-2 soll die Notwendigkeit der Definition von Bruchkanten dargestellt werden. Es ist gut ersichtlich, dass ohne die Festlegung von Bruchlinien es zu einer falschen Triangulierung und damit einer Fehlinterpretation des vorhandenen Geländes kommt. Aus diesem Grund sind alle topografischen Zwangslinien (Fahrbahnränder, Gebäudeumrisskanten, Böschungskanten, etc.) immer als Bruchlinien auszubilden.

Die Auswertung eines DGM erfolgt in CARD/1 grundsätzlich in den einzelnen Entwurfsebenen. Das Menü **VERKEHRSWEG** bietet hierfür entsprechende Funktionsgruppen an.

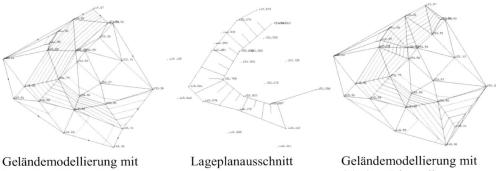

| Geländemodellierung mit korrekter Triangulierung (mit Bruchlinien) | Lageplanausschnitt | Geländemodellierung mit falscher Triangulierung (ohne Bruchlinien) |

Bild 9-2: Beispiel zur Notwendigkeit von Bruchlinien

9.2 Anlegen eines digitalen Geländemodells

9.2.1 Grundlagen

In CARD/1 können in einem Projekt mehrere DGM angelegt werden. Dies hat den Vorteil, dass unterschiedliche Planungsstände oder Varianten parallel untersucht und dokumentiert werden können. Um dies zu ermöglichen, werden die Daten der einzelnen DGM separat verwaltet. Dementsprechend müssen alle, für das Modell notwendigen Daten zuerst für das DGM vereinbart (aus den topografischen Daten ausgewählt) werden.

Im Menü **TOPOGRAFIE** unter der Funktionsgruppe *DGM bearbeiten* werden Digitale Geländemodelle verwaltet. In ein vorhandenes DGM können die relevanten Punkte und Linien der entsprechenden Schichten eingelesen werden.

➜ **MENÜ TOPOGRAFIE**
   ➜ DGM bearbeiten
      ➜ neu
         ➜ Felder im Eingabefenster ausfüllen (Bild 9-3)
            ➜ OK

Bild 9-3: Anlagen eines neuen DGM

9.2.2   Hinzufügen von Daten in ein DGM

9.2.2.1   DGM-Punkte

Die relevanten topografischen Punkte sind mittels Markierung zu selektieren. Danach können sie dem DGM hinzugefügt werden. Die DGM-Punkte werden im Grafikfenster durch ein weißes Kreissymbol hervorgehoben.

➜ **MENÜ TOPOGRAFIE**
  ➜ DGM bearbeiten
    ➜ Referenzen DGM-Punkte
      ➜ Punkte markieren
        ➜ demarkieren
          ➜ alle
        ➜ markieren
          ➜ Höhenbereich
            ➜ Felder im Eingabefenster ausfüllen

          ➜ im CAD-Menü zurückgehen ◀
      ➜ hinzufügen markierte

Bild 9-4: Punkte markieren

9.2.2.2   Bruchlinien

Die als Bruchlinien relevanten topografischen Linien sind mittels Markierung zu selektieren. Danach können sie dem DGM hinzugefügt werden.

➜ **MENÜ TOPOGRAFIE**
  ➜ DGM bearbeiten
    ➜ Referenzen Bruchlinien
      ➜ Schicht wählen
        ➜ Schicht im Auswahlfenster mit Doppelklick wählen
      oder
      ➜ KONTEXTAUSWAHL/-ANZEIGE
        ➜ Schicht mit Doppelklick wählen
      ➜ Linien markieren
        ➜ markieren
          ➜ alle

➔ im CAD-Menü zurückgehen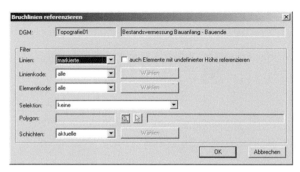

oder (falls Selektion nach Linienkodes nötig)

➔ demarkieren

    ➔ alle

➔ markieren

    ➔ Linienkode

        ➔ Felder im Eingabefenster ausfüllen

    ➔ im CAD-Menü zurückgehen

  ➔ Linien hinzufügen gefiltert

    ➔ Felder im Eingabefenster ausfüllen (Bild 9-5)

      ➔ OK

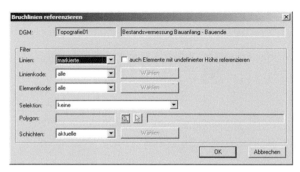

Bild 9-5: Linien hinzufügen gefiltert

9.2.2.3 Formlinien

Die als Formlinien relevanten topografischen Linien sind mittels Markierung zu selektieren. Danach können sie dem DGM hinzugefügt werden. Dabei ist analog dem Vorgehen zum Hinzufügen von Bruchlinien (Kapitel 9.2.2.2) vorzugehen.

9.2.2.4 Aussparungen

Aussparungen sind Flächen, die

  o bei einer Triangulierung keine aussagekräftigen Daten liefern (z. B. Wasserflächen) und/oder

  o bewusst aus dem DGM herausgenommen und nicht Bestandteil des Dreiecknetzes werden sollen.

Aussparungen werden mit einem Selektionspolygon festgelegt und werden rot dargestellt. Kleine Pfeilspitzen, die jeweils mittig auf den Polygonabschnitten sitzen, weisen von der auszusparenden Fläche weg (Bild 9-6).

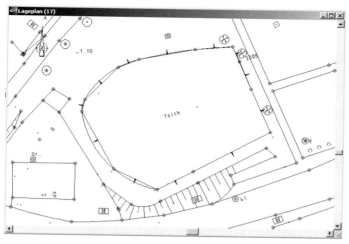

Bild 9-6: Selektionspolygon einer Aussparung im Lageplanfenster

➔ **MENÜ TOPOGRAFIE**
    ➔ DGM bearbeiten
        ➔ Referenzen Aussparungen
            ➔ neu
                ➔ rechten Maustaste im Lageplanfenster klicken und Festle-gung der Koordinatenbestimmung (Bild 9-7)
                    ➔ Koordinaten der Eckpunkte des Selektionspolygons mit dem Fadenkreuz bestimmen
                        ➔ rechte Maustaste im Lageplanfenster klicken
                            ➔ schließen
            ➔ speichern
                ➔ Felder im Eingabefenster ausfüllen (Bild 9-8)
                ➔ OK

Bild 9-7: Festlegungen zur Koordinatenbestimmung

Bild 9-8: Eingabefenster zur Definition eines neuen Selektionspolygons

9.2.2.5   Umringe

Umringe dienen zur genauen Begrenzung der zu triangulierenden Bereiche. Damit wird der Aufwand bei der Dreiecksvermaschung reduziert und unsinnige Kantenverbindungen (z. B. über nicht vermessene Flächen) ausgeschlossen. Umringen werden mit einem Selektionspolygon festgelegt und rot dargestellt. Kleine Pfeilspitzen, die jeweils mittig auf den Polygonabschnitten sitzen, weisen auf die umringte Fläche hin (Bild 9-9).

Umringe sind analog dem Vorgehen bei Aussparungen (Kapitel 9.2.2.4) anzulegen.

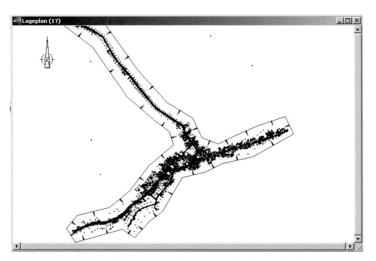

Bild 9-9: Selektionspolygon einer Aussparung im Lageplanfenster

➔ **MENÜ TOPOGRAFIE**
  ➔ DGM bearbeiten
    ➔ Referenzen Umringe
      ➔ neu
        ➔ Vorgehen analog zu Aussparungen (Kapitel 9.2.2.4)

9.3   Datenprüfung

9.3.1   Prüfen der DGM-Daten auf Fehler

Vor der Triangulierung ist das in Kapitel 9.2 erstellte DGM auf Fehler zu prüfen. Die dabei zu beachtenden Einstellungen sind Bild 9-10 zu entnehmen. Das Ergebnis der Fehlerprüfung wird in einem Ergebnisfenster dargestellt.

→ **MENÜ TOPOGRAFIE**

   → DGM bearbeiten

      → wählen

         → DGM aus Auswahlfenster wählen

            → Basisdaten prüfen

               → Prüfoptionen im Eingabefenster auswählen (Bild 9-10)

                  → OK

Bild 9-10: Fehlerprüfung der DGM-Daten und deren Ergebnis (mit/ohne Fehler)

Mit der im Ergebnisfenster angebotenen Option *Beheben* können die festgestellten Fehler relativ schnell und effektiv beseitigt werden. Allerdings ist die Verwendung der im Bild 9-11 durch das Ausrufezeichen (**!**) gekennzeichneten Funktionen nur in Einzelfällen ratsam, da i. A. jeder Fehler seine ganz eigenen Ursachen besitzt (vgl. Kapitel 9.3.2). Dementsprechend bieten die Funktionen *einzeln auswählen* bzw. *einzeln bearbeiten* die größten Erfolgschancen.

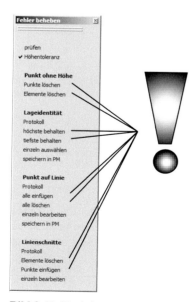

Bild 9-11: Funktionen zur Behebung der DGM-Fehler

```
Arbeitsprotokoll  Supportprotokoll  DGM Fehlerprotokoll

-------------------------- ERGEBNIS ---------------------------

Punkt auf Linie

Projekt: Buch_8.436          Bezeichnung: Straßenentwurf mit CARD/1 - 3.Auflage
Datum:   03.03.15            Uhrzeit:     21:43:03


Punkt              Punkthöhe  P-Kode  L-Kode  Linienhöhe  Stützpunkt          dH


*00000016             0,000      0       2     483,353    nein          483,353
3867                509,369     86       2     509,690    ja              0,321
H1606               501,986      0      30     501,837    ja              0,149
3015                493,871      6       2     493,792    ja              0,079
H66                 478,245      0       2     478,303    nein            0,058
H2156               481,295      0       2     481,343    ja              0,048
H2332               480,210      0      30     480,182    ja              0,028
H16                 472,350      0      30     472,328    ja              0,022
E234                475,687     58       6     475,702    nein            0,015
A001S008P029        472,691    300       2     472,691    ja              0,000
A001S012P029        475,221    300       2     475,221    ja              0,000
A001S007P029        472,469    300       6     472,469    nein            0,000
```

Bild 9-12: Ausgabe aller Fehler „Punkt auf Linie" im Protokollfenster

Fehler werden im Grafikfenster durch rote Kreise symbolisiert. Die Art und die beteiligten Daten jedes einzelnen Fehlers können manuell mit dem Fadenkreuz ermittelt werden. Das Kreissymbol des gewählten Fehlers ist gelb.

Die Fehler können auch außerhalb der DGM-Bearbeitung dargestellt werden. Dies erleichtert die Behebung der Fehlerursachen (z. B. in den Topografiedaten) erheblich.

➔ Daten zeigen und messen

➔ DGM Fehler

➔ Fehler mit dem Fadenkreuz im Grafikfenster wählen (automatisch öffnet sich ein neues Lageplanfenster)

Bild 9-13: Eigenschaften eines ausgewählten DGM-Fehlers

9.3.2 Typische Fehler in einem digitalen Geländemodell

In diesem Kapitel werden kurz die typischen Datenfehler beschrieben, die bei der Bearbeitung des DGM vorkommen können. Die Fehlerdarstellung erfolgt anhand eines praktischen Beispiels. Es kann dabei allerdings nicht auf die gesamte Breite der möglichen Fehlerursachen eingegangen werden, da diese meist projektspezifisch sind.

9.3.2.1   Punkt ohne Höhe

Bei Punkten ohne Höhe sind nur solche ohne gültige Höhe gemeint. Dies bedeutet, dass entweder keine Information über die Höhe des Punktes vorliegt (z. B. Punkt einer Katasterlinie) oder die vorhandene Höheninformation ungültig ist. Die Gültigkeit der Lage- und Höheninformationen wird im Menü **VERMESSUNG** festgelegt (Bild 9-14).

Dieser Fehler kann bei einer mangelhaften Vermessung (Höheneintrag vergessen) oder einer ungenügenden Strukturierung der topografischen Punkte bei der Markierung (vgl. Kapitel 9.2.2.1) auftreten. Grundsätzlich tritt dieser Fehler auf, wenn ein Polygonzug, der als Bruchlinie in das DGM aufgenommen wird, einen Punkt ohne Höhe enthält. Dabei muss dieser Punkt nicht als DGM-Punkt deklariert sein! Wird ein Punkt ohne Höhe in das DGM eingefügt und in der Fehlerprüfung nicht berücksichtigt, wird dieser Fehler erst am Ende der DGM-Berechnung, nach dem Darstellen der Höhenschichtlinien sichtbar (Bild 9-16). Alle Dreiecke, in die der Punkt ohne Höhe eingebunden ist, werden zwar gebildet, können aber nicht ausgewertet werden. Dementsprechend ist für diese Dreiecke die Auswertung der Geländehöhen nicht möglich. Zur Fehlerbeseitigung ist der Punkt aus dem DGM (nicht aus der Topografie!) zu entfernen.

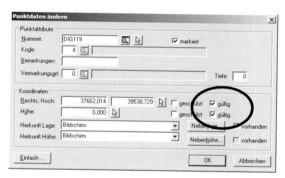

Bild 9-14: Gültigkeit von Lage- und Höheninformationen

Bild 9-15: Punkt ohne Höhe - Ergebnisfenster

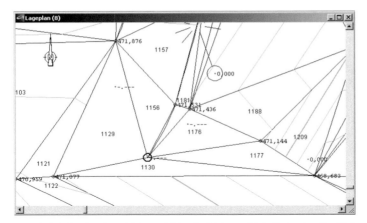

Bild 9-16: Punkt ohne Höhe – fehlende Höhenschichtlinien im Grafikfenster

9.3.2.2   Punkt mit der Höhe 0 m

Besitzt ein Punkt die Höhe 0 m, wird die Höhe als gültig angesehen und damit von der Fehlerprüfung nicht berücksichtigt! Wird ein Punkt mit der Höhe von 0 m in das DGM eingefügt, wird dieser Fehler erst am Ende der DGM-Berechnung, nach dem Darstellen der Höhenschichtlinien sichtbar (Bild 9-17). Die dicht nebeneinander liegenden Höhenschichtlinien lassen den Bereich des „Kraters" als Farbfläche erscheinen. Dieser Fehler kann bei einer ungenügenden Strukturierung der topografischen Punkte bei der Markierung (vgl. Kapitel 9.2.2.1) auftreten. Zur Fehlerbeseitigung ist der Punkt aus dem DGM (nicht aus der Topografie!) zu entfernen.

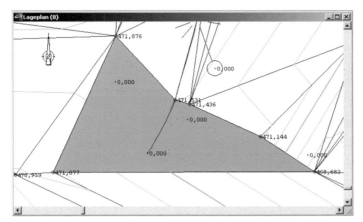

Bild 9-17: Punkt mit der Höhe 0 m (Höhenunterschied von ca. 470 m - dicht nebeneinander liegende Höhenschichtlinien im Grafikfenster als Fläche sichtbar)

9.3.2.3 Lageidentische Punkte

Punkte, die die gleichen Lagekoordinaten besitzen oder sehr dicht beieinander liegen (Mindestabstand in der XY-Ebene > 1 mm), werden in CARD/1 als lageidentische Punkte bezeichnet. Dieser Fehler kommt meist in Verbindung mit senkrechten Objekten (Mast, Mauer, etc.), die für eine Lagekoordinate unterschiedliche Höhen (Unterkante, Oberkante) aufweisen, zustande. Die korrekte Vermessung dieser Objekte kann allerdings nicht im DGM umgesetzt werden, da die allgemeingültigen Konventionen für die DGM-Berechnung senkrechte oder zurückspringende Flächen verbietet. Zur Fehlerbeseitigung ist daher der Punkt mit der größeren Höhe manuell so in der Lage zu verändern, dass die senkrechte Fläche in eine sehr stark geneigte Fläche verwandelt wird.

Bild 9-18: lageidentische Punkte - Ergebnisfenster

9.3.2.4 Punkt auf Linie

Der Fehler „Punkt auf Linie" kann verschiedene Ursachen besitzen. Als ein Grund ist die ungenügende Modellierung eines Straßengrabenendes möglich. Wird ein Straßengraben von einer Zufahrt gekreuzt und ist die Zufahrt zum Graben hin mit einer kleinen Mauer begrenzt, entsteht am Ende des Straßengrabens eine senkrechte Fläche. Die Bruchlinie, die die Sohle des Grabens definiert, endet somit direkt auf der Bruchlinie, die die Begrenzung der Zufahrt darstellt (Bild 9-20). Zur Fehlerbeseitigung ist der Endpunkt der Bruchlinie, die die Grabensohle definiert, manuell entlang dieser Bruchlinie ein kleines Stück zu verschieben. Anschließend wird durch die Definition von zwei weiteren Bruchlinien das Straßengrabenende eindeutig modelliert (Bild 9-21).

Bild 9-19: Punkt auf Linie - Ergebnisfenster

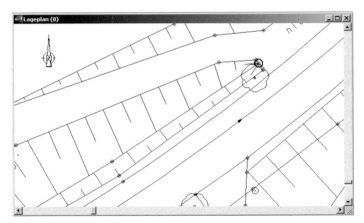

Bild 9-20: Punkt auf Linie bei ungenügender Modellierung des Straßengrabenendes

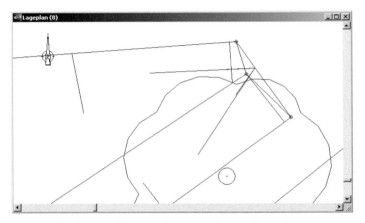

Bild 9-21: DGM-konforme Modellierung des Straßengrabenendes

Eine weitere Ursache für den Fehler kann ein Punkt sein, der direkt auf der Bruchlinie oder unmittelbar neben ihr liegt. Dies ist meist erst in einem sehr kleinen Ausschnittbereich zu erkennen (Bild 9-22).

Zur Fehlerbeseitigung ist der Punkt entweder manuell von der Linie weg zu schieben oder in die Linie zu integrieren. Beides bedarf Kenntnis der Örtlichkeit und ist immer eine Einzelfallentscheidung.

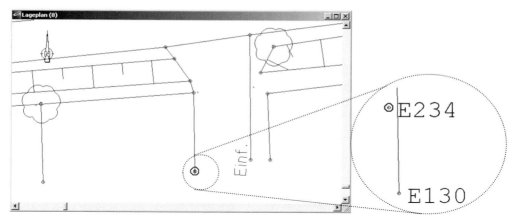

Bild 9-22: Punkt auf Linie

9.3.2.5   Schnitt zweier Linien

Der Fehler „Schnitt zweier Linien" kann unterschiedliche Ursachen besitzen. Ein Grund kann die ungenügende Strukturierung der topografischen Daten, hier speziell der Linien, sein. In Bild 9-24 ist dies am Beispiel einer Leitungsquerung am Ende eines Straßengrabens darge-stellt. Zur Fehlerbeseitigung ist die Bruchlinie, die das Rohr definiert, aus dem DGM zu ent-fernen. Das Entfernen der Bruchlinie hat keinen Einfluss auf die Geländemodellierung, da das Rohr unter der Straßenoberfläche liegt und der Anfangs- und der Endpunkt erhalten bleiben.

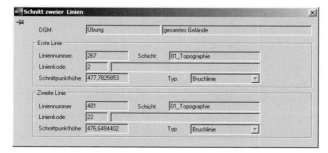

Bild 9-23: Schnitt zweier Linien - Ergebnisfenster

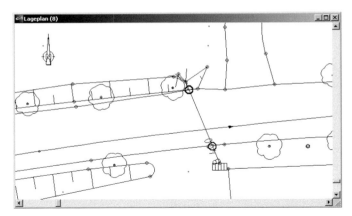

Bild 9-24: Schnitt zweier Linien durch ungenügende Datenstrukturierung

9.4   Triangulierung

Die Triangulierung kann zwar auch ohne die ggf. notwendige Fehlerbeseitigung (vgl. Kapitel 9.3) vorgenommen werden, allerdings ist dieses Vorgehen nicht empfehlenswert, da das DGM noch fehlerbehaftet ist und dadurch ggf. in Teilbereichen keine Triangulierung erfolgen kann. Hinweise sind dem Protokollfenster (Bild 9-26) zu entnehmen.

Nach der Triangulierung ist das DGM vollständig definiert und jeder beliebige Punkt innerhalb des Umrings kann durch Interpolation berechnet werden.

➔ **MENÜ TOPOGRAFIE**
   ➔ DGM bearbeiten
      ➔ wählen
         ➔ DGM aus Auswahlfenster wählen
            ➔ Triangulierung ausführen
               ➔ Anzahl der gefundenen Fehler bestätigen

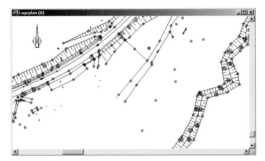 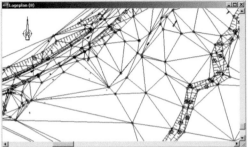

Bild 9-25: Darstellung des DGM im Grafikfenster vor und nach der Triangulierung

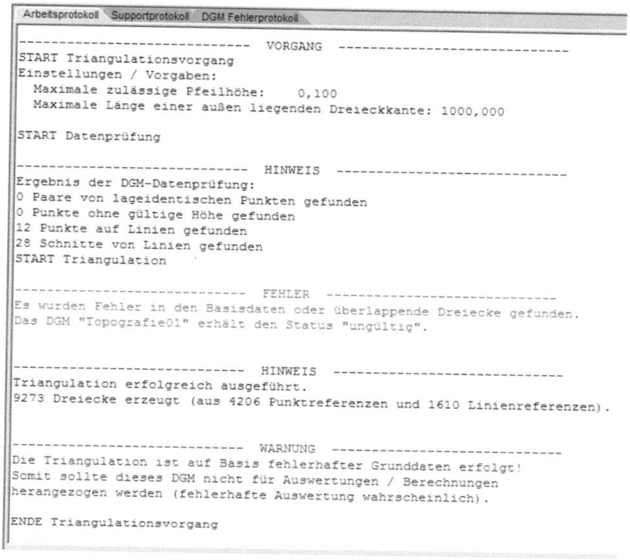

```
Arbeitsprotokoll   Supportprotokoll   DGM Fehlerprotokoll
-------------------------- VORGANG --------------------------
START Triangulationsvorgang
Einstellungen / Vorgaben:
  Maximale zulässige Pfeilhöhe:    0,100
  Maximale Länge einer außen liegenden Dreieckkante: 1000,000

START Datenprüfung

-------------------------- HINWEIS --------------------------
Ergebnis der DGM-Datenprüfung:
0 Paare von lageidentischen Punkten gefunden
0 Punkte ohne gültige Höhe gefunden
12 Punkte auf Linien gefunden
28 Schnitte von Linien gefunden
START Triangulation

-------------------------- FEHLER ---------------------------
Es wurden Fehler in den Basisdaten oder überlappende Dreiecke gefunden.
Das DGM "Topografie01" erhält den Status "ungültig".

-------------------------- HINWEIS --------------------------
Triangulation erfolgreich ausgeführt.
9273 Dreiecke erzeugt (aus 4206 Punktreferenzen und 1610 Linienreferenzen).

-------------------------- WARNUNG --------------------------
Die Triangulation ist auf Basis fehlerhafter Grunddaten erfolgt!
Somit sollte dieses DGM nicht für Auswertungen / Berechnungen
herangezogen werden (fehlerhafte Auswertung wahrscheinlich).

ENDE Triangulationsvorgang
```

Bild 9-26: Protokollfenster zur Triangulierung

9.5   Auswertung

9.5.1   Geländelängsschnitt

Für die Berechnung von Längsschnitten kann eine vorhandene Stationsliste oder ein fester Stationsabstand gewählt werden. Mit der Funktion **Zusätzliche Stationen** ist die zusätzliche Verdichtung der Punktfolge des Längsschnittes möglich. Hier sollten zumindest die Schnitte mit den Bruchlinien Berücksichtigung finden, da diese Zwangspunkte darstellen. Die berechnete Geländelinie wird in einer Datei gespeichert (vgl. Kapitel 11.1). Es können maximal 99 Geländelängsschnitte je Achse definiert werden.

➔ **MENÜ VERKEHRSWEG**
  ➔ Längsschnitt
    ➔ Geländelinie aus DGM berechnen
      ➔ Felder im Eingabefenster ausfüllen (Bild 9-27)

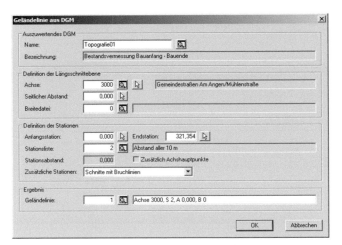

Bild 9-27: Berechnung eines Geländelängsschnittes für eine Achse

9.5.2   Geländequerschnitte

Für die Berechnung von Geländequerprofilen kann eine vorhandene Stationsliste oder ein fester Stationsabstand gewählt werden. Mit der Funktion **Zusätzliche Profilpunkte** kann das Aussehen der Querprofile erheblich beeinflusst werden. Um eine möglichst genaue Abbildung des vorhandenen Geländes zu erreichen, ist diese Funktion auf *alle Schnitte mit Dreiecksseiten* einzustellen. Zusätzlich ist zur Begrenzung der Querprofilberechnung ein seitlicher Abstand links und rechts der Achse anzugeben. Sollte der gewählte Abstand größer als das vorhandene Modell sein, wird die letzte zu schneidende Kante das Querprofil begrenzen. Die berechneten Querprofile werden in einer Datei in einem CARD/1-spezifischen Format als Profillinie in der Profilliniendatenbank gespeichert. Zusätzlich ist die Ausgabe in einem ASCII-Format möglich.

➔ **MENÜ VERKEHRSWEG**
    ➔ Querprofile
        ➔ Querprofile aus DGM berechnen
            ➔ Felder im Eingabefenster ausfüllen (Bild 9-28)

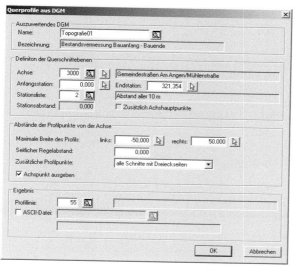

Bild 9-28: Berechnung von Geländequerschnitten für eine Achse

9.6 Neigungsklassen auswerten

Die hydraulische Bemessung von Straßenentwässerungseinrichtungen erfolgt i. d. R. mit dem Zeitbeiwert-Verfahren. Die Topografie in Form der mittleren Geländeneigung (l_G) spielt bei diesem Verfahren eine wichtige Rolle. Das Regelwerk unterscheidet dabei vier Neigungsklassen:

o $l_G < 1\ \%$,

o $1\ \% \leq l_G \leq 4\ \%$,

o $4\ \% < l_G < 10\ \%$ und

o $10\ \% < l_G$.

Die Geländeneigung aller DGM-Dreiecke kann Neigungsklassen zugeordnet und entsprechend ausgewertet werden. Die Auswertung umfasst folgende Angaben:

o Grundfläche je Neigungsklasse: Flächeninhalt der Projektion einer geneigten Fläche in die Horizontale,

o Oberfläche je Neigungsklasse: Flächeninhalt der geneigten Fläche,

o kleinste/größte Neigung: minimale und maximale Neigung im DGM.

Das Ergebnis lässt sich ausdrucken oder exportieren. Die entsprechenden CARD/1-Kanal-Module greifen ebenfalls darauf zu.

➔ **MENÜ TOPOGRAFIE**

   ➔ DGM-Neigungsklassen auswerten

      ➔ 🔍 (Bild 9-29)

         ➔ DGM mit Doppelklick auswählen (Bild 9-30)

           ➔ 🔍 (Bild 9-29)

              ➔ Neigungsklassendefinition mit Doppelklick auswählen (Bild 9-31)

                 ➔ OK

                    ➔ Drucken, CSV-Export oder ❎

Bild 9-29: Neigungsklassen auswerten

Bild 9-30: DGM auswählen

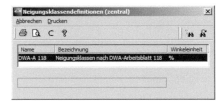

Bild 9-31: Neigungsklassendefinition auswählen

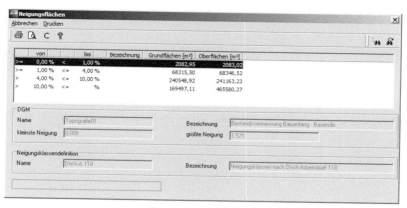

Bild 9-32: Ergebnistabelle der Neigungsklassenauswertung

Die Geländeneigung kann für jede Dreiecksfläche des DGM grafisch in den Lageplanfenstern dargestellt werden. Den vier Neigungsklassen gemäß Klassifizierung nach DWA-Arbeitsblatt 118 werden automatisch Farben zugeordnet (Bild 9-33). Zusätzlich wird in jeder Dreiecksfläche der Fließrichtungspfeil und dessen Neigungswert [%] dargestellt (Bild 9-34, `rechts`).

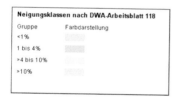

Bild 9-33: Neigungsklassen nach DWA-Arbeitsblatt 118 und deren Farbdarstellung

➜

    ➜ `DGM`

        ➜ `Optionen für Darstellung der Geländeneigung aktivieren (Bild`
           `9-34, links)`

           ➜ `OK`

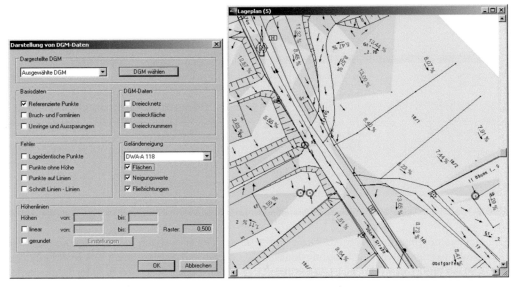

Bild 9-34: Darstellung der Geländeneigung

10 Gradienten

10.1 Allgemeines

Ähnlich dem Achsentwurf ist in CARD/1 auch der Gradientenentwurf grafisch-interaktiv. Er kann sowohl in der Straßen- als auch in der Bahn- und Kanalplanung verwendet werden.

Gemäß der im Straßenentwurf verwendeten Dreiteilung der Entwurfsebenen bezieht sich die Gradiente in ihrer Länge immer auf die Stationierung einer Achse. Gradienten gehören damit in CARD/1 zu den Stationsdaten. Je Achse können maximal 99 Gradienten konstruiert werden.

Als Entwurfselemente stehen die zwei mathematischen Funktionen

○   Gerade und

○   Kreisbogen

zur Verfügung. Dabei wird gemäß den Festlegungen des Regelwerkes für den Straßenentwurf als Berechnungsvereinfachung die Funktion des Kreisbogens durch eine quadratische Parabel ersetzt (Bild 10-1).

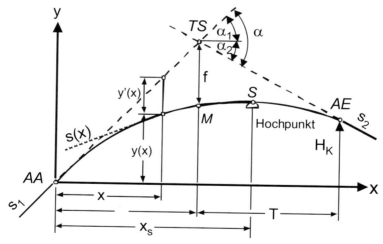

Bild 10-1: Festlegungen für die Berechnung von Elementen im Höhenplan am Beispiel einer Kuppe

Die einzelnen Parameter berechnen sich nach folgenden Formeln:

Tangentenlänge:

$$T = \frac{H}{2} \cdot \frac{(s_2 - s_1)}{100} \ [\text{m}]$$

Stichmaß:

$$f = \frac{T^2}{2 \cdot H} \ [\text{m}]$$

Entfernung zwischen Ausrundungsanfang (AA) und Hochpunkt (S):

$$x_s = -\frac{s_1}{100} \cdot H \ [\text{m}]$$

Längsneigung an der Stelle x:

$$s(x) = s_1 + \frac{x}{H} \cdot 100 \ [\%]$$

Höhendifferenz zwischen dem Ausrundungsanfang (AA) und der Stelle x:

$$y(x) = \frac{s_1}{100} \cdot x + y'(x) = \frac{s_1}{100} \cdot x + \frac{x^2}{2 \cdot H} \ [\text{m}]$$

Für eine korrekte Berechnung sind folgende Vorzeichenregeln zu beachten:

o   Wannenhalbmesser: positiv (z. B. 8.000 m)

o   Kuppenhalbmesser: negativ (z. B. -6.500 m)

o   Steigung: positiv (z. B. 3,7 %)

o   Gefälle: negativ (z. B. -5,0 %)

Die Gestaltung der Gradiente hat entscheidenden Einfluss auf die Sicherheit und Leichtigkeit des Verkehrs:

o   hohe Längsneigung: Bewirkt einen negativen Einfluss auf den Verkehrsablauf, da es zu großen Geschwindigkeitsdifferenzen zwischen PKW- und Schwerverkehr kommen kann.

o   niedrige Längsneigung: Bewirkt einen negativen Einfluss auf die Verkehrssicherheit, da es in Verwindungsbereichen zu entwässerungsschwachen Zonen kommen kann.

o   kleiner Halbmesser: Bewirkt einen negativen Einfluss auf die Verkehrssicherheit, da es zu Defiziten in der räumlichen Linienführung und ungenügenden Sichtverhältnissen kommen kann.

Zur Vermeidung der aufgeführten negativen Wirkungen enthalten die Richtlinien Grenz- und Regelwerte, von denen nur in zu begründenden Ausnahmefällen und nach hinlänglicher Überprüfung eventueller Folgen abgewichen werden sollte.

Doch nicht nur die Gradiente selbst auch deren Überlagerung mit den Achselementen (vgl. Kapitel 10.3) hat entscheidenden Einfluss auf die Verkehrssicherheit. Die Richtlinien enthalten hierzu explizite Anweisungen, um eine gute räumliche Linienführung zu erreichen. Diese sind bereits beim Gradientenentwurf anzuwenden! CARD/1 bietet hierfür entsprechende Werkzeuge an (vgl. Kapitel 10.2.8). Daneben stellt die Fahrsimulation ein effizientes Werkzeug zur Überprüfung der räumlichen Linienführung dar (vgl. Kapitel 0). Allerdings ziehen die damit erst festgestellten Defizite einen erheblichen Aufwand zu deren Beseitigung nach sich, der i. A. vermeidbar gewesen wäre!

10.2 Gradientenverwaltung und -konstruktion

Die Gradientenverwaltung und -konstruktion sind über das Menü **VERKEHRSWEG** erreichbar. Für die Konstruktion sind zunächst eine Achse und ein zugehöriger Geländelängsschnitt zu wählen.

➔ MENÜ VERKEHRSWEG
   ➔ Längsschnitt
      ➔ Gradiente entwerfen
         ➔ KONTEXTAUSWAHL/-ANZEIGE
            ➔ Achse mit Doppelklick wählen
         ➔ KONTEXTAUSWAHL/-ANZEIGE
            ➔ Geländelängsschnitt mit Doppelklick wählen

Für die Gradientenverwaltung stehen folgende Funktionsgruppen zur Verfügung:

o neu,

o wählen,

o kopieren,

o zeigen und

o löschen.

In den folgenden Kapiteln werden von den o. g. nur ausgewählte Funktionen erklärt. Für detailliertere Darlegungen wird auf die CARD/1-Hilfe verwiesen.

Für die Gradientenkonstruktion stehen folgende, in den weiteren Kapiteln erläuterte Funktionsgruppen zur Verfügung:

o   Attribute,

o   Schnittpunkt,

o   Tangente,

o   Abschnitt,

o   Approximation und

o   Zwangspunkte (Kapitel 12.3).

Die Erläuterung der Approximation ist nicht Bestandteil der folgenden Kapitel. Stattdessen wird auf die CARD/1-Hilfe verwiesen.

10.2.1   Grundlagen

Um eine Gradiente zu konstruieren, ist folgendes Vorgehen empfehlenswert:

1) Bestimmung von Lage und Höhe von Tangentenschnittpunkten:
   Durch die Bestimmung von Tangentenschnittpunkten wird automatisch zwischen benachbarten Schnittpunkten eine Tangente mit einer sich aus der Lage und Höhe der beiden Schnittpunkte ergebenden Längsneigung aufgespannt.
2) Festlegung der Größe der Ausrundungshalbmesser:
   Die Tangentenschnittpunkte sind mit Ausrundungshalbmessern als Kuppe oder Wanne auszurunden. Dabei dürfen sich die Ausrundungen nicht überschneiden.
3) Feinanpassung der Gradiente an den Geländelängsschnitt bzw. Zwangspunkte.

Hilfreich beim Gradientenentwurf ist die Darstellung verschiedener Stationsdaten (z. B. Krümmung, Querneigung) als Bandansicht. Mit der Funktion Längsschnittgruppe (vgl. Kapitel 10.2.8) kann eine feste Positionsverknüpfung zwischen einem Längsschnittgrafikfenster und verschiedenen Bandfenstern vereinbart werden.

10.2.2   Gradiente neu

Gradienten werden in CARD/1 mit einer zweistelligen Nummer belegt. Zusätzlich kann eine Bezeichnung (max. 40 Zeichen) eingegeben werden. Um eine effiziente Projektbearbeitung zu erzielen, sollte die Gradientennummer und -bezeichnung nach einer logischen Struktur vergeben werden.

Jede Gradiente wird in CARD/1 als separate Datei gespeichert. Der Dateiname setzt sich aus der Kennung GRA (für Gradiente), der fünfstelligen Nummer der zugehörigen Achse (z. B. 01000) und der zweistelligen Nummer der Gradiente (z. B. 01) zusammen.

Die über die Achsattribute

o   Vorschrift,

o   Kategoriengruppe und

o   Verbindungsfunktionsstufe

zugeordneten Grenzwerte der entsprechenden Richtlinien werden standardmäßig angeboten. Es können aber auch eigene Grenzwerte festgelegt werden (Bild 10-3).

➔ **MENÜ VERKEHRSWEG**

  ➔ Längsschnitt

    ➔ Gradiente entwerfen

      ➔ KONTEXTAUSWAHL/-ANZEIGE

        ➔ Achse mit Doppelklick wählen

      ➔ KONTEXTAUSWAHL/-ANZEIGE

        ➔ Geländelängsschnitt mit Doppelklick wählen

    ➔ neu

      ➔ Gradientennummer und -bezeichnung im Eingabefenster ein-geben (Bild 10-2)

        ➔ Grenzwerte

          ➔ im Eingabefenster Grenzwerte prüfen und ggf. Rand-bedingungen ändern (Bild 10-3)

            ➔ OK

        ➔ OK

Bild 10-2: Definition einer neuen Gradiente

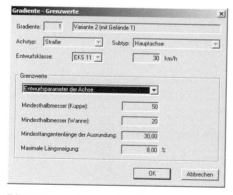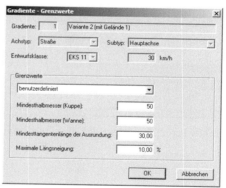

Bild 10-3: Festlegung der Grenzwerte für die neue Gradiente

10.2.3 Gradiente löschen

Soll eine Gradiente gelöscht werden, ist grundsätzlich diese Funktion zu wählen. Es wird dabei immer die aktuelle Gradiente gelöscht. Das manuelle Löschen der Gradiente als Datei (GRAaaaaann.crd) in der CARD/1-Dateiverwaltung kann zu Problemen führen, da CARD/1 Objektreferenzen verwaltet und diese somit weiter bestehen.

Eine gelöschte Gradiente kann mit  (Zurücknehmen) wiederhergestellt werden.

Eine Gradiente kann nicht gelöscht werden, solange sie die Hauptgradiente einer Achse ist (Bild 10-5). Der Status als Hauptgradiente wird in den Attributen der Gradiente festgelegt (Häkchen in Bild 10-2).

➜ **MENÜ VERKEHRSWEG**
  ➜ Längsschnitt
    ➜ Gradiente entwerfen
      ➜ KONTEXTAUSWAHL/-ANZEIGE
        ➜ Achse mit Doppelklick wählen
      ➜ KONTEXTAUSWAHL/-ANZEIGE
        ➜ Geländelängsschnitt mit Doppelklick wählen
      ➜ löschen
        ➜ Ja (Bild 10-4)

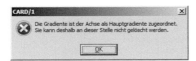

Bild 10-4: Löschen der aktuellen Gradiente

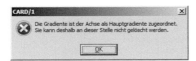

Bild 10-5: Fehler beim Löschen der aktuellen Gradiente wegen Hauptgradientenstatus

10.2.4 Schnittpunkte

In CARD/1 werden Tangentenschnittpunkte generell vereinfachend als Schnittpunkte bezeichnet.

Für die Erstellung und Bearbeitung von Schnittpunkten stehen folgende Funktionsgruppen zur Verfügung:

o   neu,

o   neu auf Punkt,

o   zwischensetzen,

o   löschen,

o   verschieben horizontal / vertikal / frei und

o   auf Tangente verschieben horizontal / vertikal.

Die Bearbeitung der Ausrundung ist in CARD/1 der Funktionsgruppe Schnittpunkte zugeordnet. Davon abweichend wird sie aus didaktischen Gründen separat im Kapitel 10.2.5 behandelt.

10.2.4.1 Schnittpunkte eingeben / zwischensetzen / löschen

Mit den Funktionsgruppen *neu, neu auf Punkt* und *zwischensetzen* können neue Schnittpunkte festgelegt werden. Dabei müssen bei der Funktionsgruppe *zwischensetzen* bereits zwei Schnittpunkte vorhanden sein, zwischen die ein weiterer Schnittpunkt auf die bestehende Tangente gesetzt wird.

Bei den beiden Funktionsgruppen *neu* und *zwischensetzen* wird Ein Schnittpunkt immer durch folgende zwei Aktionen bestimmt:

1.   Festlegung der Station und

2.   Festlegung der Höhe.

Die Station und die Höhe des einzugebenden Schnittpunktes kann auch direkt von den dargestellten Daten übernommen werden (Bild 10-6).

Bei der Funktionsgruppe neu auf Punkt werden in einem Schritt sowohl die Station und als auch die Höhe direkt von einem dargestellten Objektpunkt (z. B. Geländepunkt) übernommen.

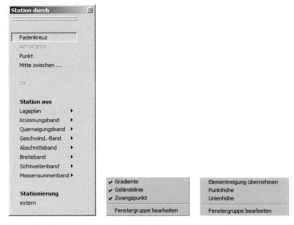

Bild 10-6: Eingabe von Schnittpunkten - Optionen im CAD-Menü sowie beim Klicken der rechten Maustaste

➜ **MENÜ VERKEHRSWEG**

   ➜ Längsschnitt

      ➜ Gradiente entwerfen

         ➜ KONTEXTAUSWAHL/-ANZEIGE

            ➜ Achse mit Doppelklick wählen

         ➜ KONTEXTAUSWAHL/-ANZEIGE

            ➜ Geländelängsschnitt mit Doppelklick wählen

         ➜ KONTEXTAUSWAHL/-ANZEIGE

            ➜ Gradiente mit Doppelklick wählen

         ➜ bearbeiten Schnittpunkt

            ➜ neu

               ➜ Station **S** im Grafikfenster mit dem Fadenkreuz bestimmen

               oder

               ➜ Station **S** in die Werteingabe eingeben

               oder

               ➜ Station **S** mit Bezug auf andere vorhandene Daten (z. B. Geländepunkt, Achshauptpunkt) bestimmen

               oder

               ➜ Station **S** mittig zwischen zwei festzulegende Achsstationen bestimmen

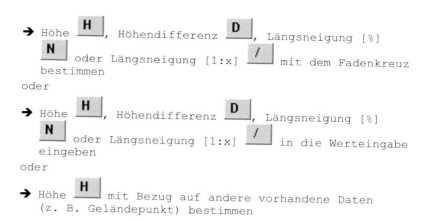

➔ Höhe **H** , Höhendifferenz **D** , Längsneigung [%]
N oder Längsneigung [1:x] **/** mit dem Fadenkreuz
bestimmen

oder

➔ Höhe **H** , Höhendifferenz **D** , Längsneigung [%]
N oder Längsneigung [1:x] **/** in die Werteingabe
eingeben

oder

➔ Höhe **H** mit Bezug auf andere vorhandene Daten
(z. B. Geländepunkt) bestimmen

a) erster Schnittpunkt   b) Stationsbestimmung des 2. Schnittpunkts

c) Höhenbestimmung des 2. Schnittpunkts   c) fertig gestellte Konstruktion

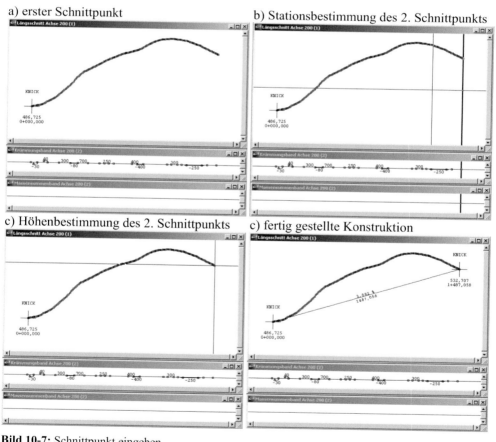

Bild 10-7: Schnittpunkt eingeben

➜ **MENÜ VERKEHRSWEG**

   ➜ Längsschnitt

      ➜ Gradiente entwerfen

         ➜ KONTEXTAUSWAHL/-ANZEIGE

            ➜ Achse mit Doppelklick wählen

         ➜ KONTEXTAUSWAHL/-ANZEIGE

            ➜ Geländelängsschnitt mit Doppelklick wählen

         ➜ KONTEXTAUSWAHL/-ANZEIGE

            ➜ Gradiente mit Doppelklick wählen

         ➜ bearbeiten Schnittpunkt

            ➜ zwischensetzen

               ➜ Station **S** im Grafikfenster mit dem Fadenkreuz zwischen zwei vorhandenen Schnittpunkten bestimmen

            oder

               ➜ Station **S** in die Werteingabe eingeben

            oder

               ➜ Station **S** mit Bezug auf andere vorhandene Daten (z. B. Geländepunkt, Achshauptpunkt) bestimmen

a) vorhandene Tangente   b) zwischengesetzter Schnittpunkt

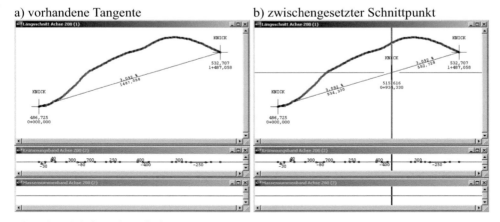

Bild 10-8: Schnittpunkt zwischensetzen

Mit der Funktionsgruppe *löschen* werden bestehende Schnittpunkte gelöscht. Der im Grafikfenster ausgewählte, zu löschende Schnittpunkt wird durch ein gelbes Kreissymbol hervorgehoben.

➜ **MENÜ VERKEHRSWEG**

  ➜ Längsschnitt

    ➜ Gradiente entwerfen

      ➜ KONTEXTAUSWAHL/-ANZEIGE

        ➜ Achse mit Doppelklick wählen

      ➜ KONTEXTAUSWAHL/-ANZEIGE

        ➜ Geländelängsschnitt mit Doppelklick wählen

      ➜ KONTEXTAUSWAHL/-ANZEIGE

        ➜ Gradiente mit Doppelklick wählen

      ➜ bearbeiten Schnittpunkt

        ➜ löschen

          ➜ zu löschenden Schnittpunkt mit Fadenkreuz im Grafikfenster wählen

            ➜ zu löschenden Schnittpunkt mit Fadenkreuz im Grafikfenster bestätigen

10.2.4.2 Schnittpunkte verschieben

Schnittpunkte können mit den Funktionsgruppen *horizontal, vertikal* und *frei* verschoben werden. Die Bezeichnungen sind hierbei selbsterklärend. Während des interaktiv-grafischen Verschiebevorgangs werden die derzeitigen Tangenten hellblau und die zukünftigen Tangenten gelb dargestellt. Die Station und/oder die Höhe sind mit der Maus oder über die Werteingabe bestimmbar.

➜ **MENÜ VERKEHRSWEG**

  ➜ Längsschnitt

    ➜ Gradiente entwerfen

      ➜ KONTEXTAUSWAHL/-ANZEIGE

        ➜ Achse mit Doppelklick wählen

      ➜ KONTEXTAUSWAHL/-ANZEIGE

        ➜ Geländelängsschnitt mit Doppelklick wählen

      ➜ KONTEXTAUSWAHL/-ANZEIGE

        ➜ Gradiente mit Doppelklick wählen

      ➜ bearbeiten Schnittpunkt

        ➜ verschieben horizontal

          ➜ Schnittpunkt mit dem Fadenkreuz im Grafikfenster wählen

            ➜ Station **S** im Grafikfenster mit dem Fadenkreuz bestimmen

            oder

            ➜ Station **S** in die Werteingabe eingeben

            oder

➔ Station **S** mit Bezug auf andere vorhandene Daten
  (z. B. Geländepunkt, Achshauptpunkt) bestimmen

a) zu verschiebender Schnittpunkt   b) Stationsbestimmung

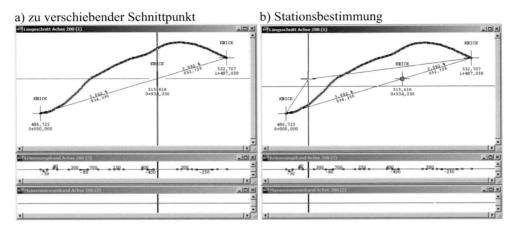

Bild 10-9: Schnittpunkt horizontal verschieben

➔ **MENÜ VERKEHRSWEG**

  ➔ Längsschnitt

    ➔ Gradiente entwerfen

      ➔ KONTEXTAUSWAHL/-ANZEIGE

        ➔ Achse mit Doppelklick wählen

      ➔ KONTEXTAUSWAHL/-ANZEIGE

        ➔ Geländelängsschnitt mit Doppelklick wählen

      ➔ KONTEXTAUSWAHL/-ANZEIGE

        ➔ Gradiente mit Doppelklick wählen

      ➔ bearbeiten Schnittpunkt

        ➔ verschieben vertikal

          ➔ Schnittpunkt mit dem Fadenkreuz im Grafikfenster wäh-
            len

            ➔ Höhe **H** , Höhendifferenz **D** , Längsneigung [%]
              N oder Längsneigung [1:x] **/** mit dem Fadenkreuz
              bestimmen
            oder

            ➔ Höhe **H** , Höhendifferenz **D** , Längsneigung [%]
              N oder Längsneigung [1:x] **/** in die Werteingabe
              eingeben
            oder

→ Höhe ▉**H**▉ mit Bezug auf andere vorhandene Daten
   (z. B. Geländepunkt) bestimmen

a) zu verschiebender Schnittpunkt   b) Höhenbestimmung

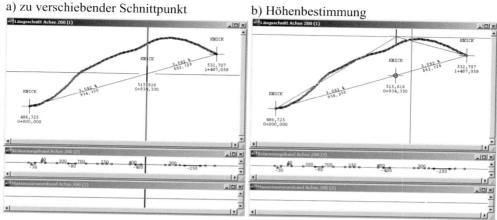

Bild 10-10: Schnittpunkt vertikal verschieben

→ **MENÜ VERKEHRSWEG**

  → Längsschnitt

    → Gradiente entwerfen

      → KONTEXTAUSWAHL/-ANZEIGE

        → Achse mit Doppelklick wählen

      → KONTEXTAUSWAHL/-ANZEIGE

        → Geländelängsschnitt mit Doppelklick wählen

      → KONTEXTAUSWAHL/-ANZEIGE

        → Gradiente mit Doppelklick wählen

      → bearbeiten Schnittpunkt

        → verschieben frei

          → Schnittpunkt mit dem Fadenkreuz im Grafikfenster wäh-
len

            → Station ▉**S**▉ im Grafikfenster mit dem Fadenkreuz
bestimmen

            oder

            → Station ▉**S**▉ in die Werteingabe eingeben

            oder

            → Station ▉**S**▉ mit Bezug auf andere vorhandene Daten
(z. B. Geländepunkt, Achshauptpunkt) bestimmen

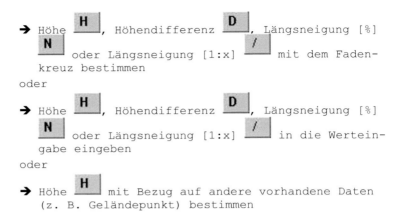

→ Höhe **H** , Höhendifferenz **D** , Längsneigung [%]
N oder Längsneigung [1:x] **/** mit dem Fadenkreuz bestimmen

oder

→ Höhe **H** , Höhendifferenz **D** , Längsneigung [%]
N oder Längsneigung [1:x] **/** in die Werteingabe eingeben

oder

→ Höhe **H** mit Bezug auf andere vorhandene Daten
(z. B. Geländepunkt) bestimmen

a) zu verschiebender Schnittpunkt   b) Stations- und Höhenbestimmung

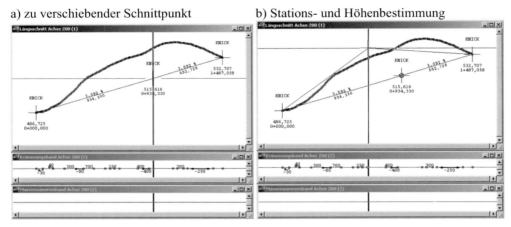

Bild 10-11: Schnittpunkt frei verschieben

10.2.4.3 *Schnittpunkte auf Tangente verschieben*

Mit den Funktionsgruppen *verschieben auf Tangente horizontal* und *verschieben auf Tangente vertikal* kann ein Schnittpunkt unter Beibehaltung einer der beiden angrenzenden Tangenten-neigung verschoben werden. Diese Funktionsgruppen sind immer dann hilfreich, wenn nur eine bestimmte Tangentenneigung verändert werden soll.

Bei der Funktionsgruppe *verschieben auf Tangente horizontal* wird durch die Eingabe einer Station bzw. einer Stationsdifferenz oder durch Bezug auf andere vorhandene Daten (z. B. Achshauptpunkt) und über die vorgegebene Neigung der feststehenden Tangente die zukünf-tige Höhe des Schnittpunktes bestimmt. Bei der Funktion *verschieben auf Tangente vertikal* geschieht die Bestimmung der Station unter Berücksichtigung der Eingabe einer Höhe bzw. einer Höhendifferenz oder durch Bezug auf andere vorhandene Daten (z. B. Geländepunkt).

Der zu verschiebende Schnittpunkt muss auf der Seite der Tangente, deren Neigung beibehal-ten werden soll, mit dem Fadenkreuz im Grafikfenster angeklickt werden. Soll sich beispielsweise die linke Tangente nicht ändern, muss der Schnittpunkt von seiner linken Seite aus gewählt werden.

Während des interaktiv-grafischen Verschiebevorgangs werden die derzeitigen Tangenten hellblau und die zukünftigen Tangenten gelb dargestellt. Die Station und/oder die Höhe sind mit dem Fadenkreuz im Grafikfenster oder über die Werteingabe bestimmbar.

➔ **MENÜ VERKEHRSWEG**

  ➔ Längsschnitt

    ➔ Gradiente entwerfen

      ➔ KONTEXTAUSWAHL/-ANZEIGE

        ➔ Achse mit Doppelklick wählen

      ➔ KONTEXTAUSWAHL/-ANZEIGE

        ➔ Geländelängsschnitt mit Doppelklick wählen

      ➔ KONTEXTAUSWAHL/-ANZEIGE

        ➔ Gradiente mit Doppelklick wählen

      ➔ bearbeiten Schnittpunkt

        ➔ verschieben auf Tangente horizontal

          ➔ Tangente, auf der verschoben werden soll, unmittelbar neben dem Schnittpunkt mit dem Fadenkreuz im Grafikfenster wählen

            ➔ Station **S** im Grafikfenster mit dem Fadenkreuz bestimmen

            oder

            ➔ Station **S** in die Werteingabe eingeben

            oder

            ➔ Station **S** mit Bezug auf andere vorhandene Daten (z. B. Geländepunkt, Achshauptpunkt) bestimmen

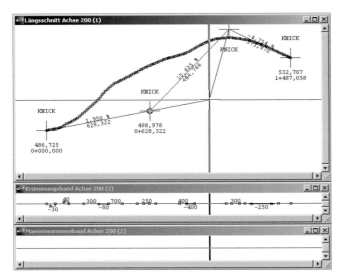

Bild 10-12: Schnittpunkt auf Tangente horizontal verschieben

➜ **MENÜ VERKEHRSWEG**

  ➜ Längsschnitt

    ➜ Gradiente entwerfen

      ➜ KONTEXTAUSWAHL/-ANZEIGE

        ➜ Achse mit Doppelklick wählen

      ➜ KONTEXTAUSWAHL/-ANZEIGE

        ➜ Geländelängsschnitt mit Doppelklick wählen

      ➜ KONTEXTAUSWAHL/-ANZEIGE

        ➜ Gradiente mit Doppelklick wählen

      ➜ bearbeiten Schnittpunkt

        ➜ verschieben auf Tangente vertikal

          ➜ Schnittpunkt mit dem Fadenkreuz im Grafikfenster wählen

            ➜ Höhe **H** , Höhendifferenz **D** , Längsneigung [%] **N** oder Längsneigung [1:x] **/** mit dem Fadenkreuz bestimmen

            oder

            ➜ Höhe **H** , Höhendifferenz **D** , Längsneigung [%] **N** oder Längsneigung [1:x] **/** in die Werteingabe eingeben

            oder

→ Höhe **H** mit Bezug auf andere vorhandene Daten
  (z. B. Geländepunkt) bestimmen

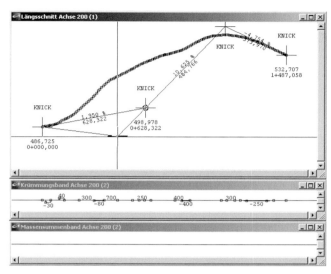

Bild 10-13: Schnittpunkt auf Tangente vertikal verschieben

10.2.5 Ausrundungen

Für die Erstellung und Bearbeitung von Ausrundungen stehen folgende Funktionsgruppen zur Verfügung:

o   eingeben,

o   grafisch,

o   Null,

o   Knick,

o   min. Radius,

o   min. Tangentenlänge,

o   Ausrundungsanfang bzw. -ende bestimmen und

o   durch Zwangspunkt.

In den folgenden Kapiteln werden von den o. g. nur ausgewählte Funktionen erklärt. Für detailliertere Darlegungen wird auf die CARD/1-Hilfe verwiesen.

10.2.5.1 Ausrundung eingeben

Mit der Funktionsgruppe *eingeben* kann die Größe eines Halbmessers über ein Eingabefenster bestimmt werden. Der zugehörige Schnittpunkt ist durch ein gelbes Kreissymbol gekennzeichnet. Die Ausdehnung des eingegebenen Halbmessers wird erst nach Abschluss der Funktion auf dem Bildschirm dargestellt.

➔ **MENÜ VERKEHRSWEG**
　➔ Längsschnitt
　　➔ Gradiente entwerfen
　　　➔ KONTEXTAUSWAHL/-ANZEIGE
　　　　➔ Achse mit Doppelklick wählen
　　　➔ KONTEXTAUSWAHL/-ANZEIGE
　　　　➔ Geländelängsschnitt mit Doppelklick wählen
　　　➔ KONTEXTAUSWAHL/-ANZEIGE
　　　　➔ Gradiente mit Doppelklick wählen
　　　➔ bearbeiten Schnittpunkt
　　　　➔ Ausrundung eingeben
　　　　　➔ Schnittpunkt mit dem Fadenkreuz im Grafikfenster bestimmen
　　　　　　➔ Feld im Eingabefenster ausfüllen
　　　　　　　➔ OK

Bild 10-14: Eingeben eines Halbmessers

10.2.5.2 Ausrundung grafisch festlegen

Mit der Funktionsgruppe *grafisch* ist die interaktiv-grafische Eingabe der Größe eines Halbmessers möglich. Die Ausdehnung des gewählten Halbmessers wird während des Eingabevorganges gelb dargestellt. Die Festlegung des Halbmessers oder der Tangentenlänge über die Werteingabe ist ebenfalls möglich.

➔ **MENÜ VERKEHRSWEG**
　➔ Längsschnitt
　　➔ Gradiente entwerfen
　　　➔ KONTEXTAUSWAHL/-ANZEIGE
　　　　➔ Achse mit Doppelklick wählen
　　　➔ KONTEXTAUSWAHL/-ANZEIGE
　　　　➔ Geländelängsschnitt mit Doppelklick wählen
　　　➔ KONTEXTAUSWAHL/-ANZEIGE

➔ Gradiente mit Doppelklick wählen

➔ bearbeiten Schnittpunkt

   ➔ Ausrundung grafisch

      ➔ Schnittpunkt mit dem Fadenkreuz im Grafikfenster bestimmen

         ➔ Halbmesser mit dem Fadenkreuz im Grafikfenster bestimmen

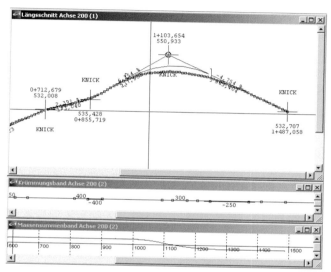

Bild 10-15: grafische Bestimmung des Halbmessers

10.2.5.3 Ausrundungsanfang bzw. -ende festlegen

Die Funktionsgruppe *AE bestimmen* ermöglicht die Festlegung einer ganz bestimmten Station für den Ausrundungsanfang bzw. das Ausrundungsende (z. B. Ende eines geraden Brückenbauwerks). Dies kann über die Eingabe einer Station oder einer Tangentenlänge oder unter Bezug auf andere vorhandene Daten (z. B. Anfangs- oder Endpunkt einer benachbarten Ausrundung) erfolgen.

➔ MENÜ VERKEHRSWEG

   ➔ Längsschnitt

      ➔ Gradiente entwerfen

         ➔ KONTEXTAUSWAHL/-ANZEIGE

            ➔ Achse mit Doppelklick wählen

         ➔ KONTEXTAUSWAHL/-ANZEIGE

            ➔ Geländelängsschnitt mit Doppelklick wählen

         ➔ KONTEXTAUSWAHL/-ANZEIGE

            ➔ Gradiente mit Doppelklick wählen

➔ bearbeiten Schnittpunkt

   ➔ Ausrundung AE bestimmen

      ➔ Schnittpunkt mit dem Fadenkreuz im Grafikfenster be-
         stimmen

         ➔ Station **S** im Grafikfenster mit dem Fadenkreuz
            bestimmen

         oder

         ➔ Station **S** in die Werteingabe eingeben

         oder

         ➔ Tangentenlänge **T** in die Werteingabe eingeben

         oder

         ➔ Station **S** mit Bezug auf andere vorhandene Daten
            (z. B. Geländepunkt, Achshauptpunkt) bestimmen

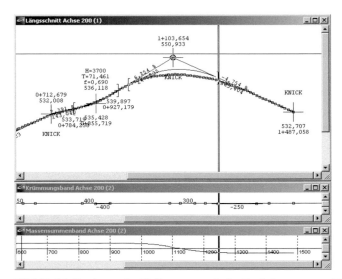

Bild 10-16: Festlegen des Halbmessers mit der Funktionsgruppe *AE bestimmen*

10.2.6 Tangenten

Für die Erstellung und Bearbeitung von Tangenten stehen folgende Funktionsgruppen zur Verfügung:

o 2 Punkte,

o Ausgleichung,

o löschen,

o verschieben: horizontal / vertikal / frei / TS horizontal / TS vertikal / HM durch zwei Zwangspunkte und

o Neigung ändern: 2 Punkte / Ausgleichung / Punkt - Richtung / Punkt - Punkt / AA fest.

In den folgenden Kapiteln werden von den o. g. nur ausgewählte Funktionen erklärt. Für detailliertere Darlegungen wird auf die CARD/1-Hilfe verwiesen.

10.2.6.1 2 Punkte

Die Funktionsgruppe *2 Punkte* ermöglicht die Definition einer Tangenten durch die Eingabe zweier Schnittpunkte. Ist bereits eine Tangente vorhanden, wird deren an die neu zu definie-rende Tangente grenzender Schnittpunkt gelöscht und am gemeinsamen Schnittpunkt der Tangenten ein neuer Schnittpunkt erzeugt (Bild 10-18).

➔ MENÜ VERKEHRSWEG

  ➔ Längsschnitt

    ➔ Gradiente entwerfen

      ➔ KONTEXTAUSWAHL/-ANZEIGE

        ➔ Achse mit Doppelklick wählen

      ➔ KONTEXTAUSWAHL/-ANZEIGE

        ➔ Geländelängsschnitt mit Doppelklick wählen

      ➔ KONTEXTAUSWAHL/-ANZEIGE

        ➔ Gradiente mit Doppelklick wählen

      ➔ bearbeiten Tangente

        ➔ 2 Punkte

          ➔ Station **S** des 1. Schnittpunktes im Grafikfenster mit dem Fadenkreuz bestimmen

          oder

          ➔ Station **S** des 1. Schnittpunktes in die Werteingabe eingeben

          oder

          ➔ Station **S** des 1. Schnittpunktes mit Bezug auf ande-re vorhandene Daten (z. B. Geländepunkt, Achshaupt-punkt) bestimmen

➔ Höhe 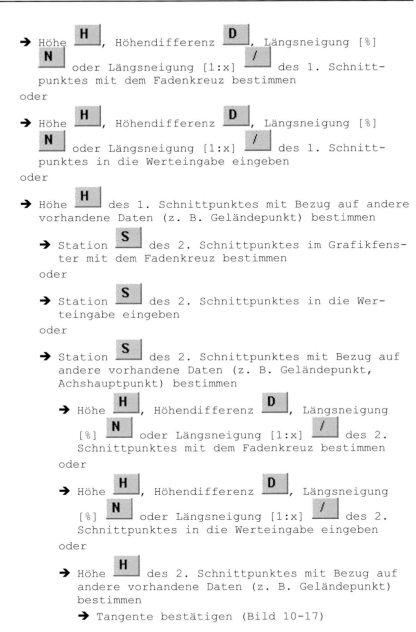, Höhendifferenz , Längsneigung [%]
oder Längsneigung [1:x] des 1. Schnitt-
punktes mit dem Fadenkreuz bestimmen

oder

➔ Höhe , Höhendifferenz , Längsneigung [%]
oder Längsneigung [1:x] des 1. Schnittpunktes in die Werteingabe eingeben

oder

➔ Höhe des 1. Schnittpunktes mit Bezug auf andere
vorhandene Daten (z. B. Geländepunkt) bestimmen

➔ Station des 2. Schnittpunktes im Grafikfenster mit dem Fadenkreuz bestimmen

oder

➔ Station des 2. Schnittpunktes in die Werteingabe eingeben

oder

➔ Station des 2. Schnittpunktes mit Bezug auf
andere vorhandene Daten (z. B. Geländepunkt,
Achshauptpunkt) bestimmen

➔ Höhe , Höhendifferenz , Längsneigung
[%] oder Längsneigung [1:x] des 2.
Schnittpunktes mit dem Fadenkreuz bestimmen

oder

➔ Höhe , Höhendifferenz , Längsneigung
[%] oder Längsneigung [1:x] des 2.
Schnittpunktes in die Werteingabe eingeben

oder

➔ Höhe des 2. Schnittpunktes mit Bezug auf
andere vorhandene Daten (z. B. Geländepunkt)
bestimmen

➔ Tangente bestätigen (Bild 10-17)

Bild 10-17: Bestätigung der Tangentenkonstruktion

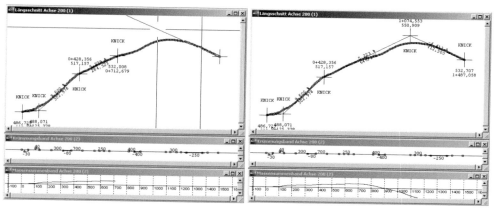

Bild 10-18: Erzeugung einer Tangente mit der Funktionsgruppe *2 Punkte* (vor und nach der Festlegung des zweiten Tangentenschnittpunktes)

10.2.6.2 Ausgleichung

Mit der Funktion *Ausgleichung* wird eine Tangentenneigung für den durch den Tangentenanfangs- und Tangentenendpunkt festgelegten Bereich ermittelt, die einen ausgeglichenen Auf- und Abtrag zur Folge hat. Dies wird am Verlauf des Massensummenbandes deutlich.

➜ **MENÜ VERKEHRSWEG**

　➜ Längsschnitt

　　➜ Gradiente entwerfen

　　　➜ KONTEXTAUSWAHL/-ANZEIGE

　　　　➜ Achse mit Doppelklick wählen

　　　➜ KONTEXTAUSWAHL/-ANZEIGE

　　　　➜ Geländelängsschnitt mit Doppelklick wählen

　　　➜ KONTEXTAUSWAHL/-ANZEIGE

　　　　➜ Gradiente mit Doppelklick wählen

　　　➜ bearbeiten Tangente

　　　　➜ Ausgleichung

　　　　　➜ vorhandene Tangente mit dem Fadenkreuz wählen
　　　　　　(Wenn keine Tangente vorhanden ist, entfällt dieser Schritt.)

　　　　　　➜ Station **S** des Geländebereichanfangspunktes im Grafikfenster mit dem Fadenkreuz bestimmen
　　　　　　oder

　　　　　　➜ Station **S** des Geländebereichanfangspunktes in die Werteingabe eingeben
　　　　　　oder

➜ Station ⬚**S**⬚ des Geländebereichanfangspunktes mit
Bezug auf andere vorhandene Daten (z. B. Geländepunkt, Achshauptpunkt) bestimmen

➜ Station ⬚**S**⬚ des Geländebereichendpunktes im Grafikfenster mit dem Fadenkreuz bestimmen
oder

➜ Station ⬚**S**⬚ des Geländebereichendpunktes in die
Werteingabe eingeben
oder

➜ Station ⬚**S**⬚ des Geländebereichendpunktes mit Bezug auf andere vorhandene Daten (z. B. Geländepunkt, Achshauptpunkt) bestimmen

➜ Tangente bestätigen (Bild 10-17)

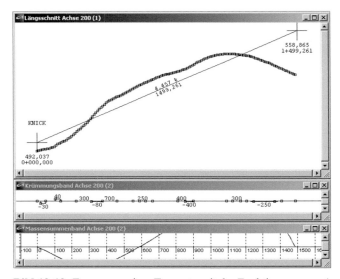

Bild 10-19: Erzeugung einer Tangente mit der Funktionsgruppe *Ausgleichung*

10.2.6.3 Löschen

Mit der Funktionsgruppe *löschen* kann eine Tangente gelöscht werden. Bei der ersten oder der letzten Tangente einer Gradiente wird dabei nur der äußere Tangentenschnittpunkt gelöscht. Sind weitere angrenzende Tangenten vorhanden, werden beide Tangentenschnittpunkte gelöscht und aus dem Schnittpunkt der beiden benachbarten Tangenten ein neuer TS-Punkt gebildet. Von den gelöschten Tangentenschnittpunkten wird die kleinere Ausrundung für den neu gebildeten Tangentenschnittpunkt übernommen.

Die zu löschende Tangente wird vor der Bestätigung des Löschvorganges gelb dargestellt.

→ **MENÜ VERKEHRSWEG**

  → Längsschnitt

    → Gradiente entwerfen

      → KONTEXTAUSWAHL/-ANZEIGE

        → Achse mit Doppelklick wählen

      → KONTEXTAUSWAHL/-ANZEIGE

        → Geländelängsschnitt mit Doppelklick wählen

      → KONTEXTAUSWAHL/-ANZEIGE

        → Gradiente mit Doppelklick wählen

      → bearbeiten Tangente

        → löschen

          → Tangente wählen

            → zu löschende Tangente bestätigen

10.2.6.4 Tangentenneigung ändern

Um vorhandene Tangenten mit einer bestimmten Neigung zu versehen, wird die Funktionsgruppe *Neigung ändern* benötigt. Die Neigung kann dabei auf verschiedene Arten festgelegt werden.

Mit der Funktionsgruppe *Punkt-Richtung* wird durch die Beibehaltung der Station eines Schnittpunktes und die Eingabe der Neigung die Tangente verändert, wobei sich die Station des zweiten Schnittpunktes entsprechend verschiebt. Grenzt an diesen eine weitere Tangente an, so verschiebt er sich auf ihr. Der gewählte Schnittpunkt, der unverändert bleibt, muss auf der Seite der zu verändernden Tangente mit dem Fadenkreuz im Grafikfenster gewählt werden.

Während des interaktiv-grafischen Verschiebevorgangs wird die derzeitige Tangente hellblau und die zukünftige Tangente (inkl. vorhandener Ausrundung) gelb dargestellt.

→ **MENÜ VERKEHRSWEG**

  → Längsschnitt

    → Gradiente entwerfen

      → KONTEXTAUSWAHL/-ANZEIGE

        → Achse mit Doppelklick wählen

      → KONTEXTAUSWAHL/-ANZEIGE

        → Geländelängsschnitt mit Doppelklick wählen

      → KONTEXTAUSWAHL/-ANZEIGE

        → Gradiente mit Doppelklick wählen

      → bearbeiten Tangente

        → Neigung ändern Punkt-Richtung

          → zu verändernde Tangente neben Schnittpunkt wählen

➔ Längsneigung [%] 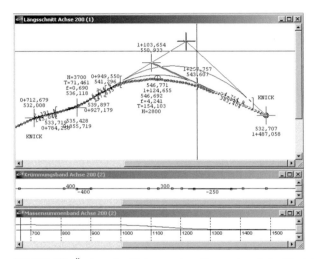 oder Längsneigung [1:x] /
des 2. Schnittpunktes mit dem Fadenkreuz im Grafik-
fenster bestimmen

oder

➔ Längsneigung [%] oder Längsneigung [1:x] /
des 2. Schnittpunktes in die Werteingabe eingeben

Bild 10-20: Ändern der Neigung einer Tangente mit der Funktionsgruppe *Punkt – Richtung*

Mit der Funktionsgruppe *Punkt-Punkt* wird durch die Beibehaltung der Station eines Schnittpunktes und die Eingabe der Station und der Höhe eines Durchgangspunktes die Neigung der
Tangente verändert, wobei sich die Station und/oder die Höhe des zweiten Schnittpunktes
entsprechend verschiebt. Grenzt an diesen eine weitere Tangente an, so verschiebt sich der
Schnittpunkt auf ihr. Ist keine angrenzende Tangente vorhanden, verändert er lediglich seine
Höhe. Der zu wählende Schnittpunkt muss auf der Seite der zu verändernden Tangente mit
dem Fadenkreuz im Grafikfenster angeklickt werden.

➔ **MENÜ VERKEHRSWEG**

  ➔ Längsschnitt

    ➔ Gradiente entwerfen

      ➔ KONTEXTAUSWAHL/-ANZEIGE

        ➔ Achse mit Doppelklick wählen

      ➔ KONTEXTAUSWAHL/-ANZEIGE

        ➔ Geländelängsschnitt mit Doppelklick wählen

      ➔ KONTEXTAUSWAHL/-ANZEIGE

        ➔ Gradiente mit Doppelklick wählen

      ➔ bearbeiten Tangente

➔ Neigung ändern Punkt-Punkt

  ➔ zu verändernde Tangente neben Schnittpunkt wählen

    ➔ Station **S** des Durchgangspunktes mit dem Faden-
kreuz im Grafikfenster bestimmen
oder

    ➔ Station **S** oder Stationsdifferenz **D** und Höhe
H des Durchgangspunktes in die Werteingabe eingeben
oder

    ➔ Station **S** des Durchgangspunktes mit Bezug auf
andere vorhandene Daten (z. B. Geländepunkt, Achshauptpunkt) bestimmen

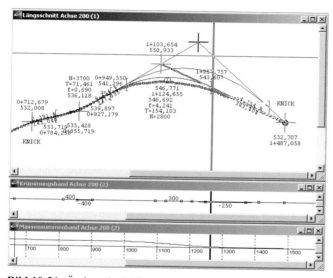

Bild 10-21: Ändern der Neigung einer Tangente mit der Funktionsgruppe *Punkt – Punkt*

10.2.7 Abschnitt

10.2.7.1 Mehrere Schnittpunkte zusammen verschieben

Die Funktionsgruppen *TS verschieben horizontal, vertikal* und *frei* ermöglichen die parallele Verschiebung von mehreren Schnittpunkten. Die Funktionsbezeichnungen sind hierbei selbsterklärend. Bei der Verschiebung ändern sich auch die Neigung und Länge der beiden an den Verschiebebereich angrenzenden Tangenten sowie die Tangentenlängen der zugehörigen Ausrundungen. Während des interaktiv-grafischen Verschiebevorgangs werden die derzeitigen Tangenten hellblau und die zukünftigen Tangenten gelb dargestellt.

Beispielhaft soll hier die Funktionsgruppe *TS verschieben horizontal* erläutert werden.

➜ **MENÜ VERKEHRSWEG**
   ➜ Längsschnitt
      ➜ Gradiente entwerfen
         ➜ KONTEXTAUSWAHL/-ANZEIGE
            ➜ Achse mit Doppelklick wählen
         ➜ KONTEXTAUSWAHL/-ANZEIGE
            ➜ Geländelängsschnitt mit Doppelklick wählen
         ➜ KONTEXTAUSWAHL/-ANZEIGE
            ➜ Gradiente mit Doppelklick wählen
         ➜ bearbeiten Abschnitt
            ➜ TS verschieben horizontal
               ➜ Schnittpunkt für den Verschiebebereichsanfang mit dem Fadenkreuz im Grafikfenster wählen
                  ➜ Schnittpunkt für das Verschiebebereichsende mit dem Fadenkreuz im Grafikfenster wählen
                     ➜ Schnittpunkt als Bezugspunkt mit dem Fadenkreuz im Grafikfenster wählen
                        ➜ Station [S] oder Stationsdifferenz [D] mit dem Fadenkreuz im Grafikfenster bestimmen
                     oder
                        ➜ Station [S] oder Stationsdifferenz [D] in die Werteingabe eingeben
                     oder
                        ➜ Station [S] oder Stationsdifferenz [D] mit Bezug auf andere vorhandene Daten (z. B. Geländepunkt, Achshauptpunkt) bestimmen
                  oder
                     ➜ Verschiebung [D] eingeben

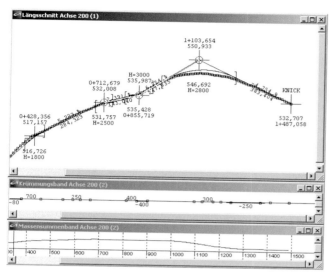

Bild 10-22: Festlegen des Verschiebebereichs

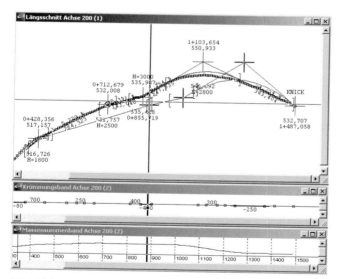

Bild 10-23: Verschieben der Schnittpunkte

10.2.7.2 Mehrere Tangenten zusammen verschieben

Die Funktionsgruppen *Tangenten verschieben horizontal, vertikal* und *frei* ermöglichen die parallele Verschiebung von mehreren Tangenten. Die Funktionsbezeichnungen sind hierbei selbsterklärend. Bei der Verschiebung ändern sich auch die Länge der beiden an den Verschiebebereich angrenzenden Tangenten sowie die Lage der den Tangentenbereich begrenzenden Schnittpunkte. Während des interaktiv-grafischen Verschiebevorgangs werden die derzeitigen Tangenten hellblau und die zukünftigen Tangenten gelb dargestellt.

Beispielhaft soll hier die Funktionsgruppe *Tangenten verschieben vertikal* erläutert werden.

➜ **MENÜ VERKEHRSWEG**
  ➜ Längsschnitt
    ➜ Gradiente entwerfen
      ➜ KONTEXTAUSWAHL/-ANZEIGE
        ➜ Achse mit Doppelklick wählen
      ➜ KONTEXTAUSWAHL/-ANZEIGE
        ➜ Geländelängsschnitt mit Doppelklick wählen
      ➜ KONTEXTAUSWAHL/-ANZEIGE
        ➜ Gradiente mit Doppelklick wählen
      ➜ bearbeiten Abschnitt
        ➜ Tangenten verschieben vertikal
          ➜ Tangente für den Verschiebebereichsanfang mit dem Fadenkreuz im Grafikfenster wählen
            ➜ Tangente für das Verschiebebereichsende mit dem Fadenkreuz im Grafikfenster wählen
              ➜ Höhe **H** oder Höhendifferenz **D** mit dem Fadenkreuz im Grafikfenster bestimmen
              oder
              ➜ Höhe **H** oder Höhendifferenz **D** in die Werteingabe eingeben
              oder
              ➜ Höhe **H** oder Höhendifferenz **D** mit Bezug auf andere vorhandene Daten (z. B. Geländepunkt, Zwangspunkt) bestimmen

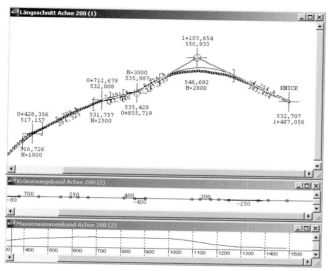

Bild 10-24: Festlegen des Verschiebebereichs

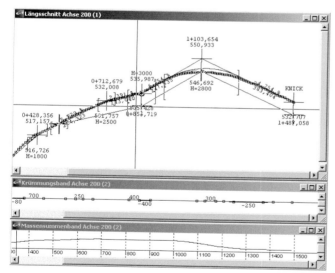

Bild 10-25: Verschieben der Tangenten

10.2.7.3 Gradiente einfügen

Bei verschiedenen Zwangslagen (z. B. Straßenbahngleis in der Mitte der Fahrbahn) ist es notwendig, die Gradiente in einem Bereich identisch zu einer anderen, bereits vorhandenen Gradiente auszubilden. Die Funktionsgruppe *Gradiente einfügen* ermöglicht die Übernahme eines Abschnittes einer anderen Gradiente. Dabei werden alle Schnittpunkte der einzufügenden Gradiente, die innerhalb des festgelegten Abschnittes liegen, übernommen. Vorhandene Schnittpunkte der aktuellen Gradiente, die im Einfügebereich liegen, werden automatisch gelöscht. Der Auswahlbereich auf der einzufügenden Gradiente wird im Grafikfenster durch eine gelbe Markierung hervorgehoben.

Mit der Option *in aktuelle Gradiente einpassen* kann der einzufügende Gradientenabschnitt vor den ersten bzw. hinter den letzten Schnittpunkt der aktuellen Gradiente eingefügt werden. Dabei bleibt die Neigung der ersten bzw. letzten Tangente der aktuellen Gradiente unverändert.

Im Folgenden wird das Vorgehen ohne die Option *in aktuelle Gradiente einpassen* beschrieben.

➜ **MENÜ VERKEHRSWEG**
  ➜ Längsschnitt
    ➜ Gradiente entwerfen
      ➜ KONTEXTAUSWAHL/-ANZEIGE
        ➜ Achse mit Doppelklick wählen
      ➜ KONTEXTAUSWAHL/-ANZEIGE
        ➜ Geländelängsschnitt mit Doppelklick wählen
      ➜ KONTEXTAUSWAHL/-ANZEIGE
        ➜ Gradiente mit Doppelklick wählen
      ➜ bearbeiten Abschnitt
        ➜ Gradiente einfügen
          ➜ Felder im Eingabefenster ausfüllen
            ➜ OK
              ➜ eingefügten Gradientenabschnitt mit OK bestätigen

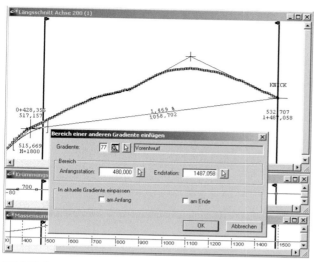

Bild 10-26: Festlegen des einzufügenden Gradientenabschnittes

Bild 10-27: Bestätigen des einzufügenden Gradientenabschnittes

10.2.8 Gradientenapproximation

Für die Ermittlung einer Gradiente unter Berücksichtigung von vielen vorgegebenen Zwangs-
bedingungen steht in CARD/1 die Gradientenapproximation als automatischer Algorithmus
zur Verfügung. Besonders bei der Deckenoptimierung in der Erhaltung sowie Um- und Ausbau bietet dieses Verfahren gegenüber der manuellen Nachtrassierung der Gradiente eine
erhebliche Effizienzsteigerung und damit Einsparungen von Ingenieurkosten. Bei Vorhanden-
sein des Moduls Deckenoptimierung ist ein weiterer Menüpunkt vorhanden, so dass zusätzlich die Querneigung berücksichtigt wird. Das bedeutet aber nicht, dass die kritische Prüfung
der ermittelten Gradiente durch einen Ingenieur entfallen kann. Auch der beste Algorithmus
kann bei sich widersprechenden Zwangslagen die Abwägung und die Entscheidung zugunsten
der einen oder der anderen nicht abnehmen. Die automatisch ermittelten Gradienten können
anschließend wie jede Gradiente auch manuell angepasst werden.

➜ MENÜ VERKEHRSWEG

   ➜ Längsschnitt

      ➜ Gradiente entwerfen

         ➜ KONTEXTAUSWAHL/-ANZEIGE

            ➜ Achse mit Doppelklick wählen

         ➜ KONTEXTAUSWAHL/-ANZEIGE

            ➜ Geländelängsschnitt mit Doppelklick wählen

➔ neu

   ➔ Gradientennummer und -bezeichnung im Eingabefenster eingeben (Bild 10-2)

      ➔ Grenzwerte

         ➔ im Eingabefenster Grenzwerte prüfen und ggf. Randbedingungen ändern (Bild 10-3)

            ➔ OK

➔ Approximation

   ➔ lokal

      ➔ Felder im Eingabefenster ausfüllen (Bild 10-28)

         ➔ OK

            ➔ Ergebnis im Grafik- und im Ergebnisfenster prüfen ()

               ➔ Approximieren

                  ➔ Ergebnis im Grafik- und im Ergebnisfenster prüfen (Bild 10-29)

                     ➔ Approximieren (Approximationsschritte bei Bedarf wiederholen)

                  oder

               ➔ Neustart (Wenn das Approximationsergebnis nicht zufriedenstellend ist.)

               oder

               ➔ Fertig

                  ➔ übernehmen

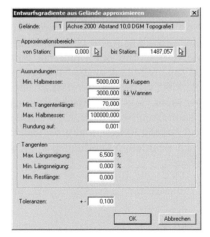

Bild 10-28: Eingabefenster für Gradientenapproximation

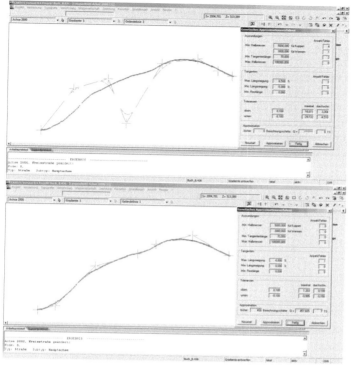

Bild 10-29: Gradientenapproximation - Beginn (oben) und Ende (unten)

10.3 Fenstertechnik

10.3.1 Grundlagen

Ein wichtiges Hilfsmittel bei der Gradientenkonstruktion ist die Darstellung verschiedener Daten anderer Entwurfsebenen als Bandansicht. CARD/1 bietet hierfür das Feature *Fenstergruppe* an. Damit werden mehrere Bandansichten so untereinander angeordnet, dass sie Stationsgenau übereinander stehen. Die Zuordnung bleibt auch erhalten, wenn ein Bandfenster dieser Gruppe verschoben oder in seiner Breite geändert wird. Folgende Bandansichten stehen neben den Längsschnitten in CARD/1 hierfür zur Verfügung:

o   Krümmungsband,

o   Querneigungsband,

o   Breiteband,

o   Geschwindigkeitsband,

o   Abschnittsband,

o   Sichtweitenband,

o   Überhöhungsband,

o   Massensummenband.

Die einzelnen Bandansichten können separat ein- oder ausgeblendet werden. Jede Bandansicht kann über eigene Parameter in ihrer Darstellung angepasst werden. Eine Fenstergruppe kann nur gebildet werden, wenn das zugehörige Lageplanfenster nicht maximiert ist!

➜ MENÜ VERKEHRSWEG

  ➜ Längsschnitt

    ➜ Gradiente entwerfen

      ➜ mit der rechten Maustaste in das Grafikfenster der Gradiente klicken

        ➜ Fenstergruppe bilden

          ➜ darzustellende Bandansichten im Auswahlfenster wählen (Bild 10-30)

            ➜ OK

Bild 10-30: Auswahlfenster für darzustellende Bandansichten

In den folgenden Kapiteln werden von den o. g. nur für ausgewählte Bandansichten die Einstellungen erläutert. Für detailliertere Darlegungen wird auf die CARD/1-Hilfe verwiesen.

10.3.2 Krümmungsband

Das Krümmungsband ist für den Ingenieur das Bindeglied zwischen den beiden Entwurfsebenen Achse und Gradiente. Ohne dieses Instrument ist es unmöglich, eine gute Abstimmung zwischen den beiden Entwurfsebenen und damit die Grundlage für einen guten räumlichen Entwurf zu erreichen (vgl. WEISE, G. U.A. (2002)).

Um die für das Krümmungsband geltenden Darstellungsparameter ändern zu können, muss es in der Fenstergruppe aktiv sein (mit dem Fadenkreuz das Fenster anklicken). Danach ist in der Symbolleiste *Daten darstellen* ✏ zu wählen. Nun stehen die Funktionsgruppen *Beschriftung* und *Skalierung* zur Verfügung. Die Daten des Krümmungsbandes werden automatisch von der zugehörigen Achse ausgelesen.

➜ Beschriftung
   ➜ Felder im Dialogfenster ausfüllen (Bild 10-31)
      ➜ OK

Bild 10-31: Dialogfenster für Beschriftung des Krümmungsbandes

➔ Skalierung
    ➔ Felder im Dialogfenster ausfüllen (Bild 10-37)
       ➔ OK

Bild 10-32: Skalierung im Krümmungsbandfenster

10.3.3 Massensummenband

Um die für das Massensummenband geltenden Darstellungsparameter ändern zu können, muss es in der Fenstergruppe aktiv sein (mit dem Fadenkreuz das Fenster anklicken). Danach ist in der Symbolleiste *Daten darstellen* ✏ zu wählen. Nun stehen die Funktionsgruppen *Massensummen* und *Skalierung* zur Verfügung.

➔ Massensummen
    ➔ Massensummenbänder bearbeiten (Bild 10-33)
       ➔ bearbeiten (Bild 10-34)
          ➔ Zeilen eingeben
             ➔ Felder im Dialogfenster ausfüllen (Bild 10-35)
                ➔ OK
                   ➔ Abbrechen oder Felder im Dialogfenster für nächste
                      Definition ausfüllen
       ➔ Tabelle
          ➔ sichern
             ➔ Tabelle
                ➔ schließen
    ➔ Darzustellende Massensummenbänder mittels Auswahlfeld im Dialog-
       fenster festlegen (Bild 10-36)
       ➔ OK

Bild 10-33: Dialogfenster für darzustellende Massensummenbänder

Bild 10-34: Übersicht der vorhandenen Massensummenbänder

Bild 10-35: Festlegung eines Massensummenbandes

Bild 10-36: Auswahlfeld für darzustellende Massensummenbänder im Dialogfenster

➔ Massensummen
   ➔ Skalierung
      ➔ Felder im Dialogfenster ausfüllen (Bild 10-37)
         ➔ OK

Bild 10-37: Skalierung im Massensummenbandfenster

10.4 Warnungen und Fehlermeldungen

Bei der Gradientenkonstruktion wird der Entwurfsingenieur von CARD/1 durch die Anzeige von Warnungen und Fehlern unterstützt.

Warnungen stützen sich auf die beim Achsentwurf festgelegten Attribute der Achse, zu der die Gradiente gehört (vgl. Kapitel 7.2.1 und Bild 7-2). Den Achsattributen

o   Vorschrift,

o   Kategoriengruppe und

o   Verbindungsfunktionsstufe

sind die Grenzwerte der entsprechenden Richtlinien zugeordnet.

Die Anzeige einer Warnung ist mit OK zu bestätigen. Wie der Entwurfsingenieur auf die Warnung reagiert (ändern oder ignorieren) bleibt ihm überlassen.

Bild 10-38: Warnung - Halbmesser der Kuppe bzw. Wanne ist zu klein

Bild 10-39: Warnung - Tangentenneigung ist zu groß bzw. zu klein

Vorhandene Höhenzwangspunkte werden automatisch bei der Konstruktion berücksichtigt. Wird eine Verletzung der Zwangspunktvorgaben festgestellt, wird der Nutzer gewarnt (Bild 10-40).Die Zwangspunktanalyse kann dabei mit *Ja* fortgesetzt werden, so dass, sofern mehrere Zwangspunkte festgelegt worden sind, weitere Verletzung der Zwangspunktvorgaben aufgezeigt werden.

Bild 10-40: Warnung – Zwangspunktvorgabe wird verletzt

Fehlermeldungen werden dann angezeigt, wenn sich durch eine Vorgabe des Entwurfsingenieurs mathematische Konstruktionsfehler ergeben würden. Eine Fehlermeldung ist mit OK zu bestätigen. Gleichzeitig wird die Konstruktion mit der zu diesem Fehler führenden Vorgabe abgebrochen und eine neue Vorgabe abgefragt.

Bild 10-41: Fehler - Ausrundungsbögen überschneiden sich

Bild 10-42: Fehler - Tangentenschnittpunkte überschneiden sich

Bild 10-43: Fehler – Tangentengerade schneidet die Gradiente nicht

11 Stationsdaten

11.1 Allgemeines

Bei Stationsdaten handelt es sich grundsätzlich um achsorientierte Daten, die über die Stationierung an die jeweilige Achse gebunden sind. Stationierungsdaten waren in älteren Versionen von CARD/1 „allergisch" gegen die nachträgliche Bearbeitung der Bezugsachse. Erfolgte nach Festlegung der Stationierungsdaten eine Veränderung der Bezugsachse, z. B. Änderung eines Kurvenradius, die eine Längenänderung der Achse zur Folge hat, so waren die zuvor festgelegten Stationsdaten ungültig, da die Bezugsstation in den Stationierungsdaten nicht mehr mit der Stationierung der Bezugsachse übereinstimmte. Ab der Version 8.2 bewirkt die Änderung der Achse in CARD/1 die automatische Änderung der Stationierungsdaten. Die Arbeit des Entwurfsingenieurs hat sich damit erheblich vereinfacht und eine zentrale Fehlerquelle eliminiert.

Stationierungsdaten sind in CARD/1:

o   Gradienten   GRAaaaaann.crd,

o   Geländelängsschnitte   GELaaaaann.crd,

o   Querneigungen QUEaaaaann.crd,

o   Breiten   BRTaaaaann.crd

o   Geschwindigkeiten GESaaaaann.crd,

o   Abschnitte   ABSaaaaann.crd

o   Steuerlisten (LISaaaaann.crd) und

o   Sichtweiten (vgl. Kapitel 16).

Zu den Stationsdaten gehören auch Stationslisten (STAaaaaann.CRD) und Achsstationen (Speicherung nur in Datenbank), die beide nur Stationen selbst bzw. Verweise auf Stationen enthalten.

In den folgenden Kapiteln werden von den o. g. nur ausgewählte Stationsdaten erläutert. Für detailliertere Darlegungen wird auf die CARD/1-Hilfe verwiesen.

Grundsätzlich werden Stationsdaten als ASCII-Dateien gespeichert. Da in CARD/1 ab der Version 8.0 das Semikolon als Trennzeichen und das Komma als Dezimalzeichen verwendet werden, enthalten alle ASCII-Dateien folgende Kennungszeile:

```
VERSION 8000
```

Fehlt diese Kennung, werden entsprechend den Konventionen der Vorgängerversionen als Trennungszeichen das Komma und als Dezimalzeichen der Punkt verwendet.

➔ MENÜ VERKEHRSWEG
   ➔ Stationsdaten
      ➔ Stationsdatenart wählen

11.2 Station

11.2.1 Grundlagen

Eine Stationsliste ist eine Auflistung aller benötigten Stationen einer Achse. Eine Achse kann für verschiedene Anwendungen mehrere Stationslisten besitzen. Eine Stationsliste kann aus Einzel- und Regelstationen bestehen. Für eine Achse können maximal 99 Stationslisten definiert werden.

Die in einer Stationsliste aufgeführten Stationen sollten aus arbeitsorganisatorischen Gründen immer aufsteigend sortiert sein.

Jede Stationsliste wird in CARD/1 als separate Datei gespeichert. Der Dateiname (10 Zeichen) setzt sich aus der Kennung STA (für Station), der fünfstelligen Nummer der zugehörigen Achse (z. B. 01000) und der zweistelligen Nummer der Stationsliste (z. B. 01) zusammen.

11.2.2 Formatbeschreibung

Für die Definition einer Einzelstation:

S; STATION

S: Kennung für Station

Station: Stationsangabe [m]

Für die Vereinbarung einer Regelstationsdefinition:

R; REGELABSTAND; ENDSTATION

R: Kennung für Regelstation

Regelabstand: Regelabstand [m]

Endstation: Endstation [m] des Regelstationsbereichs, unterliegen der Stationsaktualisierung

R2; AB STATION; REGELABSTAND; BIS STATION

R2:   Kennung für Regelstationsbereich gerundet
                    Regelstationen = ganzzahlige Vielfache des Regelabstands. Die Anfangs- und Endstation unterliegen der Stationsaktualisierung

ab Station: Anfangsstation [m] des Regelstationsbereichs, unterliegt der Stationsaktualisierung

Regelabstand: Regelabstand [m]

bis Station: Endstation [m] des Regelstationsbereichs, unterliegt der Stationsaktualisierung

Die Regelstationsdefinitionen benötigen grundsätzlich eine Anfangsstation. Dem entsprechend muss die erste Definitionsanweisung einer Stationsliste immer eine S-Anweisung (Einzelstation) sein.

Der folgende Auszug aus einer Stationsliste ergibt die Stationen: 50, 65, 70, 85, 90, 110 und 125,168:

```
S;  50
R;  20; 110
S;  65
S;  85
S; 125,168
```

11.2.3 Manuelles Erstellen einer Stationsliste

Sollen nur wenige und in einem nicht regelmäßigen Abstand wiederkehrende Stationen vereinbart werden, empfiehlt sich das manuelle Erstellen einer Stationsliste.

```
➔ MENÜ VERKEHRSWEG
    ➔ Stationsdaten
        ➔ Stationslisten bearbeiten
            ➔ KONTEXTAUSWAHL/-ANZEIGE
                ➔ Achse mit Doppelklick wählen
            ➔ neu
                ➔ Felder im Eingabefenster ausfüllen, Regelabstand nur bei
                  Bedarf ausfüllen (Bild 11-1)
                    ➔ Station
                        ➔ neu
                            ➔ Felder im Dialogfenster ausfüllen oder über Gra-
                              fikbutton die Auswahl mit dem Fadenkreuz im Gra-
                              fikfenster tätigen (Bild 11-2 und Bild 11-3)
                                ➔ OK
                    ➔ weitere Einzelstationen oder Regelstationsbereiche
                      festlegen
                        ➔ …
                ➔ Stationsliste
                    ➔ schließen
```

Bild 11-1: Eingabefenster für die manuelle Erstellung einer neuen Stationsliste

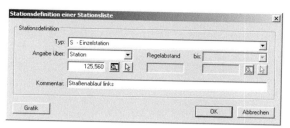

Bild 11-2: Dialogfenster für die Eingabe eines Stationseintrags in die Stationsliste

Bild 11-3: Dialogfenster für die Eingabe eines Regelstationsbereiches in die Stationsliste

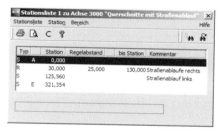

Bild 11-4: Anzeigefenster der Stationsliste

11.2.4 Generieren einer Stationsliste

Zur Erleichterung der Arbeit bietet CARD/1 die Möglichkeit, Stationslisten automatisch zu generieren. Dabei steht der Zugriff auf verschiedene Quellen, die Stationen enthalten zur Verfügung. Die generierten Stationslisten werden im Anschluss ggf. manuell mit Einzelstationen oder Regelstationsbereichen ergänzt.

→ MENÜ VERKEHRSWEG

   → Stationsdaten

      → Stationslisten bearbeiten

         → KONTEXTAUSWAHL/-ANZEIGE

            → Achse mit Doppelklick wählen

         → generieren (Bild 11-5)

            → Quellen und zu berücksichtigende Daten auswählen (Bild 11-6)

               → Stationsliste generieren (Bild 11-6)

> ➔ OK (Bild 11-7)
➔ weitere Einzelstationen oder Regelstationsbereiche im Dialogfenster festlegen (Bild 11-8)
> ➔ Stationsliste
>   ➔ schließen

Bild 11-5: Stationsliste generieren – Nummer und Bezeichnung festlegen

Bild 11-6: Stationsliste generieren – Quellen und zu berücksichtigende Daten auswählen

Bild 11-7: Stationsliste generieren – Bestätigung

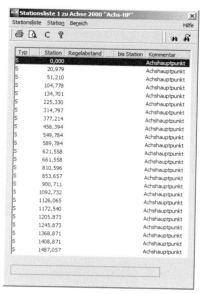

Bild 11-8: Stationsliste generieren – Ergebnis im Dialogfenster

11.3 Querneigung

11.3.1 Grundlagen

Die Querneigung ist die Neigung der Fahrbahnoberfläche rechtwinklig zur Straße. Sie dient zum einen der Entwässerung und zum anderen der teilweisen Aufnahme der Fliehkräfte bei Kurvenfahrt. Auf dieser Grundlage basieren die in den Richtlinien enthaltenen Grenz- und Regelwerte. Je nach Art des Achselements und Größe seines Parameters ist eine andere Querneigung zuzuordnen. In der Regel ist innerhalb eines Kreisbogens die Querneigung zur Kurveninnenseite geneigt. Bei sehr großen Radien kann die Querneigung auch ausnahmsweise zur Kurvenaußenseite geneigt sein. Dies ist sinnvoll, um Nulldurchgänge und somit entwässerungsschwache Bereiche zu vermeiden.

Die Querneigung der Fahrbahn kann entweder einseitig geneigt als Pult (Regellösung) oder beidseitig geneigt als Dach ausgebildet werden (Bild 11-9).

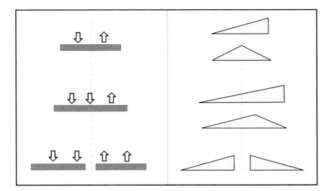

Bild 11-9: Querneigungsformen in der Geraden

Die Änderung zwischen unterschiedlichen Querneigungen wird auf einer Übergangsstrecke vorgenommen. Innerhalb dieser Strecke werden die Fahrbahnränder angerampt. Gleichzeitig ergibt sich dadurch eine Verwindung der Fahrbahn. Dies geschieht i. d. R. durch die Drehung der Fahrbahn um die Achse (Bild 11-10). In Ausnahmefällen, z. B. in Zwangslagen, kann die Drehung auch um einen Fahrbahnrand erfolgen.

Die Verwindung soll innerhalb der Klothoide erfolgen. Ist keine Klothoide vorhanden, z. B. bei Flachbögen, wird die sich aus der Mindestanrampungsneigung ergebende Verwindungslänge halbiert. Eine Hälfte wird vor dem Kreisbogen und eine Hälfte im Kreisbogen platziert. Dies entspricht in etwa der Berücksichtigung eines imaginären Übergangsbogens, da bei der Berechnung einer Verbundkurve die Klothoidenlänge je zur Hälfte in den Kreisbogen sowie die Gerade eingerechnet wird. Probleme ergeben sich bei dieser Lösung für die Folge zweier gegensinnig gekrümmter Kreisbögen. Die vollständige Anordnung der Verwindungslänge im Kreisbogen steht im Widerspruch mit der fahrdynamischen Funktion der Querneigung. Dementsprechend sollte über die Sinnfälligkeit dieser Achselementfolge nachgedacht und entsprechende Änderungen getroffen werden.

Wechselt sich bei der Änderung der Querneigung das Vorzeichen (z. B. in einer Wendelinie) ergibt sich zwangsläufig an einer Station eine Querneigung mit dem Betrag Null. Um den vor- und nachgelagerten entwässerungsschwachen Bereich zu beschränken, enthalten die Richtlinien Grenzwerte für die Anrampungsneigung Δs. Ggf. ergeben sich daraus zweistufige Verwindungen.

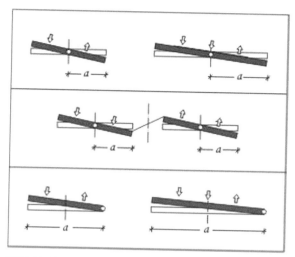

Bild 11-10: Drehachsen der Fahrbahn

Die Definition eines Querneigungsbandes erlaubt die Berechnung der Querneigung an einer beliebigen Station einer Achse. In Verwindungsbereichen wird zwischen zwei benachbarten, in [%] definierten Querneigungen linear interpoliert.

Da die Querneigung eine achsabhängige Größe ist und der gleiche Betrag (z. B. 2,5 %) links und rechts der Achse unterschiedlich definiert sein kann, bedarf es zur eindeutigen Festlegung einer Vorzeichenregel. In CARD/1 ist die Definition des Vorzeichens ist in CARD/1 nicht festgelegt. Es sind zwei Definition möglich:

o   Q - Angabe in Prozent [%]: In Stationierungsrichtung der Achse ist eine Links-Neigung (rechter Fahrbahnrand liegt höher als der linke) mit einem positiven Vorzeichen belegt.

o   QG - Angabe in Altgrad [°]: In Stationierungsrichtung der Achse ist eine Links-Neigung (rechter Fahrbahnrand liegt höher als der linke) mit einem negativen Vorzeichen belegt.

Die Definitionen werden in CARD/1 über den Typ der Querneigungsdefinition festgelegt. Bei der Bearbeitung im Dialog ist der Typ Q [%] voreingestellt.

Es können maximal 99 Querneigungsbänder für eine Achse vereinbart werden.

Die Ausgabe des Querneigungs- bzw. Rampenbandes in eine CARD/1-Zeichnung erfolgt mit Hilfe der Funktionsgruppe „Längsschnittzeichnung erstellen" (vgl. Kapitel 19.6).

Das Querneigungsband ist i. A. manuell bzw. halbautomatisch (vgl. Kapitel 11.3.3) zu erstellen. Es kann aber auch mit dem als separates Modul zu erwerbenden Querneigungsgenerator komplett automatisch erstellt werden.

Jedes Querneigungsband wird in CARD/1 als separate Datei gespeichert. Der Dateiname (10 Zeichen) setzt sich aus der Kennung QUE (für Querneigung), der fünfstelligen Nummer der zugehörigen Achse (z. B. 01000) und der zweistelligen Nummer des Querneigungsbandes (z. B. 01) zusammen.

11.3.2   Formatbeschreibung

Q; STATION; NEIGUNG

Q:	Kennung Querneigung [%]
QG	Kennung Querneigung [°]
Station:	Station des Hauptpunktes, ab der die Querneigung gilt (aufsteigende Sortierung zwingend nötig!)
Neigung:	Querneigung (Vorzeichen nur bei negativer Neigung)

Der folgende Auszug aus einer Querneigungsdatei:

```
Q;    0,0;    2,5
Q;  100,0;    2,5 | Verwindungsbereich von Station 100 bis 140
Q;  140,0;   -2,5
Q;  200,0;   -2,5
```

ergibt eine konstante Querneigung von 2,5% in den Stationsbereichen 0+000 bis 0+100 und 0+140 bis 0+200. Da die Stationsbereiche unterschiedliche Vorzeichen besitzen, ist eine Verwindung notwendig. Diese wird einstufig im Stationsbereich 0+100 bis 0+140 ausgebildet. Die Station des Nulldurchgangs ergibt sich durch die lineare Verziehung.

11.3.3   Manuelles Erstellen einer Querneigungsdatei

Die manuelle Erstellung eignet sich für kurze und / oder einfache Querschnittsbänder mit wenigen Einträgen (Querschnittsänderungen). Die Erstellung kann im Dialog oder mit dem Editor erfolgen. Im Folgenden ist die Vorgehensweise mit dem Dialog aufgeführt.

➜ MENÜ VERKEHRSWEG
   ➜ Stationsdaten
      ➜ Querneigungsband bearbeiten
         ➜ KONTEXTAUSWAHL/-ANZEIGE
            ➜ Achse mit Doppelklick wählen
        ➜ neu
           ➜ im Eingabefenster Querneigungsdateinummer, -bezeichnung und Startquerneigung eingeben (Bild 11-13)
              ➜ OK
                ➜ Hauptpunkt
                   ➜ neu
                      ➜ Felder im Dialogfenster ausfüllen (Bild 11-11)
                         ➜ OK
                            ➜ Abbrechen oder Felder im Dialogfenster für nächste Definition ausfüllen
              ➜ Querneigungsband
                ➜ Sichern
                   ➜ Querneigungsband
                      ➜ schließen

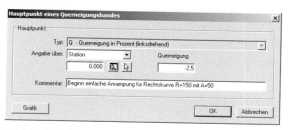

Bild 11-11: Neuen Hauptpunkt definieren

Bild 11-12: Warnung bei fehlerhafter Hauptpunktdefinition

11.3.4 Halbautomatisches Generieren einer Querneigungsdatei

Bei langen, kurvigen Straßen würde die manuelle Erstellung des Querneigungsbandes erhebliche Zeit in Anspruch nehmen. Um dies zu vermeiden, bietet CARD/1 die Möglichkeit einer halbautomatischen Generierung. Dabei werden die Achshauptpunkte als Stationen und die zugehörigen Werte für Radius und Klothoidenparameter aufgelistet (Bild 11-15). Der Projektbearbeiter muss diese Liste vervollständigen, indem er die Querneigungen vorgibt und zusätzliche Stationen (z. B. Nulldurchgang) für Verwindungen definiert.

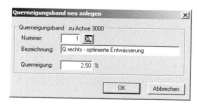

Bild 11-13: Neues Querneigungsband anlegen

Bild 11-14: Warnhinweis bei Generierung des Querneigungsbandes

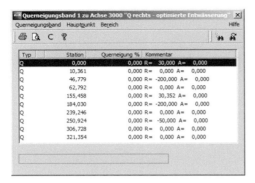

Bild 11-15: Halbautomatisch generiertes Querneigungsband im Dialog (Neigungsangaben sind noch
manuell anzupassen)

➔ **MENÜ VERKEHRSWEG**
   ➔ Stationsdaten
      ➔ Querneigungsband bearbeiten
         ➔ KONTEXTAUSWAHL/-ANZEIGE
            ➔ Achse mit Doppelklick wählen
         ➔ neu
            ➔ im Eingabefenster Querneigungsdateinummer, -bezeichnung
               und Startquerneigung eingeben (Bild 11-13)
               ➔ OK
                  ➔ Dialogfenster schließen
         ➔ generieren
            ➔ Warnhinweis mit OK bestätigen (Bild 11-14)
               ➔ Querneigungsangaben im Dialog ergänzen (siehe Kapitel
               11.3.3)
               ➔ Querneigungsband
                  ➔ Sichern
                     ➔ Querneigungsband
                        ➔ schließen

11.4 Breite

11.4.1 Grundlagen

Mit einem Breitenband kann für eine Achse an jeder beliebigen Station ein seitlicher Abstand
berechnet werden. Die Hauptanwendung ist die Festlegung von Fahrbahnbreiten (vgl. Kapitel
13.1). Ein Breitenband kann eine beliebige Anzahl von aufeinander folgenden Stationsbereichen mit Breitedefinitionen unterschiedlicher Art enthalten. Jeder Bereich wird durch eine
Definitionsanweisung beschrieben und gilt von der vorigen bis zur aktuellen Anweisung.

Jedes Breitenband wird in CARD/1 als separate Datei gespeichert. Der Dateiname (10 Zeichen) setzt sich aus der Kennung BRT (für Breite), der fünfstelligen Nummer der zugehörigen Achse (z. B. 01000) und der zweistelligen Nummer des Breitenbandes (z. B. 01) zusammen.

Die Breite ist eine achsabhängige Größe. Zur Unterscheidung der relativen Richtung zur Achse (links oder rechts in Stationierungsrichtung der Achse), bedarf es zur eindeutigen Festlegung einer Vorzeichenregel. In CARD/1 befinden sich Breiten < 0 immer links der Achse und Breiten > 0 immer rechts der Achse.

11.4.2 Verfahrensbeschreibung

Die Auswerteprogramme in CARD/1 suchen für die vorgegebene Station den zugehörigen Bereich aus dem Breitenband und berechnen den Abstand nach dem angegebenen Verfahren. Folgende Verfahren zur Definition bzw. Berechnung von Breiten stehen zur Verfügung:

B: manuelle Festlegung einer numerischen Breite an einer bestimmten Station auf der aktuellen Achse (Hauptachse)

A1: Zu der vorgegebenen Station (STATx) auf der Achse 1 wird die korrespondierende Station (STATy) auf der Achse 2 sowie der zugehörige orthogonale Abstand (A2) berechnet. Optional kann auf Achse 1 ein seitlicher Abstand (P) berücksichtigt werden.

A2: Zu der vorgegebenen Station (STATx) auf der Achse 1 wird die korrespondierende Station (STATy) auf der Achse 2 sowie der zugehörige orthogonale Abstand (A1) berechnet. Optional kann auf Achse 2 ein seitlicher Abstand (P) berücksichtigt werden.

A3: Zu der vorgegebenen Station (STATx) auf der Achse 1 werden die korrespondierende Station (STATy) auf der Achse 2 sowie die zugehörigen orthogonalen Abstände (A1 und A2) so berechnet, dass A1 und A2 betragsmäßig gleich groß sind. Optional kann auf Achse 1 ein seitlicher Abstand (P) berücksichtigt werden. Diese Berechnungsart ist vor allem zur Berechnung von Massentrennungslinien vorgesehen.

A4: Zu der vorgegebenen Station (STATx) auf der Achse 1 wird die korrespondierende Station (STATy) auf einer Breitenband-Parallelen der Achse 2 sowie der zugehörige orthogonale Abstand (A1) berechnet. Optional kann auf Achse 2 ein seitlicher Abstand (P) berücksichtigt werden.

V: Bei einer Verziehung der Fahrbahnränder zur Fahrbahnaufweitung mit zwei quadratischen Parabeln ohne Zwischengerade werden die Breiten zwischen den Werten der vorigen Anweisung und den "V-Werten" auf der gesamten, mit dieser Anweisung definierten Länge quadratisch verzogen.

VS: Bei einer Verziehung der Fahrbahnränder zur Fahrbahnverbreiterung mit zwei quadratischen Parabeln mit Zwischengerade werden die Breiten zwischen den Werten der vorigen Anweisung und den "V-Werten" mit einer Tangentenlänge von 7,5 m (voreingestellt) quadratisch verzogen und dazwischen eine Gerade angeordnet.

11.4.3 Formatbeschreibung

Im Folgenden werden nur die beiden gebräuchlichsten Verfahren erläutert. Für detailliertere Darlegungen wird auf die CARD/1-Hilfe verwiesen.

B; STATION; BREITE

B: Kennung numerische Breite

Station: Station, an der die Breite gilt

Abstand: Abstand [m]

A2; STATION; ABSTAND; ACHSE2; NÄHERUNGSSTATION; PARALLELE

A2:   Kennung Verfahren AX

Station: Endstation auf der Hauptachse (1. Achse) [m]

Abstand: konstanter Abstand von der Hauptachse [m], der zum berechneten Achsabstand addiert wird

Achse2:   Achsnummer der Nebenachse (2. Achse) [m]

Näherungsstation: Näherungsstation auf der Nebenstation zur Endstation auf der Hauptachse

Parallele: paralleler Abstand von der Nebenachse [m]

Die erste Definitionsanweisung muss grundsätzlich eine numerische Breitenangabe an einer Station sein, da die anderen Anweisungen immer eine Ausgangsbreite benötigen. Erst danach kann der A1-, A2- A3-, A4-, V- oder VS-Anweisung verwendet werden.

Der folgende Auszug aus einer Breitendatei:

```
B,      0.000,2.75
A2,1025.036,0,24,1017.891,0
```

bedeutet: an der Anfangsstation der aktuellen Achse ist eine Breite von 2,75 m vorhanden und bis zur Station 1025,036 der aktuellen Achse werden alle Breiten in Abhängigkeit des Abstandes zur Achse 24 unter Verwendung des Verfahrens A2 automatisch berechnet.

11.5 Darstellung der Stationsdaten

Der Zugriff auf Stationsdaten ist in allen drei Entwurfsebenen nötig. Eine visuelle Darstellung der Stationsdaten unterstützt den Bearbeiter bei der Trassierung. In CARD/1 kann dies wie folgt geschehen:

o   Achs- und Kotenpunktentwurf: Lageplanfenster,

o   Gradientenentwurf: Bandansicht,

o   Entwurfsprüfung: Fahrsimulation.

Da Stationsdaten achsabhängige Daten sind, ist ihre Darstellung im Lageplanfenster (Bild 11-16) auch an die Darstellung von Achsen gekoppelt. Die Vorgehensweise ist in Kapitel 16.3.2 am Beispiel der Sichtweiten beschrieben und auf andere Stationsdaten übertragbar.

Im Gradientenentwurf können Stationsdaten als Bänder dargestellt werden. CARD/1 bietet hierfür das Feature *Fenstergruppe* an. Damit werden mehrere Bandansichten so untereinander angeordnet, dass sie Stationsgenau übereinander stehen. Die Zuordnung bleibt auch erhalten, wenn ein Bandfenster dieser Gruppe verschoben oder in seiner Breite geändert wird. Die Vorgehensweise wird in Kapitel 10.3 beschrieben.

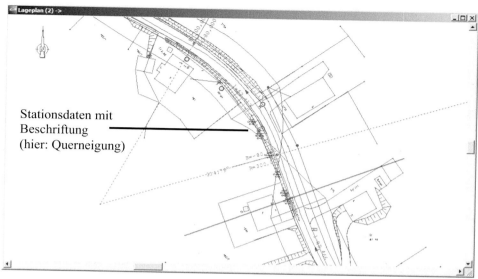

Bild 11-16: Darstellen der Stationsdaten (z. B. Querneigung) im Lageplanfenster

Zur Unterstützung der Entwurfsprüfung werden in der Fahrsimulation im Datenbaum die Stationsdaten des Aug- und Zielpunkts angezeigt (Bild 11-17). Die Anweisung, mit der diese Darstellung vereinbart wird, ist in Kapitel 17.2.1 beschrieben.

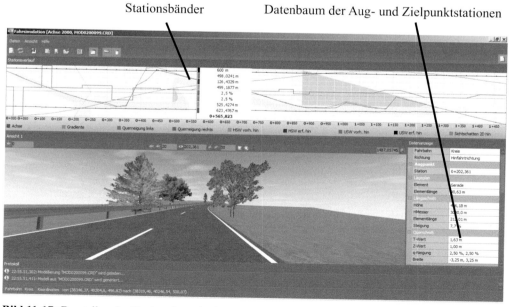

Bild 11-17: Darstellen der Stationsdaten in der Fahrsimulation

12 Zwangspunkte

12.1 Allgemeines

Zwangspunkte sind Punkte, die in ihrer Lage und/oder Höhe unveränderlich sein sollen. Dabei kann es sich um sehr unterschiedliche Dinge handeln (z. B. Mast einer Freileitung, querende Versorgungsleitung). In CARD/1 können Zwangspunkte definiert und die Lage- bzw. Höhenbeziehung zu bestimmten Entwurfselementen ausgewertet werden. Die Zwangspunktanalyse stellt ein wichtiges Werkzeug für die Entwurfskontrolle dar und sichert somit die Qualität eines Entwurfs.

12.2 Lagezwangspunkte

12.2.1 Lagezwangspunkte bearbeiten und verwalten

Für die Bearbeitung und Verwaltung von Lagezwangspunkten stehen folgende Funktionsgruppen zur Verfügung:

o neu,

o zeigen,

o löschen,

o bearbeiten,

o markieren einzeln/alle markieren/alle demarkieren/alle umkehren/Tabelle.

In den folgenden Kapiteln werden von den o. g. nur die Funktion *neu* erklärt. Für detailliertere Darlegungen wird auf die CARD/1-Hilfe verwiesen.

Lagezwangspunkte werden zum einen über ihre Koordinaten (Rechts-, Hochwert) und zum anderen über folgende Attribute definiert:

o seitlicher Abstand: ist ein Soll-Abstand, der von einer Achse nicht unterschritten werden darf,

o Richtung: wird bei der Zwangspunktanalyse zur korrekten Ermittlung der vorhandenen Achsabstände verwendet,

o Toleranz: beschreibt wie folgt den zulässigen Abstandskorridor

    – Toleranz = 0:   Der Sollabstand ist exakt einzuhalten.

    – Toleranz > 0:   Die Achse darf sich um den Toleranzbetrag vom Sollabstand entfernen aber maximal bis zum Sollabstand nähern.

    – Toleranz < 0:   Die Achse darf sich um den Toleranzbetrag vom Sollabstand nähern aber maximal bis zum Sollabstand entfernen.

Zudem erhält jeder Lagezwangspunkt einen eindeutigen Namen (maximal 20 Zeichen).

Lagezwangspunkte werden im Lageplanfenster als rote Halbkreise und die Toleranzwerte als rot gestrichelte Halbkreise dargestellt (Bild 12-1).

→ **MENÜ VERKEHRSWEG**

  → Zwangspunkte

    → Lagezwangspunkte bearbeiten

      → Lagezwangspunkte neu

        → Ort des neuen Zwangspunktes über Koordinaten oder Koordinatenkonstruktion festlegen

          → seitlichen Abstand mit dem Fadenkreuz oder in der Werteingabe festlegen

            → Näherungsrichtung für den seitlichen Abstand mit dem Fadenkreuz oder in der Werteingabe festlegen

              → Felder im Eingabefenster ausfüllen (Bild 12-2)

                → OK

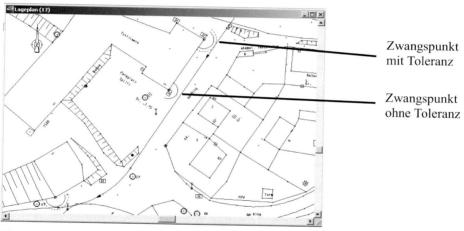

Zwangspunkt mit Toleranz

Zwangspunkt ohne Toleranz

Bild 12-1: Lagezwangspunkte im Lageplanfenster

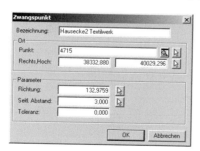

Bild 12-2: Eingabefenster für die Definition eines neuen Lagezwangspunktes

12.2.2 Lagezwangspunkte auswerten

Die Zwangspunktanalyse erfolgt im Achsentwurf und dient der Entwurfsprüfung.

➔ **MENÜ VERKEHRSWEG**

  ➔ Achse

    ➔ Achse entwerfen

      ➔ aktuelle Achse wählen

        ➔ mit dem Fadenkreuz eine Achse auswählen

          ➔ mit dem Fadenkreuz eine Achse bestätigen

      oder

      ➔ KONTEXTAUSWAHL/-ANZEIGE

        ➔ Achse mit Doppelklick auswählen

      ➔ Zwangspunkte analysieren

        ➔ Zwangspunktanalyse einzeln

          ➔ Lagezwangspunkt mit dem Fadenkreuz auswählen

            ➔ Zwangspunktanalyse drucken oder Anzeigefenster schließen

        ODER

        ➔ Zwangspunktanalyse alle

          ➔ Zwangspunktanalyse drucken oder Anzeigefenster schließen

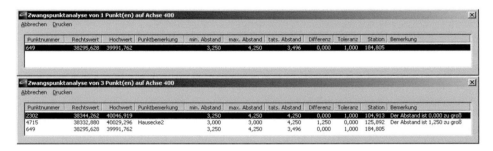

Bild 12-3: Anzeigefenster für das Ergebnis der Zwangspunktanalyse (einzeln/alle)

12.3 Höhenzwangspunkte

12.3.1 Höhenzwangspunkt bearbeiten und verwalten

Für die Bearbeitung und Verwaltung von Höhenzwangspunkten stehen folgende Funktionsgruppen zur Verfügung:

o   neu,

o   neu aus Lage,

o   neu aus Gelände,

o   löschen,

o   markieren,

o   bearbeiten Attribute,

o   verschieben horizontal/vertikal/frei,

o   übernehmen,

o   aktualisieren und

o   drucken.

In den folgenden Kapiteln werden von den o. g. nur die Funktion *neu* erklärt. Für detailliertere Darlegungen wird auf die CARD/1-Hilfe verwiesen.

Höhenzwangspunkte werden zum einen über ihre Station und zum anderen über folgende Attribute definiert:

o   Sollabstand: legt die Sollhöhe der Gradiente wie folgt fest,

   –   Sollabstand > 0: Gradiente verläuft oberhalb der Zwangspunkthöhe,

   –   Sollabstand < 0: Gradiente verläuft unterhalb der Zwangspunkthöhe,

o   Toleranz: beschreibt wie folgt den zulässigen Abstandskorridor

   –   Toleranz = 0:   Der Sollabstand ist exakt einzuhalten.

   –   Toleranz > 0:   Die Gradiente darf sich um den Toleranzbetrag vom Sollabstand entfernen aber maximal bis zum Sollabstand nähern (Gradiente liegt über dem Zwangspunkt.).

   –   Toleranz < 0:   Die Gradiente darf sich um den Toleranzbetrag vom Sollabstand nähern aber maximal bis zum Sollabstand entfernen. (Gradiente liegt unter dem Zwangspunkt.)

   –   +, -:   Die Gradiente verläuft ohne eine vorgeschriebene Abweichung ober- bzw. unterhalb des Sollabstandes. Das Vorzeichen entspricht dem Sollabstand.

An einem Höhenzwangspunkt ergibt sich:

o   die Sollhöhe einer Gradiente aus der Zwangspunkthöhe und dem Sollabstand und

o   der zulässige Höhenbereich aus der Sollhöhe zuzüglich der zulässigen Toleranz.

Zudem erhält jeder Höhenzwangspunkt eine eindeutige Bezeichnung (maximal 20 Zeichen).

Höhenzwangspunkte werden im Längsschnittfenster als beschriftete Punkte gelb dargestellt. Sollabstand und der Toleranzwert werden durch gelbe Pfeile symbolisiert (Bild 12-4).

➜ **MENÜ VERKEHRSWEG**

   ➜ Zwangspunkte

      ➜ Höhenzwangspunkte bearbeiten

         ➜ Höhenzwangspunkte neu

            ➜ Station des neuen Zwangspunktes mit dem Fadenkreuz oder mit Bezug auf vorhandene Daten festlegen

               ➜ Höhe des neuen Zwangspunktes mit dem Fadenkreuz oder in der Werteingabe festlegen

                  ➜ Felder im Eingabefenster ausfüllen (Bild 12-5)

                     ➜ OK

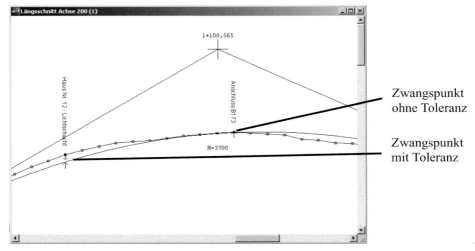

Bild 12-4: Höhenzwangspunkte im Längsschnittfenster

Bild 12-5: Eingabefenster für die Definition eines neuen Höhenzwangspunktes

12.3.2 Höhenzwangspunkt auswerten

Die Zwangspunktanalyse erfolgt im Gradientenentwurf und dient der Entwurfsprüfung.

➜ MENÜ VERKEHRSWEG

  ➜ Längsschnitt

    ➜ Gradiente entwerfen

      ➜ KONTEXTAUSWAHL/-ANZEIGE

        ➜ Achse mit Doppelklick auswählen

      ➜ KONTEXTAUSWAHL/-ANZEIGE

        ➜ Gradiente mit Doppelklick auswählen

      ➜ KONTEXTAUSWAHL/-ANZEIGE

        ➜ Geländelinie mit Doppelklick auswählen

      ➜ ⊞ (Daten zeigen und messen)

      ➜ Zwangspunkt Analyse

        ➜ Gradiente mit Fadenkreuz im Längsschnittfenster auswählen

          ➜ Lagezwangspunkt mit dem Fadenkreuz auswählen

            ➜ Zwangspunktanalyse drucken oder Anzeigefenster schließen

          ODER

          ➜ Klick mit der rechten Maustasten im Längsschnittfenster

            ➜ Tabelle/alle Zwangspunkte/markierte Zwangspunkte auswählen

              ➜ Zwangspunktanalyse drucken oder Anzeigefenster schließen

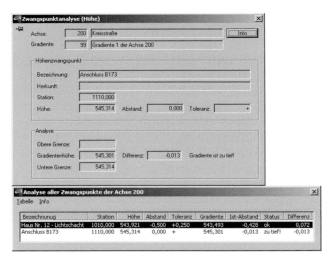

Bild 12-6: Anzeigefenster für das Ergebnis der Zwangspunktanalyse (einzeln/alle)

13 Querprofile

13.1 Allgemeines

Ein Straßenquerschnitt gliedert sich in unterschiedliche Bestandteile (Bild 13-1). Jeder Bestandteil ist durch die entsprechenden Regelwerke in seinen Abmessungen festgelegt. Dabei spielen die vorhandenen Randbedingungen (Entwurfsklasse, Bemessungsfahrzeug, räumliche Beziehungen zu anderen Verkehrsarten, Lage im Gelände etc.) eine entscheidende Rolle.

Die Querprofilentwicklung stellt die automatische Konstruktion von einer oder mehreren Querprofillinien für einen Stationsbereich einer Achse dar. Dabei kann ein Querschnitt sowohl aus einzelnen Profillinien, die die einzelnen Querschnittsbestandteile abbilden, als auch aus einer durchgehenden, so genannten Oberflächenlinie, gestaltet werden.

Mit der Querprofilentwicklung von CARD/1 steht dem Anwender ein äußerst umfangreiches und extrem flexibles Werkzeug zur Verfügung, mit dem er in die Lage versetzt wird, alle möglichen Situationen im Straßenentwurf zu bewältigen. Allerdings liegt in dieser Vollkommenheit auch die Schwierigkeit im Umgang. Zur Querprofildefinition wird eine CARD/1-eigene Programmiersprache verwendet. Diese ist in ihrem Aufbau relativ einfach und verständlich. Allerdings benötigt der Anwender für komplexe Querprofildefinitionen ein Grundverständnis für informationsverarbeitende Abläufe. Die Querprofilentwicklung sollte zwar von jedem Projektingenieur angewendet werden können, ist in ihrem gesamten Umfang allerdings nur von spezialisierten Ingenieuren beherrschbar. Aus diesem Grund kann und soll dieses Kapitel lediglich grundlegende Informationen zur Querprofilentwicklung darlegen. Ziel ist die Entwicklung einer einfachen Oberflächenlinie sowie deren Im- und Export. Weitergehende Kenntnisse können nur über spezielle Schulungen erworben bzw. in der alltäglichen Anwendung gefestigt werden.

Die Anweisungen für die automatische Konstruktion der Profillinien werden in einer Querprofilentwicklungsdatei (QPRaaaaann.crd) niedergeschrieben. Diese wird im Allgemeinen wie die Stationsdaten (siehe Kapitel 11.1) achsabhängig gespeichert. Querprofilentwicklungen, die achsübergreifend gelten, können neutral und solche, die projektübergreifend gelten, zentral gespeichert werden (Kapitel 13.2.3).

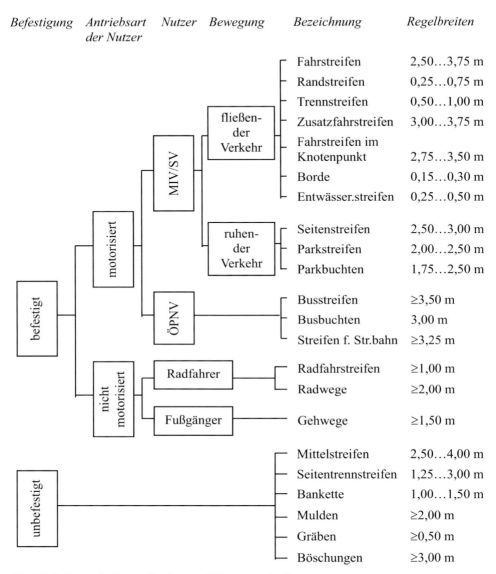

Bild 13-1: Bestandteile von Straßen- und Wegequerschnitten

13.2 Querprofillinien entwickeln

13.2.1 Grundlagen

Zur Querprofilentwicklung stehen folgende Funktionen zur Verfügung:

o   QPR-Skript:

    o   ausführen,

    o   editieren,

    o   neu lokal,

    o   neu neutral,

    o   verwalten,

o   Skript wählen:

    o   benutzte,

    o   lokale,

    o   neutrale und

    o   zentrale.

Zudem stehen folgende Standardfunktionen

o   Symbolwerte und

o   Einstellungen

zur Verfügung. In den folgenden Kapiteln werden von den o. g. nur ausgewählte Funktionen erklärt. Für detailliertere Darlegungen wird auf die CARD/1-Hilfe verwiesen.

13.2.2 Bezugsachse festlegen

Die Bezugsachse, für die eine Querprofilentwicklung durchgeführt werden soll, wird über die Kontextauswahl/-anzeige bestimmt. Die Achse muss dabei aus einem Auswahlfenster ausgewählt werden (Bild 13-2).

➔ MENÜ VERKEHRSWEG

    ➔ Querprofile

        ➔ Querprofile entwickeln

            ➔ KONTEXTAUSWAHL/-ANZEIGE

                ➔ Achse mit Doppelklick auswählen (Bild 13-2)

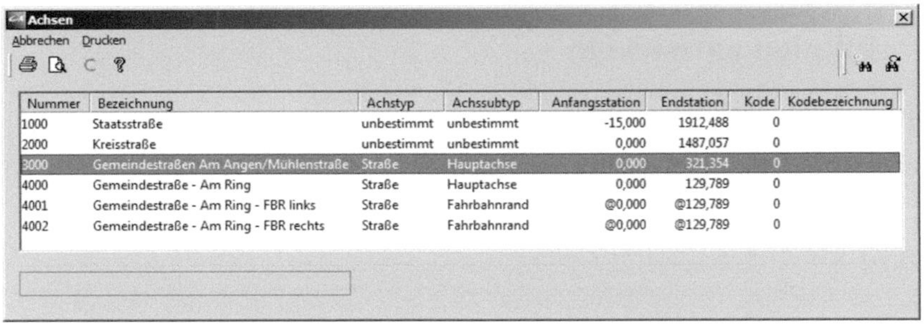

Bild 13-2: Wahl der Bezugsachse für die Profilentwicklung

13.2.3   Querprofilentwicklungsdatei neu anlegen

Bei den Querprofilentwicklungsdateien muss je nach Verwendung bzw. Zuordnung zwischen folgenden drei Typen unterschieden werden:

o   lokal:

Die lokale Querprofilentwicklungsdatei ist immer direkt einer Achse des lokalen Projektes zugeordnet. Für eine Achse können 99 lokale Querprofilentwicklungsdateien vereinbart werden.

o   neutral:

Wird eine lokale Querprofilentwicklungsdatei achsunabhängig gespeichert, so wird sie neutral bezeichnet. Hierbei handelt es sich meist um projektspezifische Funktionen, die bei mehreren Achsen vorkommen und zur Vereinfachung in diese neutrale Querprofilent-wicklungsdatei ausgegliedert werden können.

o   zentral:

Bestimmte Querprofildefinitionen (z. B. verschiedene Borde o. ä.) werden in vielen Pro-jekten in unveränderter Form benötigt. Zur Vereinfachung können diese als neutrale Querprofilentwicklungsdateien im zentralen CARD-Projekt gespeichert werden. Diese Dateien werden als zentrale Querprofilentwicklungsdateien bezeichnet.

Bei der Definition von zentralen QPR-Skripten ist zu beachten, dass IB&T im zentralen Projekt *CARD* die Skriptdateien *QPR00000nn.CRD* und *QPR00999nn*.CRD mit den Da-teinummern 1 bis 49 für sich reserviert hat. Diese werden bei Update-Vorgängen ohne Warnung überschrieben! Für eigene QPR-Skripte im Projekt CARD sollten daher aus-schließlich die Dateinummern 50 bis 99verwendet werden.

➜ MENÜ VERKEHRSWEG

　➜ Querprofile

　　➜ Querprofile entwickeln

　　　➜ QPR-Skript neu lokal

　　　　➜ Felder im Eingabefenster ausfüllen (Bild 13-3)

Bild 13-3: Neue lokale Querprofilentwicklungsdatei anlegen

→ MENÜ VERKEHRSWEG

   → Querprofile

      → Querprofile entwickeln

         → QPR-Skript neu neutral

            → Felder im Eingabefenster ausfüllen (Bild 13-4)

Bild 13-4: Neue neutrale Querprofilentwicklungsdatei anlegen

13.2.4 Querprofilentwicklungsdatei wählen

Unter der Funktionsgruppe **QPR-Skript wählen** kann der Anwender lokale, neutrale und zentrale (sowie ggf. benutzte) Querprofilentwicklungsdateien zur weiteren Bearbeitung oder zur Ausführung wählen. Zentrale Querprofilentwicklungsdateien können allerdings nur im zentralen CARD-Projekt bearbeitet werden. Sie stehen in einem Anwenderprojekt lediglich zur Ausführung zur Verfügung.

→ MENÜ VERKEHRSWEG

   → Querprofile

      → Querprofile entwickeln

         → Skript wählen benutzte / lokal / neutral oder zentral

            → Querprofilentwicklungsdatei mit Doppelklick auswählen (Bild 13-5)

Bild 13-5: Zentrales QPR-Skript wählen

13.2.5 Querprofilentwicklungsdatei editieren

13.2.5.1 Grundlagen

Die in einem QPR-Skript verwendeten Anweisungen gliedern sich in folgende Themen:

o   Vereinbarungen festlegen,

o   Steueranweisungen,

o   Anweisungen zur Querprofilentwicklung,

o   Anweisungen zur Querprofilmanipulation,

o   Anweisungen für eine Massenberechnung,

o   Anweisungen zur Datei- und Druckausgabe,

o   Anweisungen zur Dialogführung,

o   Anweisungen zum Starten von Programmen und

o   Hilfsanweisungen.

In den folgenden Kapiteln werden von den o. g. nur ausgewählte Anweisungen erklärt. Für detailliertere Darlegungen wird auf die CARD/1-Hilfe (Thema „CardScript Referenz" verwiesen.

Eine Anweisung setzt sich aus dem Namen, Symbolen und Parametern zusammen (Bild 13-6). Mit Hilfe der Symbole und Parameter erfolgt die detaillierte Steuerung der Profilentwicklung. Bei den folgenden textlichen Darstellungen der Anweisungen stehen die Parameter immer in geschweiften Klammern „{…}" und die Symbole ohne Klammern. Der Name einer Anweisung darf nicht abgekürzt werden! Äußerst hilfreich ist hierbei die Verwendung der Funktionstaste F11, die eine Autokomplettierung des angefangenen Anweisungsnamen vornimmt.

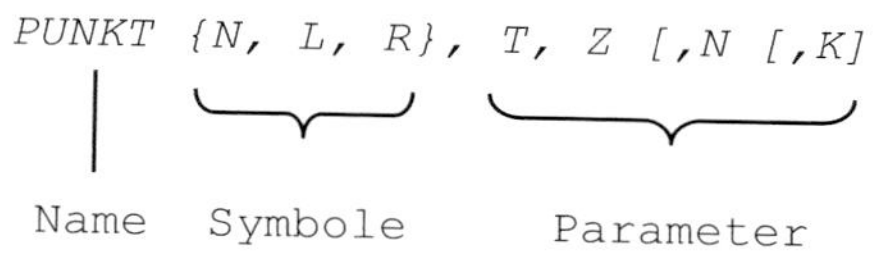

```
PUNKT {N, L, R}, T, Z [,N [,K]
```

Name   Symbole   Parameter

Bild 13-6: Struktur einer Anweisung

Folgende Parameter werden in vielen Anweisungen verwendet:

L, R Kennung für die Entwicklungsrichtung:

L: Punkte links an den zuletzt definierten Punkt anhängen

R: Punkte rechts an den zuletzt definierten Punkt anhängen

T   Seitlicher Abstand [m] von der Achse. Dabei bedeutet:

T > 0:   Abstand rechts der Achse

T < 0:   Abstand links der Achse

Z   Absolute Höhe [m]

dT   Relativer Abstand [m]:

dT > 0:   Konstruktion in Entwicklungsrichtung

dT < 0:   Konstruktion in Richtung der Achse

dZ   Relative Höhe [m] (Höhendifferenz):

dZ > 0:   Konstruktion nach oben

dZ < 0:   Konstruktion nach unten

Für die Erläuterung weiterer Parameter wird auf die CARD/1-Hilfe verwiesen.

Um ganz bestimmte Werte, die bei der Querprofilentwicklung verwendet werden sollen, zu ermitteln, stehen folgende Funktionen zur Verfügung.

o   Mathematische Grundfunktionen,

o   Winkelfunktionen,

o   Textfunktionen.

o   Funktionen für Achsen und Stationen,

o   Funktionen für Stationsdaten,

o   Längsschnittspezifische Funktionen,

o   Querprofilspezifische Funktionen,

o   Funktionen für die Auswahl von Dateien bzw. Projektdaten und

o   Funktionen für den Bildschirmdialog.

Eine Funktion liefert einen Funktionswert/-text, der sich aus den Funktionsparametern ergibt. Die Funktionen werden wie ein Symbol innerhalb von Anweisungen benutzt. Für die Erläuterung der einzelnen Funktionen wird auf die CARD/1-Hilfe verwiesen.

Da in CARD/1 ab der Version 8.0 das Semikolon als Trennzeichen und das Komma als De-zimalzeichen verwendet werden, enthalten alle Querprofilentwicklungsdateien folgende Ken-nungszeile:

```
VERSION 8
```

Fehlt diese Kennung, werden entsprechend den Konventionen der Vorgängerversionen als Trennungszeichen das Komma und als Dezimalzeichen der Punkt verwendet.

13.2.5.2 Vereinbarungen festlegen

Als Grundlage zur Querprofilentwicklung müssen verschiedene Vereinbarungen festgelegt werden. Hierzu gehören die im Folgenden beschriebenen Anweisungen „DATENBEREICH", „DEFSYMBOL" und „BENUTZE".

Mit der Anweisung **DATENBEREICH** erfolgt die Definition eines Datenbereichs, für den in den nachfolgenden DEFSYMBOL-Anweisungen Stationswerte berechnet werden. Alle dabei verwendeten Stationswerte, die nicht nach der Anweisung NEBENACHSE angeordnet sind, beziehen sich auf die aktuelle Achse. Innerhalb des festgelegten Datenbereichs kann die Sta-tionssteuerung über eine Stationsliste, einen Regelstationsabstand oder vorhandene Profillini-en erfolgen. Der Datenbereich wird mit der Anweisung **ENDE DATENBEREICH** been-det.

> **DATENBEREICH A-Stat; E-Stat; "LISTE" [;STA-Nr]**
> **DATENBEREICH A-Stat; E-Stat; "REGEL"; Abstand**
> **DATENBEREICH A-Stat; E-Stat; "PROFIL"; Profil**

A-Stat, E-Stat	Anfangs- und Endstation des Bereichs auf der aktuellen Achse, in dem Stationswerte gerechnet werden
"LISTE"	Textkonstante zur Stationssteuerung über eine vorhandene Stationsliste
STA-Nr	Nummer der Stationsliste (STAaaann.CRD) An allen in der Stationsliste enthaltenen Stationen werden Querprofilli-nien generiert (voreingestellt: 0 = Nummer wird im Dialog abgefragt).
"REGEL"	Textkonstante zur Stationssteuerung über einen Regelabstand
Abstand	Regelabstand [m] Es werden Querprofillinien im angegebenen Abstand generiert.
"PROFIL"	Textkonstante zur Stationssteuerung über vorhandene Profillinien
Profil	Nummer einer Querprofillinie An allen Stationen, für die die angegebene Querprofillinie existiert, werden Querprofillinien generiert.

Mit der Anweisung **DEFSYMBOL** wird einem frei definierbaren Symbol eine vorhandene Datenquelle oder eine Konstante zugewiesen. Bei der Zuordnung einer Datenquelle werden aus dieser die Daten für die mit der Anweisung DATENBEREICH festgelegten Stationen importiert. Bei der Profilinienkonstruktion wird das definierte Symbol mit dem für die zu berechnende Station entsprechenden aktuellen Wert besetzt. Die Anweisung „DEFSYMBOL" darf nur nach der Anweisung „DATENBEREICH" und vor der Anweisung „STATION" verwendet werden. Der zu vergebende Symbolname sollte aus Gründen einer einfachen Arbeitsorganisation kurz und logisch sein (z. B. für den rechten Fahrbahnrand: FBRR; Querneigung links der Achse: QUERL).

DEFSYMBOL Symbol: Quelle
DEFSYMBOL Symbol = Konstante

Symbol	frei definierbarer Symbolname
Quelle	Bezeichnung einer Datenquelle (Stationsdaten, Steuerlisten oder Achsdaten)
Konstante	Wertkonstante

Beispiele für die Zuweisung von Stationsdaten:

```
DEFSYMBOL GRAD: GRA(1)
```

Der Wert des Symbols "GRAD" ergibt sich für die aktuell zu berechnende Station aus der Höhe der Gradiente "1" (GRAaaaaa01.CRD).

```
DEFSYMBOL GEL: GEL(99)
```

Der Wert des Symbols "GEL" ergibt sich für die aktuell zu berechnende Station aus der Höhe des Geländes "99" (GELaaaaa99.CRD).

```
DEFSYMBOL FBRR: BRT(11)
```

Der Wert des Symbols "FBRR" ergibt sich für die aktuell zu berechnende Station aus dem Abstand in der Breitendatei "11" (BRTaaaaa11.CRD).

```
DEFSYMBOL QUERL: QUE(12)
```

Der Wert des Symbols "QUERL" ergibt sich für die aktuell zu berechnende Station aus der Neigung in der Querneigungsdatei "12" (QUEaaaaa12.CRD).

```
DEFSYMBOL VZUL: GES(3)
```

Der Wert des Symbols "VZUL" ergibt sich für die aktuell zu berechnende Station aus der Geschwindigkeit in der Datei "3" (GESaaaaa03.CRD).

Die Anweisung **BENUTZE** ermöglicht eine Vereinfachung der Arbeitsorganisation, indem Funktionsblöcke anderer Entwicklungsdateien, die in einem oder mehreren Projekten immer gleich wiederkehren, benutzt werden können. Es können in einer Querprofilentwicklungsdatei bis zu 99 Dateien mit dieser Anweisung aufgerufen werden. Die mit der Anweisung BENUTZE geladenen Dateien können weitere BENUTZE-Anweisungen enthalten.

BENUTZE <Projekt>Datei

Projekt	Gibt den Namen des Projektes der einzufügenden Datei an. Wird nur die Zeichenfolge "<>" verwendet, wird automatisch im zentralen CARD-Projekt gesucht. Bei Eingabe der Zeichenfolge "<?>" wird zuerst im aktuellen Projekt und anschließend im zentralen CARD-Projekt gesucht.
Datei	Dateiname der Querprofilentwicklungsdatei (QPRaaaaann.CRD), die den Funktionsblock enthält

13.2.5.3 Steueranweisungen

Anweisungen, die für jede Station ausgeführt werden müssen, werden in einem Stationsblock zusammengefasst. Steueranweisungen dienen zu deren Festlegung. Mehrere Stationsblöcke werden nur benötigt, wenn mehrere Abschnitte mit stark unterschiedlichen Profilen (z. B. innerstädtischer Bereich mit unterschiedlichen Nebenanlagen) erzeugt werden sollen. Innerhalb eines Stationsblockes können Anweisungen zur Querprofilentwicklung, Profilmanipulation und Massenberechnung verwendet werden.

Der Anfang eines Stationsblockes wird mit der Anweisung **STATION** und das Ende mit der Anweisung **ENDE STATION** festgelegt. Alle Anweisungen innerhalb des Blockes werden für alle Stationen des Bereichs ausgeführt. Anweisungen vor der Anweisung STATION oder nach der Anweisung ENDE STATION werden nur einmal ausgeführt und können somit nur Vereinbarungen oder Zuweisungen darstellen.

STATION A-Stat; E-Stat
STATION A-Stat; E-Stat ; REGEL; Abstand
STATION A-Stat; E-Stat ; PROFIL [;Profil]
STATION A-Stat; E-Stat ; LISTE [;STA-Nr]

A-Stat, E-Stat	Die Anfangs- und die Endstation legen den zu bearbeitenden Bereich auf der aktuellen Achse fest.
REGEL	Textkonstante zur Stationssteuerung über einen Regelabstand (nur sinnvoll, wenn kein DATENBEREICH verwendet wird)
Abstand	Regelabstand [m] Es werden Querprofillinien im angegebenen Abstand generiert.
PROFIL	Textkonstante zur Stationssteuerung über vorhandene Profillinien (nur sinnvoll, wenn kein DATENBEREICH verwendet wird)
Profil	Nummer einer Querprofillinie An allen Stationen, für die die angegebene Querprofillinie existiert, werden Querprofillinien generiert.
LISTE	Textkonstante zur Stationssteuerung über eine vorhandene Stationsliste (nur sinnvoll, wenn kein DATENBEREICH verwendet wird)
STA-Nr	Nummer der Stationsliste (STAaaann.CRD) An allen in der Stationsliste enthaltenen Stationen werden Querprofillinien generiert (voreingestellt: 0 = Nummer wird im Dialog abgefragt).

Steht vor dem Stationsbereich ein Datenbereich festgelegt, darf nach der Anweisung STATION nur der Bereich angegeben werden, da die Stationsauswahl innerhalb des Bereichs über die Festlegungen der Anweisung DATENBEREICH erfolgt.

Beispiel für das Löschen aller Linien eines bestimmten Stationsbereichs (Vereinbarung ohne DATENBEREICH):

```
STATION 100; 800; PROFIL; 55        | Anfang Stationsblock
   P=1
   NÄCHSTEN:
   WENN PROFEXI(P) DANN LÖSCHE P
   P=P+1
   WENN P<100 DANN GEHE ZUM NÄCHSTEN
ENDE STATION                        | Ende Stationsblock
```

Die Anweisungskette **WENN, DANN, SONST, WEITER** ermöglicht das bedingte Ausführen von Anweisungen. In der Regel ist der Ausdruck in einer WENN-DANN-Kette ein Vergleich, welcher auf die Werte „0" (falsch) bzw. „1" (wahr) geprüft wird. Mit Hilfe von logischen Operatoren kann dieser Vergleich formuliert werden. Es gibt vier Arten von WENN-DANN-Anweisungen:

1. Das bedingte Ausführen einer Anweisung:

   WENN Ausdruck **DANN** Anweisung

2. Das bedingte Ausführen eines Blockes:

   WENN Ausdruck **DANN**
   ```
   ...
   Anweisungen, die nur ausgeführt werden, wenn die Bedingung "wahr"
   ist.
   ...
   ```
   WEITER

3. Das alternative Ausführen von zwei Blöcken:

   WENN Ausdruck **DANN**
   ```
   ...
   Anweisungen, die nur ausgeführt werden, wenn die Bedingung "wahr"
   ist.
   ...
   ```
   SONST
   ```
   ...
   Anweisungen, die  nur  ausgeführt  werden,  wenn  die  Bedingung
   "falsch" ist.
   ...
   ```
   WEITER

4. Das alternative Ausführen von mehreren Blöcken:

   WENN Ausdruck 1 **DANN**
   ```
   ...
   Anweisungen,  die  nur  ausgeführt  werden,  wenn  die  Bedingung  1
   "wahr" ist.
   ...
   ```
   SONST WENN Ausdruck 2 **DANN**
   ```
   ...
   Anweisungen,  die  nur  ausgeführt  werden,  wenn  die  Bedingung  1
   "falsch" und die Bedingung 2 "wahr" ist.
   ...
   ```
   SONST WENN Ausdruck n **DANN**
   ```
   ...
   Anweisungen, die nur ausgeführt werden, wenn die vorherigen Bedin-
   ```

gungen „falsch" sind und die Bedingung n "wahr" ist.
```
...
```
SONST
```
...
```
Anweisungen, die nur ausgeführt werden, wenn alle vorherigen Be-
dingungen "falsch" sind.
```
...
```
WEITER

Beispiel für die Ausgabe einer Bildschirmmeldung, ob an der Station ein Einschnitt oder ein
Damm vorhanden ist:

```
WENN GRAD > HÖHE(55; 0) DANN
  MELDE "Damm"
SONST
  MELDE "Einschnitt"
WEITER
```

13.2.5.4 Anweisungen zur Profilentwicklung

Mit den Entwicklungsanweisungen werden die Punkte links und rechts an den zuerst definierten Punkt angehängt. Dabei wird der Entwicklungsspeicher benutzt.

Wenn die entwickelte Profillinie fertig ist, muss die Linie mit der Anweisung PROFIL in den
internen Profilspeicher abgelegt werden.

Mit der Anweisung **PUNKT** kann man einen Punkt durch Angabe der absoluten Koordinaten
erzeugen.

PUNKT {N, L, R}; T; Z [;N [;K]

N, L, R	Symbol für die Entwicklungsrichtung:
	N: erster Punkt einer neuen Profillinie
	L: Punkte links an den zuerst definierten Punkt anhängen
	R: Punkte rechts an den zuerst definierten Punkt anhängen
T, Z	absolute Koordinaten [m] des Punktes
N	Profilpunktnummer
	Die Profilpunktnummer kann eine Zahl zwischen -9.999 und 9.999 sein (voreingestellt: 0).
K	Ausgabekennung
	B: Punkt nicht bemaßen
	Wird für Kleinpunkte bei Ausrundungen automatisch vergeben.
	L: zum Punkt keine Linie zeichnen
	M: Bei der Zeichnungsausgabe mit der Funktionsgruppe *Querprofil-zeichnung erstellen* wird der Punkt mit "Massentrennung" beschrif-tet. Bei der Anweisung MTRENNUNG wird die Kennung automa-tisch vergeben.

Die Anweisung **RPUNKT** ermöglicht die Konstruktion eines Punktes, der relativ zum letzten
Punkt vertikal und horizontal verschoben wird.

RPUNKT {L, R}; dT; dZ [;N [;K]

L, R   Symbol für die Entwicklungsrichtung (links/rechts)

dT, dZ   horizontale und vertikale Verschiebung [m] bezogen auf den zuletzt konstruierten Punkt

N   Profilpunktnummer
Die Profilpunktnummer kann eine Zahl zwischen -9.999 und 9.999 sein (voreingestellt: 0).

K   Ausgabekennung

               B: Punkt nicht bemaßen
Wird für Kleinpunkte bei Ausrundungen automatisch vergeben.

               L: zum Punkt keine Linie zeichnen
Entwicklung links: der Ausgangspunkt erhält die Kennung
Entwicklung rechts: der neue Punkt erhält die Kennung

               M: Bei der Zeichnungsausgabe mit der Funktionsgruppe *Querprofilzeichnung erstellen* wird der Punkt mit "Massentrennung" beschriftet. Bei der Anweisung MTRENNUNG wird die Kennung automatisch vergeben.

Mit der Anweisung **PNEIGUNG** kann über die Vorgabe einer Neigung ein Punkt relativ zum letzten Punkt konstruiert werden.

PNEIGUNG {L, R}; dT; % [;N [;K]

L, R   Symbol für die Entwicklungsrichtung (links/rechts)

dT   horizontale Verschiebung [m] bezogen auf den zuletzt konstruierten Punkt

%   Neigung [%]

N   Profilpunktnummer
Die Profilpunktnummer kann eine Zahl zwischen -9.999 und 9.999 sein (voreingestellt: 0).

K   Ausgabekennung

               B: Punkt nicht bemaßen
Wird für Kleinpunkte bei Ausrundungen automatisch vergeben.

               L: zum Punkt keine Linie zeichnen
Entwicklung links: der Ausgangspunkt erhält die Kennung
Entwicklung rechts: der neue Punkt erhält die Kennung

               M: Bei der Zeichnungsausgabe mit der Funktionsgruppe *Querprofilzeichnung erstellen* wird der Punkt mit "Massentrennung" beschriftet. Bei der Anweisung MTRENNUNG wird die Kennung automatisch vergeben.

Die Anweisung **BANKETT** konstruiert relativ einen Punkt mit festgelegter Neigung in Abhängigkeit von der vorherigen Neigung. Dabei wird bei einer vorherigen Neigung > 0 % das Bankett mit einer Neigung von 6 % und bei einer vorherigen Neigung < 0 % mit einer Neigung von 12 % versehen. Hat das vorherige Element eine Neigung größer 1 : 1 (100 %), z. B.

Kante der Deckschicht, so wird die wiederum davor liegende Neigung untersucht. Diese Anweisung benötigt somit immer ein vorhandenes Profillinienstück!

BANKETT {L, R}; dT [;N [;K

L, R	Symbol für die Entwicklungsrichtung (links / rechts)
dT	Bankettbreite [m]
N	Profilpunktnummer Die Profilpunktnummer kann eine Zahl zwischen -9.999 und 9.999 sein (voreingestellt: 0).
K	Ausgabekennung

B: Punkt nicht bemaßen
Wird für Kleinpunkte bei Ausrundungen automatisch vergeben.

L: zum Punkt keine Linie zeichnen
Entwicklung links: der Ausgangspunkt erhält die Kennung
Entwicklung rechts: der neue Punkt erhält die Kennung

M: Bei der Zeichnungsausgabe mit der Funktionsgruppe *Querprofilzeichnung erstellen* wird der Punkt mit "Massentrennung" beschriftet. Bei der Anweisung MTRENNUNG wird die Kennung automatisch vergeben.

Mit der Anweisung **MULDE** erfolgt die Konstruktion einer Mulde aus fünf Punkten durch die Angabe von Breite und Tiefe.

MULDE {L, R}; dT; dZ [;N1 [;K1] [;N2 [;K2]

L, R	Symbol für die Entwicklungsrichtung (links/rechts)
dT	Breite [m] der Mulde
dZ	Tiefe [m] der Mulde (ohne Vorzeichen!)
N1	Profilpunktnummer für den letzten Punkt Die Profilpunktnummer kann eine Zahl zwischen -9.999 und 9.999 sein (voreingestellt: 0).
K1	Ausgabekennung für den letzten Punkt (Die anderen Ausrundungskleinpunkte bis auf den mittleren bekommen die Ausgabekennung B.)

B: Punkt nicht bemaßen
Wird für Kleinpunkte bei Ausrundungen automatisch vergeben.

L: zum Punkt keine Linie zeichnen
Entwicklung links: der Ausgangspunkt erhält die Kennung
Entwicklung rechts: der neue Punkt erhält die Kennung

M: Bei der Zeichnungsausgabe mit der Funktionsgruppe *Querprofilzeichnung erstellen* wird der Punkt mit "Massentrennung" beschriftet. Bei der Anweisung MTRENNUNG wird die Kennung automatisch vergeben.

N2	Profilpunktnummer für den tiefsten (mittleren) Punkt Die Profilpunktnummer kann eine Zahl zwischen -9.999 und 9.999 sein (voreingestellt: 0).
K2	Ausgabekennung für den tiefsten (mittleren) Punkt (Die anderen Ausrundungskleinpunkte bis auf den letzten bekommen die Ausgabekennung B.)

> B: Punkt nicht bemaßen
> Wird für Kleinpunkte bei Ausrundungen automatisch vergeben.

> L: zum Punkt keine Linie zeichnen
> Entwicklung links: der Ausgangspunkt erhält die Kennung
> Entwicklung rechts: der neue Punkt erhält die Kennung

> M: Bei der Zeichnungsausgabe mit der Funktionsgruppe *Querprofilzeichnung erstellen* wird der Punkt mit "Massentrennung" beschriftet. Bei der Anweisung MTRENNUNG wird die Kennung automatisch vergeben.

Die Anweisung **GRABEN** ermöglicht die einfache Konstruktion eines Grabens.

GRABEN {L, R}; Profil; S; dT; Z [;N [;K]

L, R	Symbol für die Entwicklungsrichtung (links/rechts)
Profil	Gibt eine vorhandene Profillinie an, mit der die äußere Grabenböschung geschnitten wird. Ist Profil = 0, endet die äußere Böschung auf gleicher Höhe wie die innere.
S	Böschungsneigung 1 : s (ohne Vorzeichen!)
dT	Sohlbreite [m]
Z	absolute Höhe [m] der Sohle
N	Profilpunktnummer für den inneren Sohlenpunkt Die Profilpunktnummer kann eine Zahl zwischen -9.999 und 9.999 sein (voreingestellt: 0). Der äußere Sohlenpunkt bekommt die Nummer "N+1"; die äußere Grabenböschung bekommt die Nummer "N+2".
K	Ausgabekennung

> B: Punkt nicht bemaßen
> Wird für Kleinpunkte bei Ausrundungen automatisch vergeben.

> L: zum Punkt keine Linie zeichnen
> Entwicklung links: der Ausgangspunkt erhält die Kennung
> Entwicklung rechts: der neue Punkt erhält die Kennung

> M: Bei der Zeichnungsausgabe mit der Funktionsgruppe *Querprofilzeichnung erstellen* wird der Punkt mit "Massentrennung" beschriftet. Bei der Anweisung MTRENNUNG wird die Kennung automatisch vergeben.

Mit der Anweisung **BÖSCHUNG** wird durch den Schnitt einer geneigten Geraden mit einer vorhandenen Profillinie ein Böschungsendpunkt konstruiert. Bei geschlossenen Linien wird der nächstgelegene Schnittpunkt zur Konstruktion der Böschung genutzt.

BÖSCHUNG {L, R}; Profil; S [;N [;K]

L, R	Symbol für die Entwicklungsrichtung (links/rechts)
Profil	vorhandene, zu schneidende Profillinie
S	Neigung 1 : s einer Geraden vom letzten Punkt aus
N	Profilpunktnummer Die Profilpunktnummer kann eine Zahl zwischen -9.999 und 9.999 sein (voreingestellt: 0).
K	Ausgabekennung

                B: Punkt nicht bemaßen
                    Wird für Kleinpunkte bei Ausrundungen automatisch vergeben.

                L: zum Punkt keine Linie zeichnen

                M: Bei der Zeichnungsausgabe mit der Funktionsgruppe *Querprofilzeichnung erstellen* wird der Punkt mit "Massentrennung" beschriftet. Bei der Anweisung MTRENNUNG wird die Kennung automatisch vergeben.

Die Anweisung **PROFIL** steht immer am Ende der Entwicklung einer Querprofillinie. Mit ihm wird aus den Profilpunkten im Entwicklungsspeicher eine Profillinie erzeugt und unter der angegebenen Nummer in den temporären internen Profilspeicher gespeichert.

PROFIL {N, L, R}; Profil

N, L, R	Symbol für die Speicherung:

                N: Es wird eine neue Profillinie mit der Nummer "Profil" erzeugt. Eine eventuell vorhandene Linie mit der gleichen Nummer wird überschrieben.

                L, R: Die Daten aus dem Entwicklungsspeicher werden links oder rechts an eine vorhandene Profillinie "Profil" angehängt.

Profil	Nummer einer Querprofillinie

13.2.5.5 *Anweisungen zur Profilmanipulation*

Querprofillinien werden nach ihrer Konstruktion in einen temporären, internen Profilspeicher geschrieben. Die Anweisungen zur Profilmanipulation arbeiten mit Profillinien, die in diesem Speicher stehen. Vor der endgültigen Ablage in die Profildatenbank ist es mit diesen Anweisungen möglich, Profillinien zu drehen, zu schneiden, zu mischen, etc.

Mit der Anweisung **SPEICHER** werden die Querprofillinien aus dem temporären internen Profilspeicher gelöscht und in der Profildatenbank gespeichert. Diese Anweisung sollte daher erst benutzt werden, wenn die Profillinie nicht mehr in diesem Berechnungsdurchgang geändert wird.

SPEICHER P1 [;... [;P30]

P	Nummern der zu speichernden Profillinien (max. 30 Profillinien)

13.2.5.6 Beispielquerprofilentwicklungsdatei

```
VERSION 8000
* QPR0300001.CRD  Fahrbahnoberfläche  09.03.15
* -----------------------------------------------------------------
* @filedoc
* @file QPR0300001.CRD
* @brief Fahrbahnoberfläche
* Oberflächenlinie einer einbahnig, zweistreifigen Straße
* @author Nu
* @endfiledoc
* -----------------------------------------------------------------
* @history
* -----------------------------------------------------------------
DATENBEREICH 0,000; 372,085; "LISTE"; 2
DEFSYMBOL GRAD:GRA1       | Gradiente 1 auslesen
DEFSYMBOL FBRR:BRT11      | Abstand des rechten Fahrbahnrandes auslesen
DEFSYMBOL FBRL:-BRT12     | Abstand des linken Fahrbahnrandes auslesen
DEFSYMBOL QUERR:QUE11     | Querneigung der rechten Fahrbahnhälfte auslesen
DEFSYMBOL QUERL:-QUE12    | Querneigung der linken Fahrbahnhälfte auslesen
DEFSYMBOL BRS=0,50        | konstante Breite des Randstreifens
DEFSYMBOL GEL=55          | Nummer der Profillinie des Geländes
STATION 0,000; 372,085
* erster Punkt der Profillinie mit Höhe aus der Gradiente
PUNKT N; 0,000; GRAD; 0
* Fahrstreifen rechts mit Breitenberechnung und Querneigung aus Symbolen
PNEIGUNG R; FBRR-BRS; QUERR; 1
* Randstreifen rechts mit Breite aus Symbol
PNEIGUNG R; BRS; QUERR; 2
* Bankett rechts 1,5 m breit
BANKETT R; 1,5; 3
* Mulde rechts 2 m breit und 0,4 m tief
MULDE R; 2,0; 0,4; 4
* Böschung rechts mit Verschnitt zur Profillinie 55 mit Böschungsneigung 1:1,5
BÖSCHUNG R; GEL; 1,5; 5
* Fahrstreifen links mit Breitenberechnung und Querneigung aus Symbolen
PNEIGUNG L; FBRL-BRS; QUERL; -1
* Randstreifen links mit Breite aus Symbol
PNEIGUNG L; BRS; QUERL; -2
* Bankett links 1,5 m breit
BANKETT L; 1,5; -3
* Mulde links 2 m breit und 0,4 m tief
MULDE L; 2,0; 0,4; -4
* Böschung links mit Verschnitt zur Profillinie 55 mit Böschungsneigung 1:1,5
*BÖSCHUNG L; GEL; 1,5; -5
* neue Profillinie vereinbaren
PROFIL N; 10
* Profillinie speichern
SPEICHER 10
```

13.2.6 Querprofilentwicklungsdatei ausführen

Mit der Funktion **QPR-Skript ausführen** wird die aktuell gewählte Querprofilentwicklungsdatei gestartet. Die Konstruktion der darin definierten Profillinien erfolgt für den angegebenen Stationsbereich automatisch. Die abgearbeiteten Stationen und evtl. aufgetretene Fehler
werden in separaten Fenstern angezeigt.

➜ **MENÜ VERKEHRSWEG**
  ➜ Querprofile
    ➜ Querprofile entwickeln
      ➜ Skript wählen benutzte / lokal / neutral oder zentral
        ➜ Querprofilentwicklungsdatei mit Doppelklick auswählen
          (Bild 13-5)
          ➜ QPR-Skript ausführen

Darüber hinaus kann direkt in der Querprofilentwicklung die in Bearbeitung befindliche
Querprofilentwicklungsdatei ausgeführt werden.

➜ **MENÜ VERKEHRSWEG**
  ➜ Querprofile
    ➜ Querprofile entwickeln
      ➜ Skript wählen benutzte / lokal oder neutral
        ➜ Querprofilentwicklungsdatei mit Doppelklick auswählen
          (Bild 13-5)
          ➜ QPR-Skript editieren
            ➜ Datei
              ➜ ausführen

13.3 Querprofillinien im- und exportieren

Mit CARD/1 erzeugte Profillinien können für die weitere Verwendung in CARD/1 oder anderen Programmen exportiert bzw. von diesen importiert werden. Hierfür stehen folgende drei
Datenformate zur Verfügung:

o   CARD/1-Format,

o   Kartenart 055 und

o   REB-Datenart 66.

Beim Import kann abweichend zu der in der Importdatei vorgefundenen Profilliniennummer
zur Bildung einer neuen Profilliniennummer in der CARD/1-Profildatenbank ein Additionswert angegeben werden. Ist die in der Importdatei vorhandene Profillinie nicht mit einer Profilliniennummer belegt, ergibt sich die neue Profilliniennummer nur aus dem Additionswert,
da in CARD/1 eine Profilliniennummer nicht den Wert Null annehmen darf. Ergibt sich eine
unzulässige Profilliniennummer, wird eine Fehlermeldung ausgegeben und die Linie nicht

importiert. Vorhandene Profillinien werden mit einer zu importierenden Profillinie gleicher Nummer überschrieben!

→ **MENÜ VERKEHRSWEG**

 → Datenaustausch

  → Querprofile importieren

   → CARD/1-Format

    → Felder in Eingabefenster ausfüllen

     → OK

      → Ergebnisfenster mit OK bestätigen

Bild 13-7: Profillinien im CARD/1-Format importieren

Für den Export stehen für das CARD/1-Format und die REB-Datenart 66 folgende drei Funktionsgruppen zur Verfügung:

o   einzeln,

o   dargestellte und

o   alle.

Der Export im Format der Kartenart 55 ist nur mit der Funktionsgruppe „einzeln" möglich.

Mit der Funktionsgruppe **einzeln** kann eine ausgewählte Profillinie exportiert werden. Bei der Funktion **dargestellte** werden alle mit der Funktionsgruppe **Daten darstellen** ✏ auf dem Bildschirm dargestellten Profillinien in eine Datei ausgegeben. Mit der Menüfunktion **alle** werden alle im angegebenen Stationsbereich vorhandenen Profillinien in eine Datei ausgegeben. Die Exportdatei kann beliebig viele Profillinien für den angegebenen Stationsbereich enthalten.

Der Name der Ausgabedatei kann grundsätzlich frei gewählt werden. Allerdings empfiehlt es sich, diesen zu strukturieren, indem z. B. die Nummer der Bezugsachse und die Profillinien-nummer verwenden werden.

→ **MENÜ VERKEHRSWEG**

 → Datenaustausch

  → Querprofile exportieren

   → CARD/1-Format einzeln

    → Felder in Eingabefenster ausfüllen (Bild 13-8)

     → OK

      → Ergebnisfenster mit OK bestätigen (Bild 13-8)

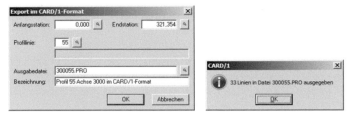

Bild 13-8: Einzelne Profillinien im CARD/1-Format exportieren

➔ **MENÜ VERKEHRSWEG**
   ➔ Datenaustausch
      ➔ Querprofile exportieren
         ➔ Kartenart 55 einzeln
            ➔ Felder in Eingabefenster ausfüllen (Bild 13-9)
               ➔ OK
                  ➔ Ergebnisfenster mit OK bestätigen (Bild 13-9)

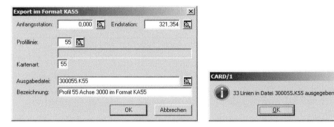

Bild 13-9: Einzelne Profillinien in der Kartenart 55 exportieren

➔ **MENÜ VERKEHRSWEG**
   ➔ Datenaustausch
      ➔ Querprofile exportieren
         ➔ Datenart 66 einzeln
            ➔ Felder in Eingabefenster ausfüllen (Bild 13-10)
               ➔ OK
                  ➔ Ergebnisfenster mit OK bestätigen (Bild 13-10)

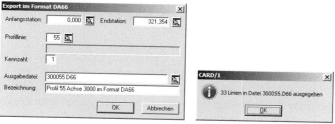

Bild 13-10: Einzelne Profillinien in der REB-Datenart 66 exportieren

14 Topografiedaten aus Querprofilen generieren

14.1 Allgemeines

Diese Funktionsgruppe ermöglicht die Übertragung der relevanten Querprofilinformationen in die Topografie in Form von Punkten, Linien und Böschungsschraffen. Dabei kann der Projektbearbeiter die Früchte einer „sauberen" und konstanten Querprofilentwicklung ernten, da er sich auf die Punktnummern der einzelnen Querprofillinien beziehen muss.

Für die topografischen Punkte werden die Punkthöhen aus dem Querprofil übernommen und die Lagekoordinaten anhand der Achsstation und des Achsabstandes berechnet. Die Nummer der topografischen Punkte wird automatisch nach einem der beiden folgenden Schemen erzeugt:

o ohne Stationspräfix (wie ein den vorangegangenen CARD/1-Versionen)

Qaaann±ppppsssss

Q	Kennung für topografischen Punkt aus Querprofilen,
aaa	Achsnummer,
nn	Dateinummer der LQD-Datei,
±pppp	Profilpunktnummer im Bereich -9.999 bis +9.999,
sssss	laufende Stationsnummer beginnend bei 00001.

o mit Stationspräfix

Qaaaaa-sssss.lfd

Q	Kennung für topografischen Punkt aus Querprofilen,
aaaaa	Achsnummer,
sssss	Station in Metern (bis 99.999 ⇨ Bei Längen ab einhunderttausend Meter werden die nur die letzten fünf Ziffern verwendet!),
lfd	laufende Nummer beginnend bei 001,

Das Schema ohne Stationspräfix funktioniert nur für Achsen mit einer Achsnummer ≤ 999!

Im Weiteren wird das Schema mit Stationspräfix beschrieben.

Zur Gewährleistung eines „sauberen" Datenmanagements sollte diese Punktnummernschemen außerhalb der Funktionsgruppe *Topografiedaten aus Querprofilen* nicht verwendet werden!

Die topografische Linien werden durch die Verbindung der Profilpunkte mit gleicher Punktnummer an aufeinander folgenden Stationen gebildet.

Auch nachdem bereits die Topografiedaten aus den Querprofilen entwickelt worden sind, können die Querprofile nochmals geändert werden. Für eine effektive Bearbeitung ist es allerdings nötig, dass die verwendeten Profilpunktnummern und -liniennummern gleich bleiben. Dann muss lediglich der Vorgang erneut ausgeführt werden. Die bereits erzeugten Topografiedaten werden automatisch aktualisiert. Dabei ist es nicht nötig, vorher in der Topografie die Punkte, Linien und Böschungen zu löschen. Allerdings darf es keine weiteren, manuell erzeugten Verweise auf diese Punkte geben (z. B. DGM)!

Der Entwurfsingenieur muss sich anhand der in der Funktionsgruppe *Querprofile entwickeln* erstellten Profillinien einen genauen Überblick über den Verlauf der Böschungen und deren Bezug auf bestimmte Profillinienpunkte schaffen, um den wirklichen Böschungsverlauf im Lageplan darstellen zu können. Werden bei der Wahl der Profillinienpunkte Fehler gemacht, wird ein falscher Böschungsverlauf ermittelt! Eine nachträgliche Überprüfung anhand der berechneten Querprofile ist daher immer notwendig!

14.2 Topografiedaten generieren

Die erzeugten Topografiedaten werden auf neu anzulegenden bzw. vorhandenen Schichten abgelegt. Dabei können für die Ablage der Linien und Schraffen unterschiedliche Schichten gewählt werden.

➔ **MENÜ TOPOGRAFIE**
  ➔ Topografie aus Querprofilen generieren
    ➔ KONTEXTAUSWAHL/-ANZEIGE
      ➔ Achse mit Doppelklick auswählen
    ➔ KONTEXTAUSWAHL/-ANZEIGE
      ➔ Vorgang mit Doppelklick auswählen (Bild 14-1)
  oder
  ➔ Vorgang wählen
    ➔ Vorgang mit Doppelklick auswählen (Bild 14-1)
  oder
  ➔ Vorgang neu
    ➔ Vorgangnummer, -bezeichnung, Stationsbereiche und Profillinie vereinbaren (Bild 14-2)
      ➔ Definitionen für zu erzeugende Punkte und Linien vereinbaren (Bild 14-3)
        ➔ Bearbeiten
          ➔ Zeilen eingeben oder Zeile ändern
            ➔ Definition für Linien und Linienstützpunkte vereinbaren (Bild 14-4)
              ➔ OK
                ➔ ergänzende Definition für Linien und Linienstützpunkte vereinbaren (Bild 14-4)
              oder
            ➔ Abbrechen
              ➔ Tabelle sichern
                ➔ Tabelle schließen
      ➔ Definitionen für zu erzeugende Böschungen vereinbaren (Bild 14-5)

➔ Bearbeiten

  ➔ Zeilen eingeben oder Zeile ändern

    ➔ Definition für Böschungen vereinbaren
(Bild 14-6)

      ➔ OK

        ➔ ergänzende Definition für Böschungen
vereinbaren (Bild 14-6)

      oder

      ➔ Abbrechen

        ➔ Tabelle sichern

          ➔ Tabelle schließen

➔ Grafische Prüfung

  ➔ temporär erzeugte Linien und Böschungen visuell im Lageplanfenster überprüfen (Bild 14-7)

    ➔ OK (Die Topografiedaten werden automatisch erzeugt.)

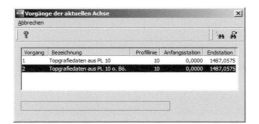

Bild 14-1: Auswahl eines Vorganges

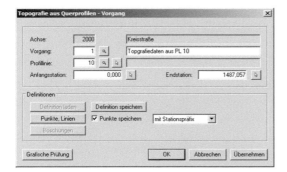

Bild 14-2: Eingabefenster zur Definition eines Vorganges

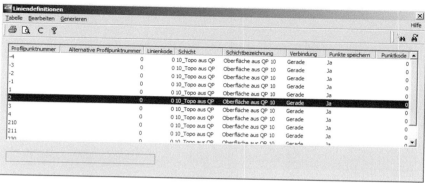

Bild 14-3: Auswahlfenster zur Punkt- und Liniendefinition

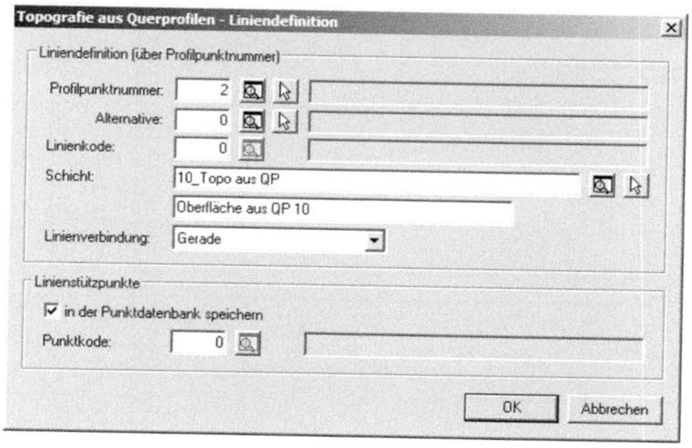

Bild 14-4: Eingabefenster zur Punkt- und Liniendefinition

Bild 14-5: Auswahlfenster zur Böschungsdefinition

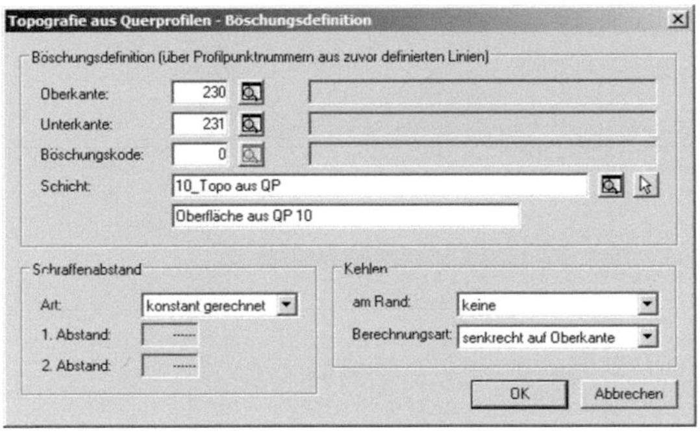

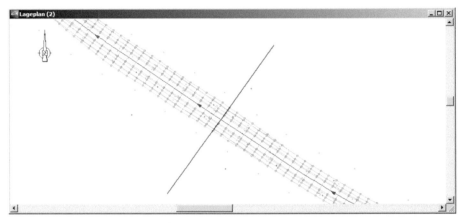

Bild 14-6: Eingabefenster zur Böschungsdefinition

Bild 14-7: Darstellung der vereinbarten Punkte, Linien und Böschungen

Bei der Darstellung der vereinbarten Linien und Böschungen im Lageplan wird folgende Farbzuordnung verwendet:

grün: vorh. Topografiedaten,

gelb: Topografiedaten aus Querprofilen und

rot: Achse.

Soll nur ein Parameter eines Vorganges geändert werden, empfiehlt es sich, den Vorgang zu kopieren. Die bereits mit dem Quell-Vorgang erzeugten Topografiedaten werden dabei nicht kopiert.

➜ **MENÜ TOPOGRAFIE**

   ➜ Topografie aus Querprofilen generieren

      ➜ KONTEXTAUSWAHL/-ANZEIGE

         ➜ Achse mit Doppelklick auswählen

      ➜ KONTEXTAUSWAHL/-ANZEIGE

         ➜ Vorgang mit Doppelklick auswählen (Bild 14-1)

      oder

      ➜ Vorgang wählen

         ➜ Vorgang mit Doppelklick auswählen (Bild 14-1)

      ➜ Vorgang kopieren

         ➜ Felder im Eingabefenster ausfüllen (Bild 14-8)

            ➜ OK

Bild 14-8: Eingabefenster zum Kopieren eines Vorganges

Soll im Rahmen der Projektpflege oder aus anderen Gründen ein Vorgang gelöscht werden, kann entweder nur der Vorgang oder auch gleichzeitig die damit erzeugten Topografiedaten gelöscht werden. Das gleichzeitige Löschen der Topografiedaten empfiehlt sich, wenn z. B. die zugehörige Achse entfällt oder sich der Profilaufbau hinsichtlich Fahrbahnrändern und Böschungen grundsätzlich ändert.

Existieren bereits Verweise anderer Topografiedaten auf die mit dem Vorgang erzeugten Topografiedaten, kann der automatische Löschvorgang nicht ausgeführt werden. Treten beim Löschvorgang der Topografiedaten Fehler auf, wird der Vorgang nicht gelöscht.

➔ **MENÜ TOPOGRAFIE**
  ➔ Topografie aus Querprofilen generieren
    ➔ KONTEXTAUSWAHL/-ANZEIGE
      ➔ Achse mit Doppelklick auswählen
    ➔ KONTEXTAUSWAHL/-ANZEIGE
      ➔ Vorgang mit Doppelklick auswählen (Bild 14-1)
    oder
    ➔ Vorgang wählen
      ➔ Vorgang mit Doppelklick auswählen (Bild 14-1)
    ➔ Vorgang löschen
      ➔ Vorgang mit Doppelklick auswählen
        ➔ Ja (Bild 14-9, links)
          ➔ Ja (Bild 14-9, rechts)
          oder
          ➔ Nein (Bild 14-9, rechts)

Bild 14-9: Bestätigung zum Löschvorgang eines Vorganges und dessen Topografiedaten

15 Schleppkurven

15.1 Allgemeines

Die Planung von Verkehrsflächen ist die eine Seite, die Fahrt des Verkehrsteilnehmers darauf die andere Seite der Medaille. Mit der Prüfung der Befahrbarkeit kann die Eignung der geplanten Verkehrsfläche nachgewiesen werden.

Insbesondere an plangleichen Knotenpunkten muss die Befahrbarkeit unbedingt für alle Ab- und Einbiegevorgänge mit Schleppkurven geprüft werden. Hierfür stehen zum einen in *Bemessungsfahrzeuge und Schleppkurven zur Überprüfung der Befahrbarkeit von Verkehrsflächen* (FGSV 2001) statische Schablonen und zum anderen dynamisch ermittelte Schleppkurven in CARD/1 zur Verfügung. Die Algorithmen zur dynamischen Ermittlung von Schleppkurven basieren auf Fahrversuchen mit entsprechenden Bemessungsfahrzeugen. Aktuelle Untersuchungen (z. B. Friedrich/Niemeier (2014), Lippold/Schemmel (2014a), Lippold/Schemmel (2014b)) bestätigen eindrücklich, dass die durch Fahrversuche ermittelten Schleppkurven von den mittels Schleppkurvenberechnung erzeugten Schleppkurven nur sehr gering abweichen. Die Schleppkurvenberechnung ist damit bei richtiger Anwendung das Mittel zum Nachweis der Befahrbarkeit von Knotenpunkten.

Die dynamische Ermittlung von Schleppkurven ist grundsätzlich anzuwenden, da nur durch ihren Einsatz die tatsächlichen Schleppkurven und Bewegungsräume ermittelt werden können. Die Verwendung der statischen Schablonen eigenen sich lediglich für eine grobe Überprüfung einfacher Geometrien, mit einer geraden Annäherungsstrecke des Bemessungsfahrzeugs.

Grundlage für die Ermittlung von Schleppkurven ist eine Fahrlinie, auf der der Führungspunkt des Kraftfahrzeuges (Mitte der lenkenden Vorderachse) entlang geführt wird. Die sinnvolle Trassierung dieser Fahrlinie hat somit entscheidenden Einfluss auf die zu ermittelnden Schleppkurven! Die den Fahrlinien zugrunde liegenden Radien müssen daher mindestens den Wendekreisradien der Bemessungsfahrzeuge entsprechen. Für Außerortsstraßen wird der Lastzug als Bemessungsfahrzeug mit einem Wendekreisradius von 12,50 m verwendet. Werden Knotenpunkte regelmäßig von Sondertransporten oder Militärfahrzeugen genutzt, ist ein entsprechendes Bemessungsfahrzeugs zu verwenden.

Jeder Eckpunkt des Fahrzeuges sowie seiner ggf. vorhandenen Anhänger erzeugt eine einzelne Schleppkurve. Die Hüllkurve dieser Schleppkurven stellt den Mindestflächenbedarf für diese eine Fahrlinie dar.

Das Regelwerk fordert darüber hinaus die Berücksichtigung eines zusätzlichen Toleranzraumes von 0,5 m auf beiden Seiten der Hüllkurve! Damit wird der Tatsache Rechnung getragen, dass nicht jeder Kraftfahrer die ideale Fahrlinie fährt.

15.2 Berechnung von Schleppkurven

Mit diesem Modul stehen dem Entwurfsingenieur nun mehrere Berechnungsmethoden zur Ermittlung und Möglichkeiten zur Darstellung der Ergebnisse zur Verfügung.

Wird die Trassierung der Fahrlinie nach der Ermittlung der Schleppkurven verändert, erfolgt eine automatische Neuberechnung der Schleppkurven! Dies trägt wesentlich zur Fehlervermeidung bei.

Für die Ermittlung der Schleppkurven ist in eine Kurvenanalyse zu vereinbaren (Bild 15-1). Der Kurvenanalyse werden die einzelnen Berechnungen der Schleppkurven zugeordnet (Bild 15-2). Eine Kurvenanalyse kann mehrere Schleppkurvendefinitionen enthalten. Diese Strukturierung erleichtert dem Entwurfsingenieur das Datenmanagement erheblich.

Bild 15-1: Attribute der Kurvenanalyse

Die zur Verfügung stehenden Bemessungsfahrzeuge entsprechen der Bibliothek der FGSV:

o   PKW,

o   Transporte/Wohnmobil,

o   kleiner LKW (2-achsig),

o   großer LKW (3-achsig),

o   Lastzug,

o   Sattelzug,

o   Reise-/Linienbus 12 m,

o   Reise-/Linienbus 13,7 m,

o   Reise-/Linienbus 15 m,

o   Gelenkbus,

o   Müllfahrzeug (2-achsig),

o   Müllfahrzeug (3-achsig),

o   Müllfahrzeug (3-achsig, Nachläufer)

Die geometrischen Parameter (Bild 15-3) jedes Fahrzeuges können einzeln geändert werden, so dass auch für Sonderfahrzeuge ein Schleppkurvennachweis erbracht werden kann.

Der Sicherheitsbereich ist der zusätzlich zur Hüllkurve freizuhaltende Bereich (vgl. Kapitel 15.1). Entsprechend den FGSV-Vorgaben sollte er 0,5 m nicht unterschreiten.

Die Schleppkurven können mit folgenden Berechnungsverfahren ermittelt werden:

o   Everling-Schoss,

o   Everling-Schoss mit Optimierung Runge-Kutta,

o   Guhlmann,

o   Hauska-Neumann und

o   Osterloh.

Standardmäßig wird dar Algorithmus nach Everling-Schoss verwendet.

Bild 15-2: Schleppkurve - neu

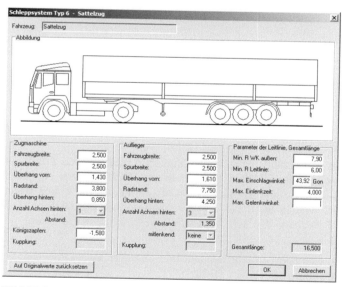

Bild 15-3: Sattelzug als Bemessungsfahrzeug und dessen Geometrieparameter

Entlang der angegebenen Leitlinie (Bild 15-4) erfolgt die Berechnung der Schleppkurven. Als Leitlinie wird immer eine vorhandene Achse verwendet. An dieser Stelle soll nochmals auf die korrekte Trassierung der Leitlinie hingewiesen werden (vgl. Kapitel 15.1). Friedrich/Niemeier (2014) weist darauf hin, dass verschiedene Leitlinien für unterschiedliche

Fahrzeuge, Geschwindigkeiten und Fahrmanöver zu wählen sind und dass trotz regelgerechter Trassierung für bestimmte Fahrzeugkombinationen (z. B. Sattelzug mit Liftachse, Sattelzug mit verlängertem Auflieger) nur ein schmaler Korridor für eine problemlose Befahrung
zur Verfügung steht.

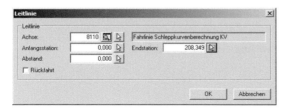

Bild 15-4: Schleppkurve - Leitlinie

➔ **MENÜ VERKEHRSWEG**
    ➔ Schleppkurve berechnen
        ➔ Kurvenanalyse neu
            ➔ Felder im Eingabefenster ausfüllen (Bild 15-1)
            ➔ OK
                ➔ Schleppkurve neu
                    ➔ Felder im Eingabefenster ausfüllen (Bild 15-2)
                    ➔ OK
                        ➔ Felder im Eingabefenster ausfüllen (Bild 15-4)
                        ➔ OK
    ➔ ggf. Trassierung der Fahrbahnränder und/oder der Fahrlinie an
       passen und Schleppkurvenberechnung wiederholen

Die Hülllinie und die vom Bemessungsfahrzeug überstrichene Fläche (Bewegungsraum) wird
im Lageplanfenster dargestellt (Bild 15-5).

Bei der Einzelanalyse wird das Bemessungsfahrzeug so angezeigt, dass dessen Führungspunkt immer der auf die Leitlinie angerechneten Koordinate des Fadenkreuzes entspricht
(Bild 15-6). Die Speicherung von Fahrzeugpositionen erfolgt mit dem Klick der linken Maustaste. Diese Fahrzeugpositionen werden auch bei der Zeichnungserstellung übernommen.
Durch die Wahl der Funktion *Fahrzeuge löschen* werden alle gespeicherten Fahrzeuge gelöscht.

Bei der animierten Analyse wird eine Fahrt entlang der Leitlinie simuliert. Dabei lässt sich die
Geschwindigkeit des Bemessungsfahrzeugs steuern (Bild 15-7).

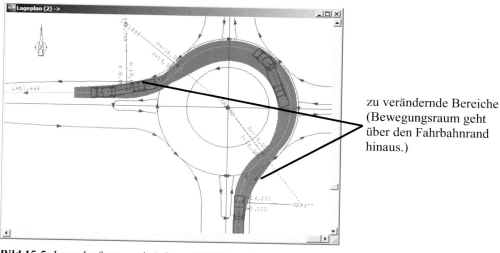

Bild 15-5: Lageplanfenster mit Achsen, Hülllinie und Bewegungsraum

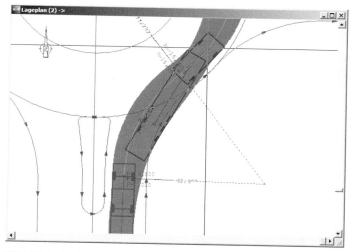

Bild 15-6: Analyse – einzeln

Bild 15-7: Analyse – Animation

Zur grafischen Darstellung der Berechnungsergebnisse kann eine Lageplanzeichnung erstellt werden. Dabei stehen umfangreiche Parameter zur Verfügung, um die darzustellenden Ergebnisdaten zu vereinbaren (Bild 15-8). Der Koordinatenursprung der Lageplanzeichnung ist gleich dem der aktuellen Projektgrenzen und kann somit als globaler Layer verwendet werden (Bild 15-9 und Bild 15-10).

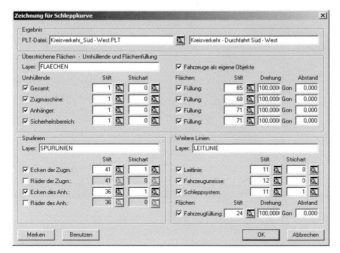

Bild 15-8: Schleppkurvenzeichnung erstellen

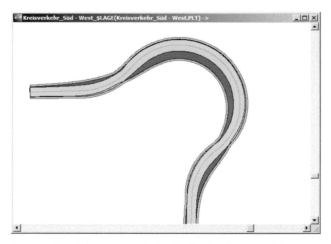

Bild 15-9: Zeichnungsausschnitt der Schleppkurvenzeichnung

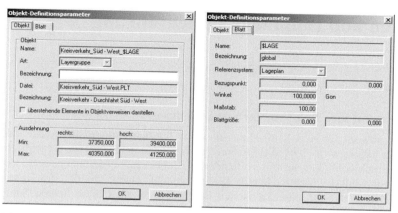

Bild 15-10: Zeichnungsparameter (globaler Layer) der Schleppkurvenzeichnung

16 Sichtweiten und räumliche Linienführung

16.1 Allgemeines

16.1.1 Sichtweiten und ihre Relevanz im Straßenentwurf

Sichtweiten besitzen sowohl für den Kraftfahrer als auch für den Entwurfsingenieur eine große Bedeutung. Der Fahrer wird durch die Straßenverkehrsordnung (StVO) dazu verpflichtet, seine Wahl der Geschwindigkeit an die vorhandenen Sichtverhältnisse anzupassen. Der Entwurfsingenieur besitzt mit der Sichtweite eine eindimensionale Größe, die den dreidimensionalen vorausliegenden Fahrraum charakteristisch beschreibt. Werden diese beiden Sachverhalte zusammengefügt, könnte sich der falsche Schluss aufdrängen, dass der Entwurfsingenieur mit der Sichtweite direkt die Geschwindigkeit regulieren könnte. Dass Sichtweiten die Geschwindigkeitswahl nicht direkt beeinflussen, ist vor allem mit der schweren Einschätzung der eigenen Geschwindigkeit bzw. der entgegenkommender Fahrzeuge und den sich daraus ergebenden notwendigen Bremswegen zu begründen. Allerdings besteht ein Zusammenhang zwischen Sichtweite und mittlerer Verkehrsgeschwindigkeit.

Im Straßenentwurf werden folgende Sichtweitenarten unterschieden:

o   meteorologische Sichtweiten,

o   wahrnehmungsphysiologische Sichtweiten,

o   wahrnehmungspsychologische Sichtweiten und

o   geometrische Sichtweiten.

Sichtweiten können hinsichtlich ihrer Relevanz für den Fahrer bzw. den Entwurfsingenieur und ihres Verwendungshintergrundes unterschieden werden (Bild 16-1).

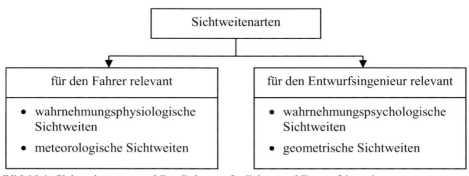

Bild 16-1: Sichtweitenarten und ihre Relevanz für Fahrer und Entwurfsingenieur

16.1.2 Theoretischer Hintergrund des Sichtweitenberechnungsverfahrens

In CARD/1 werden geometrische Sichtweiten berechnet. Geometrische Sichtweiten sind einzuhaltende Mindestgrößen und dienen in erster Linie durch den Vergleich mit vorhandenen Sichtweiten der Entwurfskontrolle. Sie werden nach definierten fahrdynamischen, wahrnehmungspsychologischen und geometrischen Modellvorstellungen berechnet. Geometrische Sichtweiten stellen somit technische Kontrollgrößen im Straßenentwurf dar. Sie werden in die erforderliche Haltesichtweite und die erforderliche Überholsichtweite unterteilt.

Den geometrischen Sichtweiten werden die vorhandenen Sichtweiten gegenüber gestellt. Für die Berechnung der vorhandenen Sichtweiten stehen im Straßenentwurf derzeit folgende Modelle zur Verfügung:

o   RAL 2012,

o   RAA 2008,

o   RASt 2006

o   RAL 95 nasse Fahrbahn und

o   RAS-L 95 trockene Fahrbahn.

Die Berechnungsmodelle nach RAS-L wurden in Teilen durch die beiden aktuellen Richtlinien RAL und RAA ersetzt. Um aber Projekte, deren Baurecht (Planfeststellungsbeschluss etc.) noch auf den RAS-L beruht, fortführen zu können, werden die Berechnungsmodelle weiterhin angeboten.

Für die Berechnung der vorhandenen Sichtweiten gibt es folgende drei unterschiedliche Verfahrensweisen:

o   zweidimensionale Sichtweitenberechnung im Lageplan:

   Vereinfachend findet die Krümmung des Höhenplans bei der Berechnung keine Berücksichtigung. Bei dieser Berechnungsmethode ist das, sich auf der Kurveninnenseite befindliche Hindernis maßgebend.

o   zweidimensionale Sichtweitenberechnung im Höhenplan:

   Das Verfahren zur Sichtweitenermittlung im Höhenplan ist auf Kuppenbereiche beschränkt, da vereinfachend die Lageplankrümmung keine Berücksichtigung findet.

o   dreidimensionale Sichtweitenberechnung:

   Sollen die exakten vorhandenen Sichtweiten berechnet werden, muss die Berechnung die dreidimensionale Geometrie der Straße berücksichtigen. Der komplexe Berechnungsalgorithmus erfordert dabei den Einsatz von EDV-Programmen. CARD/1 enthält ein leistungsfähiges Modul zur Berechnung vorhandener und erforderlicher Sichtweiten. Das Modul berechnet die Sichtweiten nach dem Sichtkegelverfahren nach APPELT, BASEDOW (2000). Es werden dabei die Sichtstrahlen eines Augpunktes zu allen Zielpunkten bis zum Endquerschnitt zu einem so genannten Sichtkegel zusammengefasst (Bild 16-2). Diese Methodik ermöglicht durch die exakte Rückprojektion vom maßgebenden Querschnitt eine Erhöhung der Berechnungsgenauigkeit.

Das zweite und das dritte Verfahren können bei der Sichtweitenberechnung mit CARD/1 verwendet werden (siehe Kapitel 16.2.8). Allerdings wird nur bei der dreidimensionalen Sichtweitenberechnung eine befriedigende und den heutigen Ansprüchen genügende Genauigkeit erreicht.

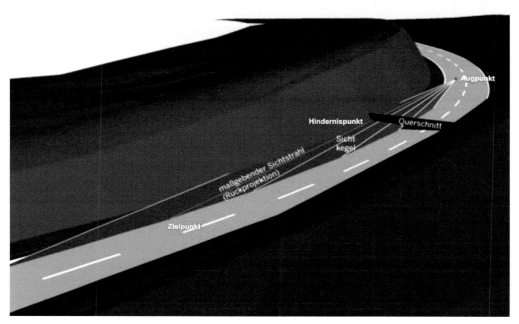

Bild 16-2: Modellskizze Sichtkegelverfahren (APPELT/BASEDOW 2000)

16.1.3 Theoretischer Hintergrund zur Prüfung der räumlichen Linienführung

Die räumliche Linienführung ist bei Autobahnen und Landstraßen eine maßgebliche Einflussgröße auf das Fahrverhalten und die Verkehrssicherheit. Aber auch bei Stadtstraßen hat sie erheblichen Einfluss auf die Erkennbarkeit und Begreifbarkeit der Straßenverkehrsanlage. Eine befriedigende räumliche Linienführung wird bei der Verwendung von Standardraumelementen (SRE) erreicht. Standardraumelemente entstehen bei einer vorgegebenen Überlagerung von Lageplan- und Höhenplanelementen. So sollen der Kurvenbeginn bzw. das Kurvenende im Lageplan mit dem Ausrundungsbeginn bzw. Ausrundungsende im Höhenplan übereinstimmen. Geraden im Lageplan und konstante Längsneigungen im Höhenplan werden als Kurven bzw. Ausrundungen mit einem Radius = ∞ betrachtet.

Ein Raumelement wird gemäß RAL als Standardraumelement betrachtet, wenn folgende Bedingungen erfüllt sind:

○ **20%-Kriterium:** Anfangs- und Endpunkte im Lageplan und Höhenplan dürfen bis zu 20 % der Länge des Lageplanelementes voneinander abweichen, um trotzdem als Standardraumelement gelten zu können. Größere Abweichungen der Anfangs- und Endpunkte im Lageplan und Höhenplan führen zu Defiziten in der räumlichen Linienführung.

○ **Mindesthalbmesser bei Kuppe/Wanne:** Kuppe ≥ 2000 m, Wanne ≥ 3000 m (gemäß RAL-Entwurfsklasse EKL 4)

○ **Kritische Dehnung bei gekrümmter Wanne:** Das Verhältnis des Kurvenradius R zum Wannenhalbmesser H_W muss $\leq 0{,}1$ sein. Ist das Verhältnis größer, müssen der Anfangs- und der Endpunkt der Wanne innerhalb der Kurve liegen.

○ **Verschiebung/Klothoide bei gekrümmter Kuppe:** Der Kurvenbeginn muss mindestens gemäß Bild 16-3 vor dem Kuppenbeginn liegen.

Kuppenhalb-messer H [m]	Klothoidenparameter A [m]			
	150	200	250	≥ 300
3000	25	50	65	80
4000	15	35	55	75
5000		25	50	70
6000		15	40	60
7000			30	55
8000	keine Verschiebung		20	45
9000	erforderlich		10	40
10000				30

Bild 16-3: Erforderliche Verschiebung des Kuppenbeginns hinter den Kurvenbeginn bei der Achselementfolge „Gerade – Klothoide – Kreisbogen" gemäß RAL (FGSV 2012)

Es werden in den Regelwerken folgende Defizite der räumlichen Linienführung unterschieden:

○ RAA:

 ○ optischer Knickpunkt,

 ○ Höhenplanfremde Abbildung (Brettwirkung kurzer Zwischengeraden) und

 ○ Flattern,

o   RAL:

    o   Sichtschatten (Springen und Tauchen),

    o   verdeckter Kurvenbeginn,

    o   Dehnungen,

    o   Stauchungen und

    o   gestalterische Defizite.

Grundsätzlich ist die räumliche Linienführung bei allen Entwürfen zu überprüfen. Dies erfolgt gemäß den Hinweisen zur Visualisierung von Entwürfen für außerörtliche Straßen (FGSV, 2008) dreistufig:

1. Prüfen, ob durch Umplanung der Abschnitte, in denen keine Standardraumelemente entstehen, die Abstimmung der Anfangs- und Endpunkte im Lageplan und Höhenplan so erreicht werden, dass Standardraumelemente entstehen.

2. Überprüfung der gesamten Trasse und besonders der Abschnitte, in denen danach keine Standardraumelemente entstehen, auf verdeckte Kurvenbeginne und Sichtschattenstrecken. Sofern solche Defizite erkannt werden, ist eine Umplanung zu deren Beseitigung zwingend notwendig, es sei denn, anhand von Perspektivbildern kann die gute Erkennbarkeit und Begreifbarkeit des Trassenverlaufs nachgewiesen werden.

3. Die gesamte Trasse wird mittels Perspektivbildern auf gestalterische Defizite geprüft.

Die Kontrolle der Standardraumelemente und die Prüfung auf Sichtschatten (2D) sowie auf verdeckte Kurvenanfänge sind in die CARD/1-Sichtweitenberechnung integriert.

16.2 Berechnung der Sichtweiten

16.2.1 Vorgang neu

Um eine Sichtweitenberechnung durchführen zu können, muss ein Vorgang neu angelegt werden. Unter dieser Vereinbarung werden alle Einstellungen, Parameter und Ergebnisse gespeichert. Für eine Achse können maximal 99 Vorgänge vereinbart werden.

➔ **MENÜ VERKEHRSWEG**
    ➔ Sichtweiten berechnen
        ➔ KONTEXTAUSWAHL/-ANZEIGE
            ➔ Achse mit Doppelklick wählen
        ➔ Vorgang neu
            ➔ Felder im Eingabefenster ausfüllen (Bild 16-4)
                ➔ OK
                    ➔ weiteres Vorgehen analog Kapitel 16.2.8

Bild 16-4: Eingabefenster zur Vereinbarung eines neuen Vorgangs

16.2.2 Vorgang wählen / Vorgang über Gradiente wählen

Ist bereits ein Vorgang vereinbart worden, kann dieser erneut gewählt werden. Dies erfolgt allgemein für die aktuelle Achse (Bild 16-5) oder für eine bestimmte Gradiente (Bild 16-6). Der gewählte Vorgang kann anschließend kopiert, bearbeitet oder gelöscht werden.

→ MENÜ VERKEHRSWEG
    → Sichtweiten berechnen
        → KONTEXTAUSWAHL/-ANZEIGE
            → Achse mit Doppelklick wählen
                → KONTEXTAUSWAHL/-ANZEIGE
                    → Vorgang mit Doppelklick auswählen (Bild 16-5)

Bild 16-5: Eingabefenster zur Wahl eines vorhandenen Vorgangs für die aktuelle Achse

→ MENÜ VERKEHRSWEG
    → Sichtweiten berechnen
        → KONTEXTAUSWAHL/-ANZEIGE
            → Achse mit Doppelklick wählen
        → Vorgang wählen über Gradiente
            → Gradiente mit Doppelklick wählen (Bild 16-6)
                → Vorgang mit Doppelklick auswählen (Bild 16-5)

Bild 16-6: Wahl eines vorhandenen Vorgangs über die Vorgabe einer Gradiente der aktuellen Achse

16.2.3 Vorgang kopieren

Wenn sich bei einer neuen Sichtweitenberechnung im Gegensatz zu einem bestehenden Vorgang nur wenige Parameter ändern, bietet diese Funktion die Möglichkeit, den bestehenden Vorgang zu kopieren. Die Kopierfunktion ist allerdings auf die Achse des zu kopierenden Vorgangs beschränkt. Nach dem Kopiervorgang wird automatisch das Eingabefenster zur Berechnung von Sichtweiten und Sichtprofilen aufgerufen.

➜ **MENÜ VERKEHRSWEG**
    ➜ Sichtweiten berechnen
        ➜ KONTEXTAUSWAHL/-ANZEIGE
            ➜ Achse mit Doppelklick wählen
                ➜ KONTEXTAUSWAHL/-ANZEIGE
                    ➜ Vorgang mit Doppelklick auswählen (Bild 16-5)
        ➜ Vorgang kopieren
            ➜ Felder im Eingabefenster ausfüllen (Bild 16-7)
                ➜ OK

Bild 16-7: Eingabefenster zum Kopieren eines vorhandenen Vorgangs

16.2.4 Vorgang löschen

Wird ein Vorgang nicht mehr benötigt, sollte er aus Gründen der Projektpflege gelöscht werden. Nach der Wahl des zu löschenden Vorgangs kann er mit dieser Funktion endgültig gelöscht werden.

➜ MENÜ VERKEHRSWEG
   ➜ Sichtweiten berechnen
      ➜ KONTEXTAUSWAHL/-ANZEIGE
         ➜ Achse mit Doppelklick wählen
            ➜ KONTEXTAUSWAHL/-ANZEIGE
               ➜ Vorgang mit Doppelklick auswählen (Bild 16-5)
      ➜ Vorgang löschen
         ➜ Ja (Bild 16-8)

Bild 16-8: Eingabefenster zur Löschung eines Vorgangs

16.2.5 Vorgang aktualisieren / alle Vorgänge aktualisieren

Dass die Änderungen der Trassierung (Lageplan, Höhenplan, Querschnitt) zu einer automatischen Neuberechnung der bereits ermittelten Sichtweiten führen, kann bei der Festlegung der Berechnungsparameter (Bild 16-11) vereinbart werden. Erfolgt diese Vereinbarung nicht, muss der Projektbearbeiter die berechneten Sichtweiten nochmals berechnen. Hierfür bietet die Funktion die Möglichkeit, ohne nochmaliges Bestätigen der Einstellungen die Berechnung zu starten. Darüber hinaus besteht die Möglichkeit alle Vorgänge auf einmal zu aktualisieren.

➜ MENÜ VERKEHRSWEG
   ➜ Sichtweiten berechnen
      ➜ KONTEXTAUSWAHL/-ANZEIGE
         ➜ Achse mit Doppelklick wählen
            ➜ KONTEXTAUSWAHL/-ANZEIGE
               ➜ Vorgang mit Doppelklick auswählen (Bild 16-5)
      ➜ Vorgang aktualisieren (Bild 16-9)

➜ MENÜ VERKEHRSWEG
   ➜ Sichtweiten berechnen
      ➜ KONTEXTAUSWAHL/-ANZEIGE
         ➜ Achse mit Doppelklick wählen
      ➜ Alle Vorgänge aktualisieren (Bild 16-10)

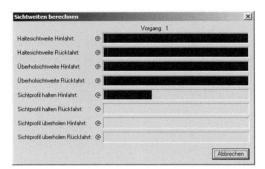

Bild 16-9: Hinweisfenster während des Aktualisierungsvorganges

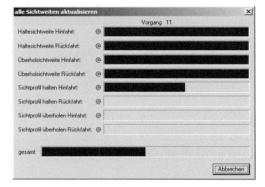

Bild 16-10: Hinweisfenster während des Aktualisierungsvorganges aller Vorgänge

16.2.6   Attribute bearbeiten

Die Attribute eines Vorgangs (Bild 16-4) können mit dieser Funktion nachträglich bearbeitet werden. Sie können somit an die evtl. geänderten Berechnungsparameter angepasst werden, so dass die Bezeichnung des Vorgangs mit dessen Ergebnis übereinstimmt.

➜ MENÜ VERKEHRSWEG
   ➜ Sichtweiten berechnen
      ➜ KONTEXTAUSWAHL/-ANZEIGE
         ➜ Achse mit Doppelklick wählen
            ➜ KONTEXTAUSWAHL/-ANZEIGE
               ➜ Vorgang mit Doppelklick auswählen (Bild 16-5)
      ➜ bearbeiten Attribute
         ➜ Felder im Eingabefenster ausfüllen (Bild 16-4)
            ➜ OK

16.2.7   Notiz bearbeiten

Um den Berechnungsvorgang ausreichend erläutern zu können, bietet diese Funktion die Möglichkeit, einen Kommentar zu hinterlegen. Der Vorgang, der eine Notiz enthält, wird im Fenster zur Berechnung der Sichtweiten bei dem Feld „Notiz" mit einem Sternchen (*) und im Hauptmenüpunkt „Notiz" mit einem Ausrufezeichen (!) gekennzeichnet.

➔ **MENÜ VERKEHRSWEG**
   ➔ Sichtweiten berechnen
      ➔ KONTEXTAUSWAHL/-ANZEIGE
         ➔ Achse mit Doppelklick wählen
            ➔ KONTEXTAUSWAHL/-ANZEIGE
               ➔ Vorgang mit Doppelklick auswählen (Bild 16-5)
   ➔ bearbeiten Notiz
      ➔ Text im Eingabefenster eintragen
         ➔ Datei
            ➔ Speichern
         ➔ Datei
            ➔ Beenden

16.2.8   Vorgang bearbeiten

Mit dieser Funktion öffnen sich die Eingabefenster zur Berechnung von Sichtweiten und Sichtprofilen für den zuvor gewählten Vorgang. Die für den Beginn der Sichtweitenberechnung nötigen Parameter werden in insgesamt drei Eingabefenstern definiert. Im Folgenden werden diese Parameter kurz erläutert.

HALTESICHTWEITEN / ÜBERHOLSICHTWEITEN

Diese Option ermöglicht die Wahl der zu berechnenden Sichtweitenarten.

VORHANDENE / ERFORDERLICHE

Die Berechnung der vorhandenen und der erforderlichen Sichtweiten wird über diese Option gesteuert. Dabei kann für die vorhandenen Sichtweiten zwischen den in Kapitel 16.1 beschriebenen 2D- und 3D-Verfahren gewählt werden.

HINFAHRT / RÜCKFAHRT

Mit dieser Option werden die zu berechnenden Fahrtrichtungen festgelegt. Dabei folgt die Hinfahrt der Stationierungsrichtung.

AUTOMATISCHE NEUBERECHNUNG

Da nach jeder Änderung der Trassierung die bereits berechneten Sichtweiten ungültig sind, bietet diese Option die Möglichkeit, die Sichtweiten automatisch neu zu berechnen. Mit der Schalterstellung "Ja" wird der Automatismus in Kraft gesetzt. Bei der Schalterstellung "Nein" muss der Projektbearbeiter die Neuberechnung zu einem selbst gewählten Zeitpunkt durchführen (siehe Kapitel 0).

ERFORDERLICHE SICHTPROFILE BERECHNEN

Um die Überprüfung des freizuhaltenden Sichtfeldes zu erleichtern, bietet diese Option die Berechnung von bis zu vier Sichtprofilen im Querprofil an. Jedes der berechneten Sichtprofile wird unter einer eigenen Profilnummer in die CARD/1-Profildatenbank gespeichert.

VON STATION / BIS STATION

Mit dieser Option wird der bei der Sichtweitenberechnung zu berücksichtigende Stationsbereich der aktuellen Achse festgelegt.

STATIONEN

Für die Festlegung, an welchen Stationen die Sichtweiten berechnet werden sollen, gibt es zwei sich ausschließende Möglichkeiten.

Zum einen kann eine vorhandene Stationsliste (STAaaaaann.CRD) der aktuellen Achse gewählt werden. Dabei werden nur die Stationen, die in der Stationsliste vereinbart sind und sich in dem Bereich „von Station" und „bis Station" befinden, ausgewertet.

Zu anderen kann ein fester Stationsabstand vorgegeben werden. Dabei ist die erste Station der Berechnung die „von Station" und die letzte die „bis Station".

Um den Verlauf der berechneten Sichtweiten über die Strecke möglichst genau an die tatsächlichen Gegebenheiten anzugleichen, sollte der Stationsabstand so klein wie möglich sein. Allerdings steigt die erforderliche Berechnungszeit dabei erheblich an. Als kleinster Stationsabstand, der ein ausgewogenes Verhältnis zwischen Genauigkeit und Zeitaufwand bietet, hat sich der Wert von 5m bewährt.

GESCHWINDIGKEIT

Bei den Sichtweitenberechnungsmodellen nach RAL und RAA wird die in den Regelwerken festgelegte Geschwindigkeit automatisch zugrunde gelegt.

Für die Berechnung der erforderlichen Sichtweiten nach den RAS-L-Modellen wird die V85-Geschwindigkeit [km/h] benötigt. Die Angabe kann entweder mit einem Geschwindigkeitsband (GESaaaaann.CRD) oder als konstante Geschwindigkeit angegeben werden.

GRADIENTE

Sollen die vorhandenen Sichtweiten zweidimensional oder die erforderliche Haltesichtweite berechnet werden, ist die Angabe der maßgebenden Gradiente notwendig.

PROFILLINIE

Da das Verfahren zur dreidimensionalen Sichtweitenberechnung auf der Auswertung von Oberflächenprofillinien beruht, muss diese Profillinie bei der Wahl des 3D-Verfahrens angegeben werden.

MAXIMALE SICHTWEITE

Um unnötige Rechenzeit zu vermeiden, ist es sinnvoll, die vorhandenen Sichtweiten durch einen Maximalwert zu beschränken. Demzufolge werden sehr große Sichtweiten durch den Maximalwert „abgeschnitten". Allerdings sollte dieser Wert immer über der erforderlichen Überholsichtweite liegen. In der Praxis hat sich der Wert von 700 m bewährt.

Die Angabe einer maximalen Sichtweite hat keine Auswirkungen auf die berechneten Sichtprofile, da diese nur für erforderliche Sichtweiten erzeugt werden.

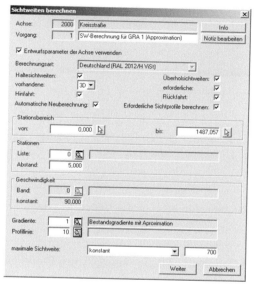

Bild 16-11: Eingabefenster zur Festlegung der Berechnungsparameter – Teil 1

HÖHEN

Mit diesen Optionen werden die Höhen von Aug- und Zielpunkt festgelegt. Für die Sichtweitenberechnungen im Straßenentwurf sind sie in den Regelwerken festgelegt und sollten daher nicht verändert werden. Gemäß den Regelwerken betragen die Zielpunkthöhen:

○ RAL 2011: 1,00 m über der Gradiente,

○ RAA 2008: 1,00 m über der Gradiente,

○ RAS-L 95: 0,35 m über der Gradiente oder in Abhängigkeit der V85.

Die Option „aus V85" ermöglicht für die Sichtweitenberechnungsmodellen nach RAS-L die Zielpunkthöhe in Abhängigkeit zur Geschwindigkeit V85 zu ermitteln.

ABSTÄNDE HINFAHRT / ABSTÄNDE RÜCKFAHRT

Analog zu den Höhen sind auch die Abstände zwischen Achse und Augpunkt einerseits und Achse und Zielpunkt andererseits in den Regelwerken festgelegt und damit für die Berechnung bindend. Die Abstände zwischen Achse und Augpunkt können entweder mit einem Breitenband (BRTaaaaann.CRD) oder als konstante Breite angegeben werden.

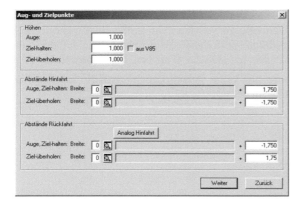

Bild 16-12: Eingabefenster zur Festlegung der Berechnungsparameter – Teil 2

QUERNEIGUNG

Mit dieser Option erfolgt die Angabe der Querneigung für den linken und rechten Fahr-streifen. Es ist ausschließlich die Auswahl aus vorhandenen Querneigungsdateien (QUEaaaaann.CRD) möglich.

PROFILSTATIONEN

An den angegebenen Stationen werden die Sichtprofile erzeugt. Es stehen folgende Un-teroptionen zur Verfügung:

EINER VORH. PROFILLINIE:

Dabei werden die Stationen der unter der Option „Profillinie" angegebenen Profillinie automatisch berücksichtigt.

ALLE VORHANDENEN PROFILSTATIONEN

An allen, in der Profildatenbank vorhandenen Stationen werden Sichtprofile erzeugt.

OBIGE STATIONSLISTE DER SICHTWEITEN

Für die Stationen, für die Sichtweiten berechnet wurden, werden Sichtprofile erzeugt.

ANDERE STATIONSLISTE

An den Stationen der gewählten Stationsliste (STAaaaaann.CRD) oder eines Stations-abstandes werden Sichtprofile erzeugt.

FAHRERSTATIONEN

Zur Profilpunktberechnung sind vier Stationslisten auszuwählen:

- ○ für die Hinfahrt:
  - ○ Haltesichtweite und
  - ○ Überholsichtweite sowie
- ○ für die Rückfahrt:
  - ○ Haltesichtweite und
  - ○ Überholsichtweite.

ABSTAND

An Stelle der vier Stationslisten kann ein konstanter Abstand, der für alle vier Profil-punktberechnungen verwendet wird, eingegeben werden. Allerdings zieht ein kleiner Abstand eine beträchtliche Rechenzeit und große Punktanzahl nach sich.

PUNKTFILTER

Die Auswahl der Profilpunkte, die in das Sichtprofil einfließen sollen, kann mit folgenden Unteroptionen gesteuert werden:

MAXIMALE PUNKTANZAHL

Legt die maximal zulässige Anzahl der Punkte im Sichtprofil fest. Sie darf dabei maximal 1.000 betragen. Der Wert 0 (Null) deaktiviert die Option.

AUSSIEBWINKEL

Punkte im Sichtprofil, die zu ihren beiden Nachbarpunkten nur einen kleinen (spitzen) Winkel aufweisen, können ohne die Genauigkeit zu reduzieren, gelöscht werden. Somit erfolgt eine Datenreduktion und die Sichtprofillinie besteht nur noch aus wenigen Punkten. Der Wert 0 (Null) deaktiviert die Option.

PROFILLINIEN

Um die berechneten Sichtprofile als Profillinien abspeichern zu können, ist die Angabe jeweils einer Profilliniennummer notwendig. Es werden für die Haltesichtweite und für die Überholsichtweite jeweils getrennt nach Hin- und Rückfahrt Profillinien angelegt.

Bei der Verwendung des 3D-Berechnungsverfahrens muss die Berücksichtigung der vorhandenen Profillinien vereinbart werden (Bild 16-14). Um bei der ersten Berechnung die vorhandenen Profillinien nicht zu verändern, sollte die Option „Bestand ignorieren" gewählt werden. Wird der Vorgang aktualisiert oder bearbeitet, ist es zweckmäßig, für jedes zu berechnende Sichtprofil die Option „Linie für alle Stationen löschen" oder „Linie im Stationsbereich löschen" zu wählen, um die aktuellen Ergebnisse korrekt abzubilden.

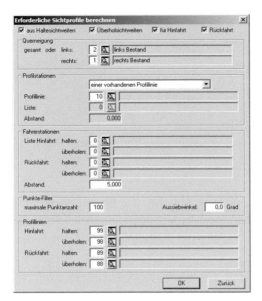

Bild 16-13: Eingabefenster zur Festlegung der Berechnungsparameter – Teil 3

Bild 16-14: Vereinbarung zur Berücksichtigung der bereits vorhandenen Profillinien

➔ **MENÜ VERKEHRSWEG**

  ➔ Sichtweiten berechnen

    ➔ KONTEXTAUSWAHL/-ANZEIGE

      ➔ Achse mit Doppelklick wählen

        ➔ KONTEXTAUSWAHL/-ANZEIGE

          ➔ Vorgang mit Doppelklick auswählen (Bild 16-5)

    ➔ bearbeiten Vorgang

      ➔ Felder im Eingabefenster ausfüllen (Bild 16-11)

        ➔ Weiter

          ➔ Felder im Eingabefenster ausfüllen (Bild 16-12)

            ➔ Weiter

➔ Felder im Eingabefenster ausfüllen (Bild 16-13)

   ➔ OK

      ➔ Vereinbarung zur Berücksichtigung der be-
         reits vorhandenen Profillinien wählen (Bild
         16-14)

         ➔ OK

            ➔ bei Fehlermeldung manuelle Prüfung der
               berechnungsrelevanten Querprofillinie

16.2.9 Fehlermeldung

Da das 3D-Berechnungsverfahren auf der Auswertung von Querprofilen beruht, kann es bei einem gleichzeitigen Auftreten schmaler Querprofile und einer größeren Kurvigkeit im Lageplan dazu führen, dass der Sichtstrahl den Querprofilkorridor verlässt. Da außerhalb des Querprofilkorridors anhand der für die Berechnung zur Verfügung stehenden Daten keine Aussage über die Topographie getroffen werden kann, ist die Genauigkeit der errechneten Sichtweiten nicht garantiert. Daher muss der Projektbearbeiter im Anschluss an den Berechnungsvorgang manuell prüfen, ob alle relevanten Sichthindernisse durch die in der Berechnung zu berücksichtigende Profillinie erfasst wurden. Die Fehlermeldung wird auch in der Ergebnisdatei bei der betroffenen Station mit vermerkt (Bild 16-17).

Bild 16-15: Fehlermeldung bei schmalen Querprofilen und gleichzeitiger hoher Kurvigkeit im Lageplan

16.3 Ergebnisse der Sichtweitenberechnung

Die Berechnungsergebnisse können in den unterschiedlichsten Modulen zum einen dargestellt und zum anderen weiter verwendet werden. Die Ergebnisse werden generell für jede Augpunktstation in Dateien abgespeichert, auf die weiter zugegriffen werden kann.

16.3.1 Dateien

Ebenso wie die anderen Stationsdaten (Kapitel 11) werden die Ergebnisse im ASCII-Format verwaltet. Je nach Wahl der Parameter werden bis zu acht Dateien angelegt:

o vorhandene Haltesichtweite für die Hinfahrt   (HVHaaaaann.CRD),

o vorhandene Haltesichtweite für die Rückfahrt (HVRaaaaann.CRD,

o erforderliche Haltesichtweite für die Hinfahrt (HEHaaaaann.CRD),

o erforderliche Haltesichtweite für die Rückfahrt (HERaaaaann.CRD),

o vorhandene Überholsichtweite für die Hinfahrt   (UVHaaaaann.CRD),

o vorhandene Überholsichtweite für die Rückfahrt (UVRaaaaann.CRD), o   erforderliche Überholsichtweite für die Hinfahrt (UEHaaaaann.CRD) und

o   erforderliche Überholsichtweite für die Rückfahrt (UERaaaaann.CRD).

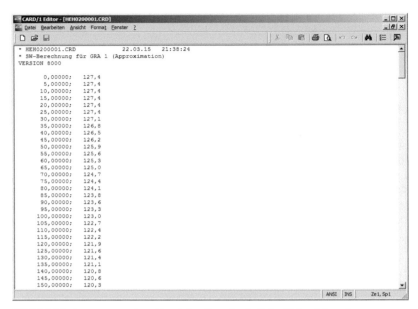

Bild 16-16: Auszug aus einer Datei für die erforderliche Haltesichtweite

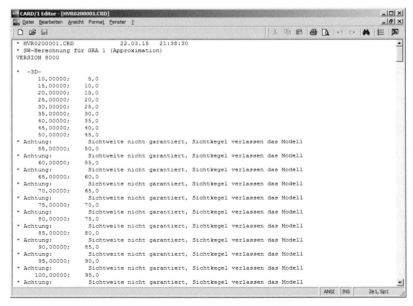

Bild 16-17: Auszug aus einer Datei für die vorhandene Überholsichtweite

16.3.2 Darstellung der Sichtstrahlen und des Sichtfeldes

In jedem Lageplanfenster kann mit der Funktionsgruppe *Darstellen* die visuelle Darstellung der Sichtweiten vereinbart werden.

Dabei werden die Ergebnisse der Sichtweitenberechnungen entlang einer gewählten Achse aufgetragen. Hierfür stehen die folgenden drei Darstellungsarten zur Verfügung:

o   als Band (Bild 16-22):

Die berechneten erforderlichen und vorhandenen Sichtweiten werden als Band entlang der zugehörigen Achse gezeichnet. Die Farben zur Unterscheidung der Sichtweiten kann der Projektbearbeiter selbst wählen.

o   als Sichtstrahlen (Bild 16-24):

Für die Kontrolle der freizuhaltenden Sichtfelder können die Sichtstrahlen der erforderlichen Sichtweiten gezeichnet werden. Die Farben zur Unterscheidung der erforderlichen Sichtweiten kann der Projektbearbeiter selbst wählen.

o   als Umhüllende (Bild 16-24):

Gegenüber der Darstellung aller einzelnen Sichtstrahlen bietet das Zeichnen der Umhüllenden den Vorteil des größeren Überblicks. Die Farben zur Unterscheidung der erforderlichen Sichtweiten kann der Projektbearbeiter selbst wählen.

➔ **MENÜ FENSTER**

   ➔ ein Lageplanfenster wählen

   ➔

      ➔ Achsen

         ➔ im Auswahlfeld „ausgewählte Stationsdaten" wählen (Bild 16-18)

            ➔ wählen

               ➔ Tabelle

                  ➔ Achse im Auswahlfenster mit Doppelklick auswählen (Bild 16-19)

                     ➔ Sichtweitenergebnisdatei im Auswahlfenster mit Doppelklick auswählen (Bild 16-20)

                        ➔ Darstellungsparameter der Sichtweiten festlegen (Bild 16-21, Bild 16-23)

                           ➔ OK

                 ➔ Tabelle

                    ➔ schließen

     ➔ OK (Bild 16-18)

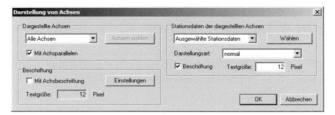

Bild 16-18: Eingabefenster zur Auswahl der im Lageplanfenster darzustellenden Stationsdaten

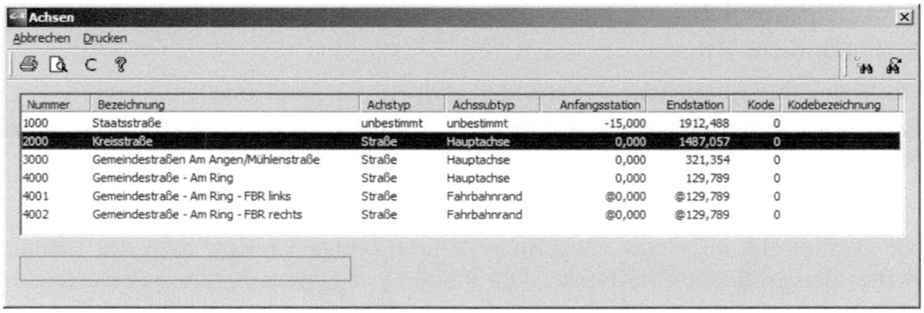

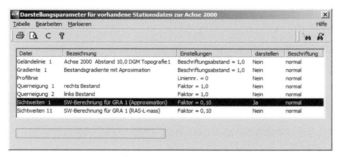

Bild 16-19: Auswahlfenster zur Auswahl der Bezugsachse der im Lageplanfenster darzustellenden Stationsdaten

Bild 16-20: Auswahlfenster zur Auswahl der im Lageplanfenster darzustellenden Stationsdaten

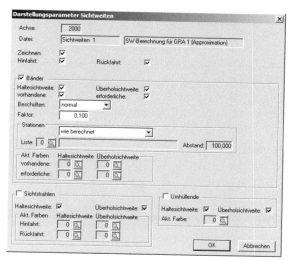

Bild 16-21: Eingabefenster zur Festlegung der Darstellungsparameter der Sichtweiten

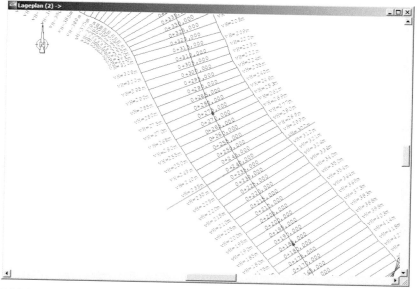

Bild 16-22: Darstellung der Sichtweiten als Band im Lageplanfenster

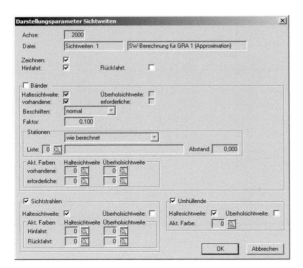

Bild 16-23: Eingabefenster zur Festlegung der Darstellungsparameter der Sichtweiten

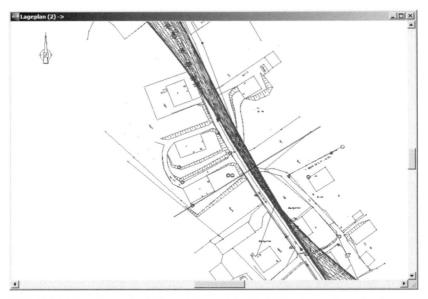

Bild 16-24: Darstellung der Sichtstrahlen und der Umhüllenden im Lageplanfenster

16.3.3 Darstellung als Sichtweitenband

Die berechneten Sichtweiten können in der Funktionsgruppe **Gradiente entwerfen** als Fenstergruppe dargestellt werden (Bild 16-26).

→ **MENÜ VERKEHRSWEG**

   → Längsschnitt

      → Gradiente entwerfen

         → mit der rechten Maustaste in das Grafikfenster der Gradiente klicken

            → Fenstergruppe bilden

               → Sichtweitenband als darzustellende Bandansichten im Auswahlfenster wählen (Bild 10-30)

                  → OK

         → Sichtweitenbandfenster durch Anklicken aktivieren

Um die für das Sichtweitenband geltenden Darstellungsparameter ändern zu können, ist in der Symbolleiste *Daten darstellen* zu wählen. Nun stehen die Funktionsgruppen *Sichtweiten* und *Skalierung* zur Verfügung.

→ Sichtweiten

   → Felder im Eingabefenster ausfüllen (Bild 16-25)

      → OK

Bild 16-25: Auswahl der darzustellenden Sichtweiten im Sichtweitenband

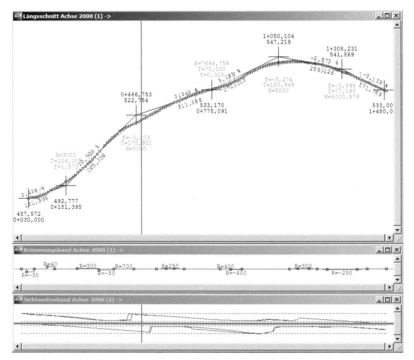

Bild 16-26: Darstellung der Sichtweiten als Fenstergruppe

16.3.4   Darstellung der berechneten Sichtprofillinien

Da die Sichtweiten in erster Linie eine Kontrollgröße darstellen, können für die erforderlichen Sichtweiten Sichtprofile berechnet werden:

o   Haltesichtprofil für die Hinfahrt,

o   Haltesichtprofil für die Rückfahrt,

o   Überholsichtprofil für die Hinfahrt und

o   Überholsichtprofil für die Rückfahrt.

Die Sichtprofile werden in der Profildatenbank abgespeichert und können im Querprofil als Profillinien dargestellt werden (Bild 16-27). Der Projektbearbeiter hat somit die Möglichkeit, in der Querprofilentwicklung die erforderlichen Sichtweiten zu berücksichtigen (z. B. durch Sichtbermen). Die Profillinien können mit der Funktionsgruppe **Daten darstellen** ausgewählt werden.

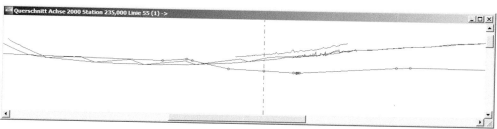

Bild 16-27: Darstellung der berechneten Sichtprofile für die erforderlichen Sichtweiten (Profillinie mit Punkten = vorhandenes Gelände)

16.3.5 Darstellung als Sichthindernis

Im Modul FAHRSIMULATION können die berechneten Sichtweiten als Band über dem Perspektivbild, als Werte für die Station des aktuellen Augpunktes und als Sichthindernisse (nur vorhandene Sichtweiten) dargestellt werden.

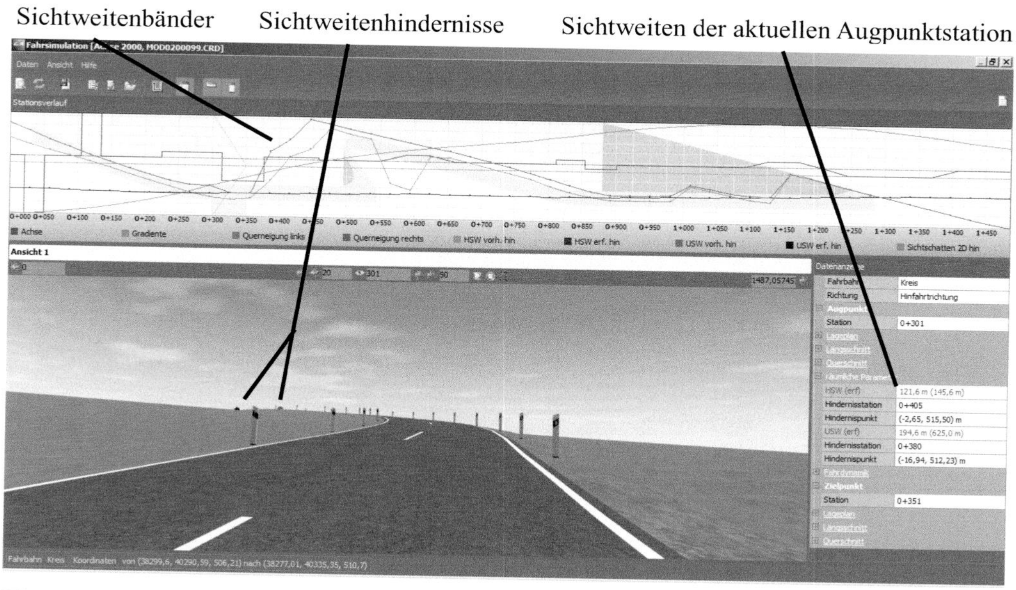

Bild 16-28: Darstellung der Sichtweiten in der Fahrsimulation

16.4 Überprüfung der räumlichen Linienführung

Grundsätzlich ist die räumliche Linienführung bei allen Entwürfen zu überprüfen. Das in Kapitel 16.1.3 beschriebene Verfahren ist dabei zu beachten.

Für die Prüfung auf Standardraumelementen (SRE) sind eine Achse und ein zugehöriger Vorgang zur Sichtweitenberechnung, in dem die relevante Gradiente festgelegt wurde, zu bestimmen. Die Ergebnisse werden wie in Kapitel beschrieben, dokumentiert. Entsprechend dem in Kapitel 16.1.3 beschriebenen Verfahren ist ggf. eine Änderung der Achse und/oder der Gradiente sowie eine erneute Prüfung auf Standardraumelemente erforderlich. Da die Änderung der Achse und/oder der Gradiente auch Einfluss auf alle anderen zugehörigen Stationsdaten (vgl. Kapitel 11) hat, ist die Prüfung auf Standardraumelemente zum frühest möglichen Zeitpunkt des Entwurfs durchzuführen!

➔ **MENÜ VERKEHRSWEG**
    ➔ Sichtweiten berechnen
        ➔ KONTEXTAUSWAHL/-ANZEIGE
            ➔ Achse mit Doppelklick wählen
                ➔ KONTEXTAUSWAHL/-ANZEIGE
                    ➔ Vorgang mit Doppelklick auswählen (Bild 16-5)
        ➔ SRE prüfen
            ➔ Felder im Eingabefenster ausfüllen (Bild 16-29)
                ➔ OK

Bild 16-29: Eingabefenster zur Prüfung auf Standardraumelemente

16.5 Ergebnisse der Überprüfung der räumlichen Linienführung

16.5.1 Darstellung in der Protokollausgabe

Die Ergebnisse der Überprüfung der räumlichen Linienführung werden im Protokollfenster (Arbeitsprotokoll) ausgegeben. Darin werden folgende Konventionen zur Beschreibung der Lageplan-, Höhenplan- und Raumelemente verwendet:

Lageplanelement – Radius R [m] als maßgeblich beschreibende Größe

o   R = 0: Gerade

o   R > 0: Rechtskurve

o   R < 0: Linkskurve

o   R = -99: unbekannt

Höhenplanelement – Halbmesser H [m] als maßgeblich beschreibende Größe

o   H = 0: konstante Längsneigung

o   H > 0: Wanne

o   H < 0: Kuppe

o   H = -99: unbekannt

Raumelement RE – Kode als maßgeblich beschreibende Größe

o   Kode > 0: Raumelement ist Standardraumelement

   • 11: Gerade mit konstanter Längsneigung

   • 12: gerade Wanne

   • 13: gerade Kuppe

   • 21: Kurve mit konstanter Längsneigung

   • 22: gekrümmte Wanne

   • 23: gekrümmte Kuppe

o   Kode < 0: Raumelement ist kein Standardraumelement – Ursache:

   • -99: unbekannt

   • -(100+RE): 20%-Kriterium überschritten

   • -(200+RE): Mindesthalbmesser unterschritten

   • -322: Wanne: kritische Dehnung

   • -423: Kuppe: unzulässig fehlende Klothoide

   • -523: Kuppe: erforderliche Verschiebung fehlt

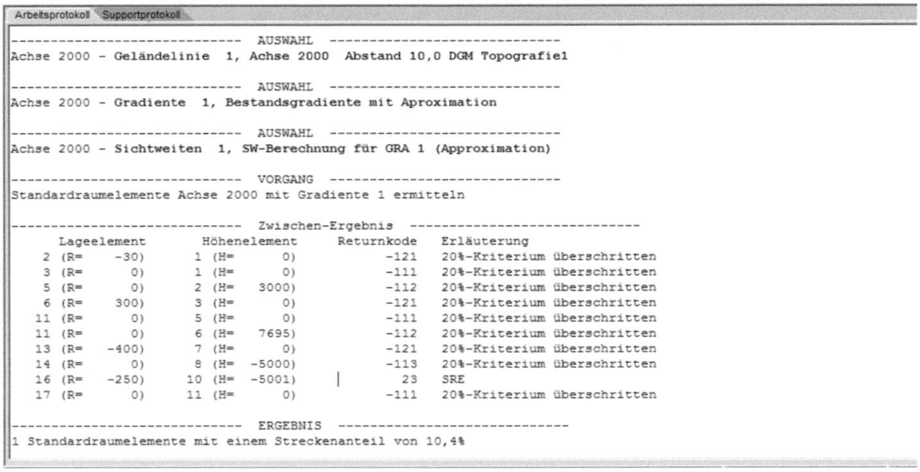

```
Arbeitsprotokoll  Supportprotokoll
------------------------- AUSWAHL --------------------------
Achse 2000 - Geländelinie  1, Achse 2000  Abstand 10,0 DGM Topografie1

------------------------- AUSWAHL --------------------------
Achse 2000 - Gradiente  1, Bestandsgradiente mit Aproximation

------------------------- AUSWAHL --------------------------
Achse 2000 - Sichtweiten  1, SW-Berechnung für GRA 1 (Approximation)

------------------------- VORGANG --------------------------
Standardraumelemente Achse 2000 mit Gradiente 1 ermitteln

------------------------- Zwischen-Ergebnis --------------------------
     Lageelement       Höhenelement    Returnkode  Erläuterung
   2 (R=    -30)    1 (H=     0)          -121   20%-Kriterium überschritten
   3 (R=      0)    1 (H=     0)          -111   20%-Kriterium überschritten
   5 (R=      0)    2 (H=  3000)          -112   20%-Kriterium überschritten
   6 (R=    300)    3 (H=     0)          -121   20%-Kriterium überschritten
  11 (R=      0)    5 (H=     0)          -111   20%-Kriterium überschritten
  11 (R=      0)    6 (H=  7695)          -112   20%-Kriterium überschritten
  13 (R=   -400)    7 (H=     0)          -121   20%-Kriterium überschritten
  14 (R=      0)    8 (H= -5000)          -113   20%-Kriterium überschritten
  16 (R=   -250)   10 (H= -5001)    |       23   SRE
  17 (R=      0)   11 (H=     0)          -111   20%-Kriterium überschritten

------------------------- ERGEBNIS --------------------------
1 Standardraumelemente mit einem Streckenanteil von 10,4%
```

Bild 16-30: Darstellung der Ergebnisse der Überprüfung der räumlichen Linienführung in der Protokollausgabe

16.5.2 Darstellung als Abschnittsband

Die Ergebnisse der Überprüfung der räumlichen Linienführung können in der Funktionsgruppe **Gradiente entwerfen** als Fenstergruppe dargestellt werden (Bild 16-26).

➜ **MENÜ VERKEHRSWEG**
  ➜ Längsschnitt
    ➜ Gradiente entwerfen
      ➜ mit der rechten Maustaste in das Grafikfenster der Gradiente klicken
        ➜ Fenstergruppe bilden
          ➜ Abschnittsband als darzustellende Bandansichten im Auswahlfenster wählen (Bild 10-30)
            ➜ OK
      ➜ Abschnittsbandfenster durch Anklicken aktivieren

Um die für das Abschnittsband geltenden Darstellungsparameter ändern zu können, ist in der Symbolleiste *Daten darstellen*  zu wählen. Nun stehen die Funktionsgruppen *Abschnitte* und *Skalierung* zur Verfügung.

➔ Abschnitte

  ➔ Felder im Eingabefenster ausfüllen (Bild 16-31)

    ➔ Ausgewählte Abschnittsbänder

      ➔ Abschnittsbänder wählen

        ➔ vorhandene Abschnittsbänder mit den Ergebnissen der Überprüfung der räumlichen Linienführung markieren

          ➔ OK

    ➔ OK

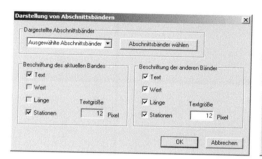 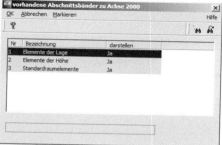

Bild 16-31: Auswahl der darzustellenden Ergebnisse der räumlichen Linienführung im Abschnittsband

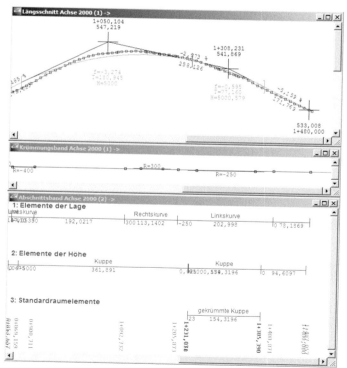

Bild 16-32: Darstellung der Überprüfungsergebnisse der räumlichen Linienführung als Fenstergruppe

16.5.3 Darstellung im Sichtweitenband

Die Ergebnisse der Überprüfung der räumlichen Linienführung können in der Funktionsgruppe **Gradiente entwerfen** als Fenstergruppe dargestellt werden (Bild 16-35).

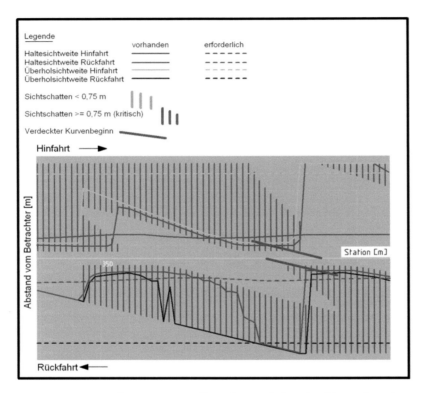

Bild 16-33: Konventionen zur Darstellung der Ergebnisse der Überprüfung der räumlichen Linienführung im Sichtweitenband

→ **MENÜ VERKEHRSWEG**
　　→ Längsschnitt
　　　　→ Gradiente entwerfen
　　　　　　→ mit der rechten Maustaste in das Grafikfenster der Gradiente klicken
　　　　　　→ Fenstergruppe bilden
　　　　　　　　→ Sichtweitenband als darzustellende Bandansichten im Auswahlfenster wählen (Bild 10-30)
　　　　　　　　→ OK
　　　　→ Sichtweitenbandfenster durch Anklicken aktivieren

Um die für das Sichtweitenband geltenden Darstellungsparameter ändern zu können, ist in der Symbolleiste *Daten darstellen* ✎ zu wählen. Nun stehen die Funktionsgruppen *Sichtweiten* und *Skalierung* zur Verfügung.

➔ Sichtweiten
   ➔ Felder im Eingabefenster ausfüllen (Bild 16-34)
      ➔ OK

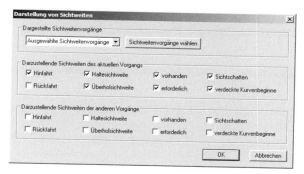

Bild 16-34: Auswahl der darzustellenden Ergebnisse der Überprüfung der räumlichen Linienführung

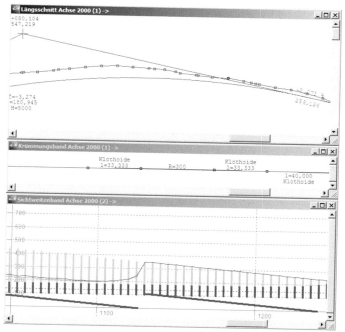

Bild 16-35: Darstellung der Ergebnisse der Überprüfung der räuml. Linienführung als Fenstergruppe

17 Visualisierung von Straßenverkehrsanlagen

17.1 Allgemeines

Die Visualisierung von Verkehrsanlagen eignet sich besonders für Außerortsstraßen zur Prüfung der räumlichen Linienführung. Zudem ermöglicht sie die Präsentation des Entwurfs vor Bauherren bzw. Beteiligten.

Für die CARD/1-Fahrsimulation entlang einer Achse werden in erster Linie Querprofile benötigt. Folgende achsbezogene Ausgangsdaten können zusätzlich ausgewertet werden:

o   Gradiente   GRAaaaaann.crd,

o   Querneigungen QUEaaaaann.crd,

o   Breiten   BRTaaaaann.crd,

o   Sichtweiten HVH/ HVR/ HEH/ HER/ UVH/ UVR/ UEH/ UERaaaaann.crd.

➔ **MENÜ VERKEHRSWEG**
   ➔ Fahrweg simulieren
      ➔ KONTEXTAUSWAHL/-ANZEIGE
         ➔ Achse mit Doppelklick wählen
      ➔ Modellierung neu lokal
         ➔ Felder in Eingabefenster ausfüllen (Bild 17-1)
            ➔ OK
               ➔ Modellierungsdatei editieren
                  ➔ Datei
                     ➔ speichern
                  ➔ Datei
                     ➔ beenden
      ➔ Simulation ausführen

Bild 17-1: Eingabefenster zur Vereinbarung eines neuen Vorganges

Menüleiste   Stationsbänder   Perspektivbild der Straße inkl. Ausstattung und Umfeld

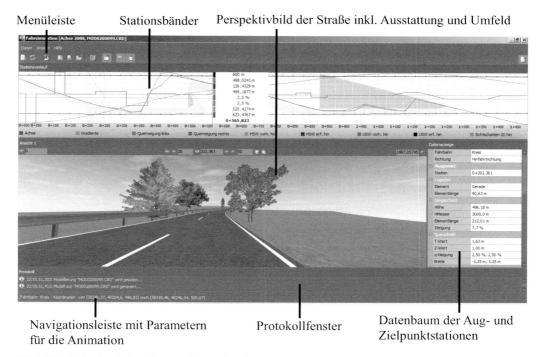

Navigationsleiste mit Parametern   Protokollfenster   Datenbaum der Aug- und
für die Animation   Zielpunktstationen

Bild 17-2: Fahrsimulation einer geplanten Straße

17.2 Modellierungsdatei

In der Modellierungsdatei werden alle Festlegungen definiert, die bei der Fahrsimulation benötigt werden. Im Folgenden werden nur ausgewählte Funktionen erklärt. Für detailliertere Darlegungen wird auf die CARD/1-Hilfe verwiesen.

Die Modellierungsdatei enthält mehrere Anweisungen. Eine Anweisung wiederum besteht immer aus einer Textkonstante und einer Reihe von Parametern. Die Textkonstante steht am Anfang einer Anweisung. Die Parameter sind Zahlenwerte, Texte oder Zeichenkombinationen. Der erste Parameter wird von der Textkonstanten durch ein Semikolon oder Leerzeichen getrennt. Zwischen den Parametern muss jeweils ein Semikolon stehen. Parameter, die in der Erläuterung in [ ]-Klammer stehen, brauchen nur angegeben werden, wenn von den Voreinstellungen abgewichen werden soll. Parameter, die in { }-Klammern stehen, schließen sich gegenseitig aus.

17.2.1 Definition der Oberfläche und der Fahrbahnen

Mit der Anweisung **MODELL** werden die Fahrbahnen und das Oberflächenmodell definiert. Das zu visualisierende Oberflächenmodell ergibt sich aus der Modellachse und den zugehörigen Querprofilen. Der dabei verwendete Datenbereich wird durch die Anfangs- und Endstation der Querprofile begrenzt. Soll nur ein Teilbereich modelliert werden, muss die Anweisung „Datenbereich" verwendet werden.

Die Anzahl der zu vereinbarenden Fahrbahnen ist unbegrenzt. Allerdings werden bei der Fahrsimulation nur die Daten (z. B. Fahrbahnachse, Sichtweiten) der zuerst vereinbarten Fahrbahn entnommen. Dies geschieht unabhängig davon, ob eine oder mehrere Ansichten parallel dargestellt werden.

> **MODELL Pro [;INTERPOLIEREN[(n)] [;CHKTWERT]**
>
> **[STRASSE] Straßenbezeichner 1; TL; TR; TM**
>
> **[STRASSE] Straßenbezeichner 2; ...**
>
> **...**
>
> **[STRASSE] Straßenbezeichner n; ...**
>
> **ENDE**

Pro	Gibt die Profillinie zur Definition des Oberflächenmodells an. Sie entspricht der Profilliniennummer der Querprofilentwicklung.
INTERPOLIEREN[(n)]	Mit dem Algorithmus zur Querprofilinterpolation erfolgt für die angegebene Profillinie in Kurven in Abhängigkeit vom vorliegenden Radius automatisch eine Verdichtung der Querprofilstationen. Mit dieser Methode werden Darstellungsfehler (z. B. Knicke im Fahrbahnrand) reduziert. Allerdings erhöht sich dadurch die Berechnungszeit.
	Bei Texturdefinitionen sollte die Interpolation nicht genutzt werden, da in den Interpolationsquerschnitten keine Profilpunktnummern erzeugt werden können. Als Alternative sollten die Querprofilstationen direkt im Modul QUERPROFILE verdichtet werden. In der Praxis haben sich maximale Abstände von 5 m in Kurven und 50 m in Geraden bewährt.
CHKTWERT	Die Profillinie wird auf die Existenz der Fahrbahnbegrenzungspunkte geprüft und ggf. ergänzt. Nur bei Texturdefinitionen über T-Werte (Anweisung TEXTURT) erfolgt diese Prüfung! Es empfiehlt sich diesen Parameter immer zu aktivieren.
Straßenbezeichner	Mit dieser Definition (beliebiger Name, max. 25 Zeichen ohne Leerzeichen, Groß- und Kleinschreibung wird ignoriert) wird eine Fahrbahn definiert. Für einen zweibahnigen Querschnitt werden somit zwei Straßenbezeichner benötigt. Bei der Weiterverwendung des Straßenbezeichners (z. B. in DATENANZEIGE) muss dieser exakt angegeben werden.

TL, TR, TM	Diese Parameter definieren die Position der Straße im Profil (TL: links; TR: rechts; TM: mittig) anhand einer Breitendatei (BRTaaaaann.CRD).
	Die Angabe der mittigen Lage ist optional. Fehlt diese Angabe, wird die Achslage verwendet.
VERSTECKT	Für diesen Straßenbezeichner wird keine Modellerstellung erstellt.

Mit der Anweisung **DATENBEREICH** wird der zu modellierende Datenbereich des Oberflächenmodells sowie aller achs- bzw. straßenbezogenen Ausstattungsobjekte begrenzt.

DATENBEREICH Anfangsstation; Endstation

| Anfangsstation | Dieser Parameter definiert den Anfang des Datenbereichs. |
| Endstation | Mit diesem Wert wird das Ende des Datenbereichs vereinbart. |

Die Geometrieparameter (Lageplan, Höhenplan, Querschnitt und Raum) der mit der Vereinbarung „Straßenbezeichner" definierten Fahrbahnen können während der Animation für den aktuellen Aug- und Zielpunkt im Datenbaum mit der Anweisung **DATENANZEIGE** angezeigt werden.

DATENANZEIGE

Straßenbezeichner 1 [Gra [;QueL [;QueR [;Ges [;dAG]

Straßenbezeichner 2 ...

...

Straßenbezeichner n ...

ENDE

Straßenbezeichner	Stellt den exakten Name der mit der Anweisung „Modell" definierten Fahrbahn dar, für die mit den weiteren Parametern die Darstellung der Geometriegrößen vereinbart werden soll.
Gra	Zeigt die Gradiente sowohl im Stationsband als auch im Datenbaum an. Ist ein Sichtweitenvorgang gewählt, wird die dort angegebene Gradiente angezeigt.
QueL; QueR	Mit diesen Parametern werden die darzustellenden Stationsdaten vereinbart.
Ges	Zeigt die Geschwindigkeit V85 an. Ist ein Sichtweitenvorgang gewählt, wird die dort verwendete Geschwindigkeit angezeigt.
dAG	Zeigt den Abstand zwischen Achse und Gradiente an. Dies entspricht der Differenz zwischen dem T-Wert der Gradientenlage und dem T-Wert der Achslage.

17.2.2 Definition der Ausstattungselemente

Mit der Anweisung **MARKIERUNG** werden unterbrochene (z. B. Leitmarkierung) und durchgängige Fahrbahnmarkierungen vereinbart. Die Fahrbahnmarkierung wird im Perspektivbild als farbige Linie auf der Fahrbahnoberfläche dargestellt.

MARKIERUNG [Straßenbezeichner]; T [;Db [;Col [;Strichbreite [;Strichlänge [;Strichunterbrechung]

Straßenbezeichner	Mit dem Namen einer definierten Fahrbahn wird der auszustattende Verkehrsweg festgelegt.
T	Dieser Parameter legt die Position der Mittelachse der Markierung von der aktuellen Achse fest. Der Achsabstand kann als statischer Abstand oder unter Verwendung einer Breitendatei (BRTaaaaann.CRD) definiert werden.
Db	Um den Stationsbereich, in dem die Markierung platziert wird, definieren zu können, ist die Angabe einer Anfangs- und einer Endstation notwendig (voreingestellt: GESAMT = gesamter Datenbereich des Modells).
Col	Die Oberflächenfarbe der Markierung wird mit diesem Wert vereinbart (voreingestellt: WEISS).
Strichbreite	Die Gesamtbreite der Markierung wird durch diesem Parameter bestimmt (voreingestellt: 0,1 m).
Strichlänge	Dieser Wert definiert die Länge des Markierungsstrichs (voreingestellt: 0 m).
Strichunterbrechung	Die Längendefinition der Markierungsunterbrechung erfolgt durch diesen Parameter (voreingestellt: 0 m).

Bei durchgängigen Fahrbahnmarkierungen sind Angaben zur Strichlänge und zur Strichunterbrechung nicht zulässig.

Mit der Anweisung **LEITPFOSTEN** wird die Anordnung von Leitpfosten vereinbart. Leitpfosten sind für den Kraftfahrer neben der Markierung insbesondere bei Nacht eine der wichtigsten Orientierungshilfen. Der Algorithmus zur Anordnung der Leitpfosten ist mit den in *Hinweise für das Anbringen von Verkehrszeichen und Verkehrseinrichtungen* (Bald/Stumpf (2003)) enthaltenen Festlegungen konform. Er berücksichtigt zudem, ob sich ein Leitpfosten in unmittelbarer Nähe (Abstand ≤ 15 cm) zu einer Schutzplanke befindet. In diesem Fall wird der Leitpfosten automatisch auf die betreffende Schutzplanke platziert. Die Höhe der Gesamtkonstruktion entspricht der originalen Leitpfostenhöhe. Aus diesem Grund sollten keine Schutzplanken mit gleicher bzw. größerer Höhe als die der Leitpfosten konzipiert werden.

LEITPFOSTEN   {LINKS, RECHTS} [;Straßenbezeichner]; T [;Db [;Pfostenhöhe [;Gra]

LINKS, RECHTS	Die Position des Leitpfostens auf dem linken oder rechten Straßenrand wird mit diesem Wert bestimmt.
Straßenbezeichner	Mit dem Namen einer definierten Fahrbahn wird der auszustattende Verkehrsweg festgelegt.
T	Dieser Parameter legt die Position der Mittelachse des Leitpfostens von der aktuellen Achse fest. Der Achsabstand kann als statischer Abstand oder unter Verwendung einer Breitendatei (BRTaaaaann.CRD) definiert werden.
Db	Um den Stationsbereich, in dem die Markierung platziert wird, definieren zu können, ist die Angabe einer Anfangs- und einer Endstation notwendig (voreingestellt: GESAMT = gesamter Datenbereich des Modells).
Pfostenhöhe	Dieser Parameter bestimmt die absolute Höhe [m] des Leitpfostens relativ zum Fußpunkt, als Punkt der Modelloberfläche (voreingestellt: 1,0 m).
Gra	Um die empfohlenen Leitpfostenabstände nach RPS (FGSV 2009) exakt automatisch berechnen zu können, ist die Angabe einer Gradiente (GRAaaann.CRD) notwendig. Wird keine Gradiente vereinbart (voreingestellt), erfolgt die Abstandsberechnung ausschließlich aus den Achskrümmungen.

Mit der Anweisung **SCHUTZPLANKE** kann die Anordnung von Stahlschutzplanken vereinbart werden. Die wählbaren Stahlschutzplanken sind nach RPS (FGSV 2009) wie folgt typisiert:

o   einfache Schutzplanke,

o   einfache Distanzschutzplanke und

o   doppelte Distanzschutzplanke.

Der Anfang und das Ende von Schutzplankenstrecken werden gemäß RPS (FGSV 2009) abgesenkt.

SCHUTZPLANKE { ESPL[INKS], ESPR[ECHTS], EDSPL[INKS], EDSPR[ECHTS], DDSP } [;Straßenbezeichner]; T [;Db [;Pfostenabstand [;Plankenhöhe [;Plankenbreite]

ESPLINKS, ESPRECHTS	einfache Schutzplanke für den linken bzw. rechten Straßenrand
EDSPLINKS, EDSPRECHTS	einfache Distanzschutzplanke für den linken bzw. rechten Straßenrand
DDSP	doppelte Distanzschutzplanke
Straßenbezeichner	Mit dem Namen einer definierten Fahrbahn wird der auszustattende Verkehrsweg festgelegt.

T	Dieser Parameter legt die Position der Mittelachse des Pfostens von der aktuellen Achse fest. Der Achsabstand kann als statischer Abstand oder unter Verwendung einer Breitendatei (BRTaaaaann.CRD) definiert werden.
Db	Um den Stationsbereich, in dem die Schutzplanke platziert wird, definieren zu können, ist die Angabe einer Anfangs- und einer Endstation notwendig (voreingestellt: GESAMT = gesamter Datenbereich des Modells).
Pfostenabstand	Dieser Wert bestimmt den Abstand der Schutzplankenträgerpfosten (voreingestellt: 1 m).
Plankenhöhe	Die Höhe der Gesamtkonstruktion (vom Fußpunkt bis zur Schutzplankenoberkante) wird mit diesem Parameter definiert (voreingestellt: 0,75 m). Die Höhe des Schutzplankenholms wird aus diesem Wert geeignet gewählt. So ergibt sich bei einer Pfostenhöhe von 0,75 m eine Plankenhöhe von 0,31 m. Optional kann bei einer einfachen Distanzschutzplanke eine zweite Verbindungsplanke vereinbart werden. Diese bekommt dann ein Drittel der Schutzplankenhöhe zugewiesen.
Plankenbreite	Dieser Parameter legt den Abstand von Pfostenmitte zur Schutzplankenaußenkante fest (voreingestellt: 0,40 m). Bei der doppelten Distanzschutzplanke ist dies die halbe Breite von Plankenaußenseite zu Plankenaußenseite.

Baumalleen werden mit der Anweisung **BAUM ALLEE** mit einem relativen Abstand beiderseits zur aktuellen Achse vereinbart.

BAUM ALLEE **[Straßenbezeichner]; Db; Stationsschritt; T; Baumtyp 1 Baumtyp 2 ... Baumtyp n [;BaumhöheA [BIS BaumhöheB] [;StammdurchmesserA [BIS StammdurchmesserB]**

Straßenbezeichner	Mit dem Namen einer definierten Fahrbahn wird der auszustattende Verkehrsweg festgelegt.
Db	Um den Stationsbereich, in dem die Baumallee platziert wird, definieren zu können, ist die Angabe einer Anfangs- und einer Endstation notwendig (voreingestellt: GESAMT = gesamter Datenbereich des Modells).
Stationsschritt	Legt die Schrittweite für die Baumplatzierung fest.
T	Dieser Parameter legt die Position Mittelachse der Baumallee von der aktuellen Achse fest. Der Achsabstand kann als statischer Abstand oder unter Verwendung einer Breitendatei (BRTaaaaann.CRD) definiert werden.
Baumtyp	Es stehen die in **Bild 17-3** dargestellten Baumtypen zur Verfügung.
BaumhöheA	Dieser Wert bestimmt die Höhe der Baumallee.
BIS BaumhöheB	Um die Baumallee natürlicher erscheinen zu lassen, kann deren Höhe variiert werden. Dies erfolgt zufällig zwischen dem

	durch die Funktionen „BaumhöheA" und „bis BaumhöheB" eingegrenzten Bereich.
StammdurchmesserA	Dieser Parameter definiert den Stammdurchmesser aller Bäume der Allee.
BIS StammdurchmesserB	Um die Baumallee natürlicher erscheinen zu lassen, kann der Stammdurchmesser der einzelnen Bäume variiert werden. Dies erfolgt zufällig zwischen dem durch die Funktionen „StammdurchmesserA" und „bis StammdurchmesserB" eingegrenzten Bereich.

Einzelne Bäume können mit der Anweisung **BAUM RELATIV** mit Stationsbezug und einem relativen Abstand zur aktuellen Achse festgelegt werden.

BAUM RELATIV [;Straßenbezeichner]; Station; T; Baumtyp; Baumhöhe; Stammdurchmesser

Straßenbezeichner	Mit dem Namen einer definierten Fahrbahn wird der auszustattende Verkehrsweg festgelegt.
Stationsschritt	Legt die Station auf der Bezugsachse für die Baumplatzierung fest.
T	Dieser Parameter legt die Position Mittelachse des Baumes von der aktuellen Achse fest. Der Achsabstand kann als statischer Abstand oder unter Verwendung einer Breitendatei (BRTaaaaann.CRD) definiert werden.
Baumtyp	Es stehen die in **Bild 17-3** dargestellten Baumtypen zur Verfügung.
Baumhöhe	Dieser Parameter legt die Höhe des Baumes fest.
Stammdurchmesser	Der Stammdurchmesser des Baumes wird durch diesen Wert bestimmt.

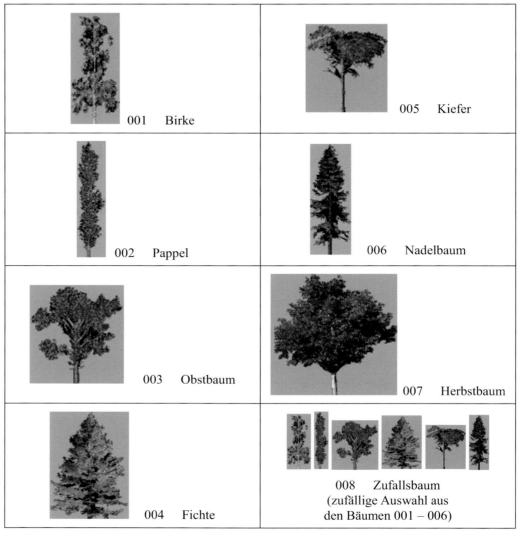

Bild 17-3: Baumtypen

17.2.3 Texturierung der Oberfläche

Die Definition aller visuellen Eigenschaften der Oberfläche erfolgt mit Texturen (Belegung einer Fläche mit einem Bild). Mit Texturen kann ein realitätsnaher Eindruck der virtuellen Welt erzeugt werden. CARD/1 verwendet einen internen Texturkatalog (Bild 17-4). Als Voreinstellung wird die gesamte Modelloberfläche mit der Textur „WIESE1" belegt.

Im Folgenden wird nur auf die Texturdefinition über Profilpunktnummern eingegangen. Für Erläuterungen der weiteren Texturdefinitionen wird auf die CARD/1-Hilfe verwiesen.

Grundlage für eine saubere Darstellung ist eine gewissenhafte und konstante Querprofil-punktnummernvergabe in der Querprofilentwicklung. Zudem hat die Reihenfolge der Textur-definitionen Einfluss auf die endgültige Darstellung im Perspektivbild.

Mit der Anweisung **TEXTUR** wird eine Textur unter Bezug auf die Profilpunktnummern der mit der Anweisung „Modell" gewählten Oberflächenprofillinie definiert.

TEXTUR   **Textur [;{ Fahrbahnbezeichner, GESAMT, QPPNummer, QPPNummerA UND QPPNummerB }]**

Textur

Dieser Parameter vereinbart eine Textur aus dem Katalog (Bild 17-4).

Falls keine Profilpunktnummer oder "GESAMT" angegeben ist, wird die festgelegte Textur auf alle Flächen des Modells angewendet, sofern keine Texturdefinition für eine Profil-punktnummer gefunden wurde.

Fahrbahnbezeichner, GESAMT,

QPPNummer

Mit diesen drei Parametern wird der Bereich, der mit der ver-einbarten Textur belegt werden soll, definiert. Dies kann eine mit der Anweisung „Modell" definierte Fahrbahn, eine Profil-punktnummer, ein Profilpunktnummernbereich oder das ge-samte Modell sein. Die Parameter schließen sich gegenseitig aus. Bei „GESAMT" werden alle bis dahin undefinierten Pro-filpunktnummern mit der vereinbarten Textur belegt.

Bei zersplitterten Texturdefinitionen müssen mehrere einzelne Anweisungen vereinbart wer-den.

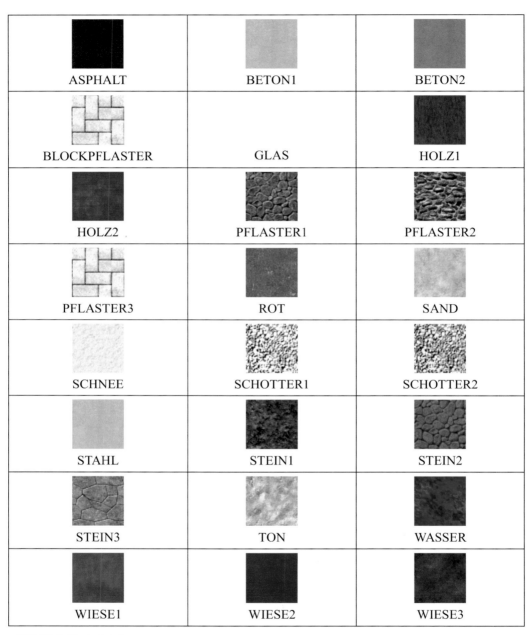

Bild 17-4: Texturkatalog

17.3 Beispielvereinbarung

```
VERSION 8000

MODELL PRO10; INTERPOLIEREN
Kreis; BRT99; BRT98
ENDE

DATENANZEIGE
Kreis; GRA99; QUE99; QUE98
ENDE

MARKIERUNG BRT99 + 0,30; ; ; 0,12
MARKIERUNG BRT98 - 0,30; ; ; 0,12
MARKIERUNG 0,00;;;0,10;4;8

LEITPFOSTEN LINKS; Kreis; BRT99 - 0,50; ; ; GRA99
LEITPFOSTEN RECHTS; Kreis; BRT98 + 0,50; ; ; GRA99

SCHUTZPLANKE EDSPL; -3,75; 200 BIS 850; 4

BAUM RELATIV; Kreis; 220; +5,10; 001; 0; 0
BAUM RELATIV; Kreis; 240; +5,30; 002; 0; 0
BAUM RELATIV; Kreis; 300; +5,20; 003; 0; 0
BAUM RELATIV; Kreis; 080; -5,00; 007; 5,50; 0,69
BAUM RELATIV; Kreis; 050; -5,80; 004; 3,50; 0,69
BAUM RELATIV; Kreis; 055; -5,40; 007; 4,50; 0,69
BAUM RELATIV; Kreis; 220; -5,10; 006; 0; 0
BAUM RELATIV; Kreis; 240; -5,30; 005; 0; 0
BAUM RELATIV; Kreis; 300; -5,20; 001; 0; 0

TEXTUR WIESE1; GESAMT
TEXTUR ASPHALT; Kreis
```

17.4 Parameter zur Beeinflussung des Perspektivbildes

Mit der Fahrsimulation bietet CARD/1 eine hervorragende Möglichkeit, die geplante Straße visuell darzustellen. Doch bevor das Perspektivbild weiter genutzt werden kann, muss der Entwurfsingenieur festlegen, was überhaupt im Perspektivbild dargestellt werden soll. Die hierzu zur Verfügung stehenden Möglichkeiten sollen nur aufgeführt werden (Bild 17-5, Bild 17-6). Für detailliertere Darlegungen wird auf die CARD/1-Hilfe verwiesen.

➔ **MENÜ ANSICHT**
   ➔ Fahrbahn (Bild 17-5)
      ➔ Fahrbahn auswählen
         ➔ Sichtweitenvorgang auswählen
            ➔ Schließen

Bild 17-5: Auswahlfenster zur Einstellung des Perspektivbildinhaltes

➔ **MENÜ ANSICHT**
   ➔ Modellinhalt (Bild 17-6)
      ➔ darzustellende Inhalte der Fahrsimulation auswählen
         ➔ Übernehmen

Bild 17-6: Auswahlfenster Modellinhalt

Die berechneten Perspektivbilder können zur

○   Entwurfsprüfung oder

○   Ergebnispräsentation

verwendet werden. In beiden Fällen soll das Perspektivbild eine Wirkung beim Betrachter hervorrufen. Während bei der Ergebnispräsentation die „Schönheit" der geplanten Anlage aus beliebigen Blickwinkeln im Vordergrund steht, beschränkt sich das Perspektivbild zur Entwurfsprüfung auf die vom Kraftfahrer wahrgenommene Sicht auf die Straße. Dementsprechend muss der Entwurfsingenieur vor der Berechnung des Perspektivbildes wissen, wozu er es verwenden möchte!

Der Sehvorgang im menschlichen Auge ist vereinfacht durch die Zentralperspektive zu beschreiben (Bild 17-7). Dabei gibt es eine Vielzahl von Parametern, mit denen man das Perspektivbild beeinflussen kann. Um die Zentralperspektive zur Entwurfsprüfung nutzen zu können, müssen diese Parameter sinnvoll und einheitlich verwendet werden. In WEISE U. A. (2002) sind die Perspektivbildparameter für die Entwurfsprüfung aufgeführt (Bild 17-8). Diese Parameter beruhen auf Untersuchungen zu den physiologischen und psychologischen Eigenschaften des menschlichen Auges.

Alle in Bild 17-8 aufgeführten Parameter können in CARD/1 eingestellt werden. Außer der Brennweite sind die Voreinstellungen vom Entwurfsingenieur entsprechend an die in Bild 17-8 enthaltenen Werte anzupassen.

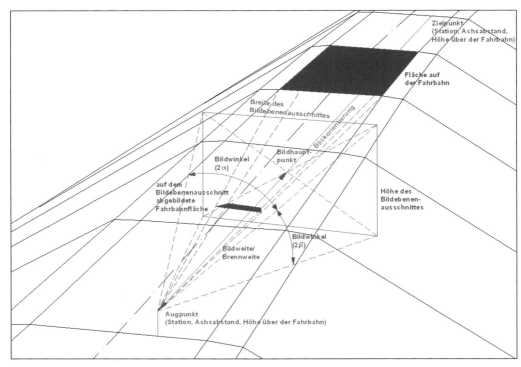

Bild 17-7: Modellannahmen der Zentralperspektive im Straßenentwurf (nach ZIMMERMANN 2001)

	Höhe über Fahrbahn	**Lage im Querschnitt**
Augpunkt	1,00 m	Mitte des eigenen Fahrstreifens
Zielpunkt	0,00 m	Mitte des eigenen Fahrstreifens
Vorausorientierung (Abstand zwischen Aug- und Zielpunkt)**: 75m**	
Brennweite: 50 mm (Öffnungswinkel: $2\alpha = 40°$, $2\beta = 27°$, $2\delta = 47°$)	

Bild 17-8: Modellannahmen zur Perspektivbildberechnung (WEISE U. A. 2002)

➜ MENÜ ANSICHT
   ➜ aktuelle Ansicht
      ➜ Einstellungen festlegen (Bild 17-9, Bild 17-10, Bild 17-11)
         ➜ Schließen

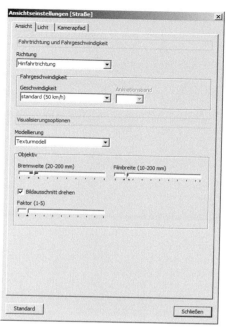

Bild 17-9: Eingabefenster zur Einstellung der Fahrtrichtung und der Perspektivbildberechnung

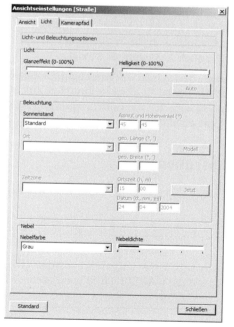

Bild 17-10: Eingabefenster zur Einstellung des Lichts und der Beleuchtung

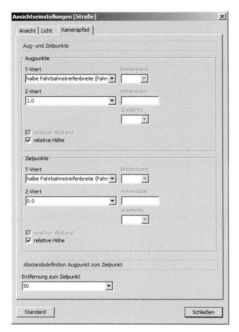

Bild 17-11: Eingabefenster zur Definition des Aug- und Zielpunktes

Soll das Perspektivbild nicht zur Entwurfsprüfung sondern zur Ergebnispräsentation verwendet werden, können beliebige Werte für die Parameter verwendet werden. Allerdings muss sich der Entwurfsingenieur bewusst sein, dass er damit vorsätzlich die Wirkung des Perspektivbildes beim Betrachter manipuliert – im positiven wie auch im negativen Sinne!

Eine interessante Option bietet die Berücksichtigung bestimmter Beleuchtungszustände. Hierbei kann sogar die tatsächliche Beleuchtung durch die Sonne zu einer bestimmten Zeit an einem bestimmten Ort simuliert werden. Ob diese Option auch für die Entwurfsprüfung relevant ist, kann nur der Entwurfsingenieur im Einzelfall entscheiden.

17.5 Export von Einzelbildern und Filmsequenzen

Die berechneten Perspektivbilder können zur weiteren Verwendung exportiert werden. CARD/1 bietet hierfür den Export als

o   Einzelbild oder

o   Filmsequenz

an. Die hierzu zur Verfügung stehenden Möglichkeiten sollen nur aufgeführt werden (Bild 17-12, Bild 17-13). Für detailliertere Darlegungen wird auf die CARD/1-Hilfe verwiesen.

→ **MENÜ DATEN**

    → Exportieren

        → Exporteinstellungen festlegen (Bild 17-12, Bild 17-13)

            → Export

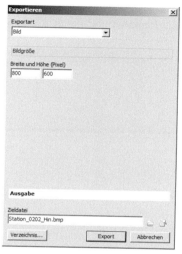

Bild 17-12: Eingabefenster für den Export von Einzelbildern

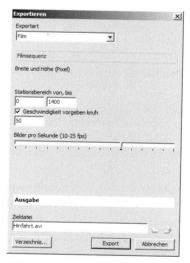

Bild 17-13: Eingabefenster für den Export von Filmsequenzen

18 Dimensionierung des Straßenoberbaues

18.1 Allgemeines

Der Oberbau einer Straße umfasst alle Schichten oberhalb des Planums und damit die konstruktive Ausbildung der Straßenbefestigung.

Von folgenden Einflussfaktoren ist die Dimensionierung des Oberbaues abhängig:

o   Funktion der Verkehrsfläche,

o   Verkehrsbelastung,

o   entwurfstechnische Gestaltung,

o   entwässerungstechnische Gestaltung,

o   örtliche Lage,

o   Bodenverhältnisse,

o   Wasserverhältnisse im Untergrund,

o   Klimatische Verhältnisse,

o   angestrebte Nutzungsdauer,

o   verwendete Baustoffe / Baustoffgemische.

Für die Dimensionierung des Straßenoberbaues stehen im deutschen Regelwerk zwei Wege offen:

o   Einteilung in differenzierte Standardbauweisen hinsichtlich der Belastungsklasse (Regelwerk: RStO 12) und

o   Ermittlung eines Oberbaues nach der bemessungsrelevanten Beanspruchung (Regelwerk: RDO Beton 09 und RDO Asphalt 09)

Die Einteilung in differenzierte Standardbauweisen hinsichtlich der Belastungsklasse ist eine bewährte, auf empirischen Grundlagen entwickelte Verfahrensweise zur Standardisierung des Oberbaues. Grundlage für die Standardisierung in den RStO 2012 ist die Ermittlung der dimensionierungsrelevanten Beanspruchung durch äquivalente 10 t-Achsübergänge und die Einordnung in eine Belastungsklasse (Bild 18-1).

Die für die Ermittlung der frostsicheren Oberbaudicke notwendige detaillierten Frostzonenkarte ist auf der Homepage der Bundesanstalt für Straßenwesen (www.bast.de) und des FGSV-Verlages (www.fgsv-verlag.de) abrufbar.

In den RStO sind die standardisierten Bauweisen mit Asphaltdecke, Betondecke und Pflasterdecke sowie die standardisierten Bauweisen für den vollgebundenen Asphalt- und Betonoberbau aufgeführt. In Bild 18-2 ist dies beispielhaft für eine Asphaltbefestigung auf einer Frostschutzschicht dargestellt.

dimensionierungsrelevanten Beanspruchung: äquivalente 10 t-Achsübergänge [Mio]				Belastungsklasse
über	32 [1]			Bk100
über	10	bis	32	Bk32
über	3,2	bis	10	Bk10
über	1,8	bis	3,2	Bk3,2
über	1,0	bis	1,8	Bk1,8
über	0,3	bis	1,0	Bk1,0
		bis	0,3	Bk0,3

[1] Bei einer dimensionierungsrelevanten Beanspruchung größer 100 Mio. sollte der Oberbau mit Hilfe der RDO dimensioniert werden.

Bild 18-1: Dimensionierungsrelevante Beanspruchung und zugeordnete Belastungsklasse für Fahrbahnen (RStO 12 (FGSV 2012))

Belastungs-klasse	Bk100	Bk32	Bk10	Bk3,2	Bk1,8	B1,0	Bk0,3
B [Mio]	>32	>10 - 32	>3,2 - 10	>1,8 – 3,2	>1,0 – 1,8	>0,3 – 1,0	≤0,3
Asphaltdecke Asphalttragschicht Frostschutzschicht	12 22 ▼120 Σ34 ▼45	12 18 ▼120 Σ30 ▼45	12 14 ▼120 Σ26 ▼45	10 12 ▼120 Σ22 ▼45	4 16 ▼120 Σ20 ▼45	4 14 ▼120 Σ18 ▼45	4 } [6] 10 ▼100 Σ14 ▼45
Dickenangaben [cm] und EV_2-Mindestwerte [MPa]							

Bild 18-2: Bauweisen mit Asphaltdecke und Asphalttragschicht auf Frostschutzschicht (Auszug aus Tafel 1, RStO 12 (FGSV 2012))

18.2 Belastungsklassen nach RStO 2012

18.2.1 Grundlagen

Für die Berechnung der Belastungsklassen sind für die zu betrachtende Achse einzelne Vorgänge zu vereinbaren. Zu Vereinfachung der Vorgangsverwaltung können diese kopiert und gelöscht werden.

Von den in den RStO aufgeführten zwei Methoden zur Ermittlung der dimensionierungsrelevanten Beanspruchung stehen in CARD/1 beide mit jeweils einer Untermethode zur Verfügung:

- Methode 1.2: Bestimmung von B aus DTV(SV)-Werten bei konstanten Faktoren und
- Methode 2.2: Bestimmung von B anhand von Achslastdaten bei konstanten Faktoren.

Mit diesen beiden Methoden finden neben den standardisierten Aufbauten nach RStO auch Sonderfälle (Busflächen, Rastplätze, Containerstellplätze, temporäre Baustraßen etc.) Berücksichtigung.

Das Ergebnis ist nicht ein vollständiger Straßenoberbau! Vielmehr wird dem Entwurfsingenieur ein wertvolles Werkzeug in die Hand gegeben, mit dessen Hilfe er sich nach Wahl der Baustoffe in den RStO einen konstruktiven Oberbau wählen kann. Zudem ist die Gesamtoberbaudicke entsprechend den Vorgaben der RStO zu ermitteln.

Die Ergebnisausgabe erfolgt in Form eines Ausdruckes (vgl. Bild 18-8 und Bild 18-13).

18.2.2 Vorgang zur Berechnung der Belastungsklasse neu anlegen

➔ **MENÜ VERKEHRSWEG**
  ➔ Belastungsklasse berechnen
    ➔ KONTEXTAUSWAHL/-ANZEIGE
      ➔ Achse mit Doppelklick wählen
    ➔ Belastungsklasse neu
      ➔ Felder in Eingabefenster ausfüllen (Bild 18-3)
      ➔ OK

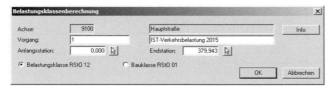

Bild 18-3: Eingabefenster zur Vereinbarung eines neuen Vorganges

18.2.3 Vorgang zur Berechnung der Belastungsklasse kopieren

➔ **MENÜ VERKEHRSWEG**
  ➔ Belastungsklasse berechnen
    ➔ KONTEXTAUSWAHL/-ANZEIGE
      ➔ Achse mit Doppelklick wählen
    ➔ Belastungsklasse kopieren
      ➔ Felder in Eingabefenster ausfüllen (Bild 18-4)
      ➔ OK

Bild 18-4: Eingabefenster zum Kopieren eines Vorganges

18.2.4 Bestimmung von B aus DTV(SV)-Werten bei konstanten Faktoren

Wenn für jedes Jahr des zugrunde gelegten Nutzungszeitraums die dimensionierungsrelevanten geometrischen Straßendaten und Verkehrsdaten zur Verfügung stehen und dabei alle Parameter (f_1, f_2, f_3, f_A, q_{Bm} und f_z) konstant bleiben, wird die dimensionierungsrelevante Beanspruchung B nach folgender Formel berechnet:

$$B = N \cdot DTA^{(SV)} \cdot q_{Bm} \cdot f_1 \cdot f_2 \cdot f_3 \cdot f_z \cdot 365$$

mit

$$DTA^{(SV)} = DTV^{(SV)} \cdot f_A$$

Der Gesamtzeitraum kann dabei auch unterteilt werden.

Erfolgt im ersten Jahr des zugrunde gelegten Nutzungszeitraumes keine Zunahme des Schwerverkehrs ($p_1 = 0$), dann ergibt sich mit p > 0 in den Folgejahren:

$$f_z = \frac{(1 + p)^N - 1}{p \cdot N}$$

Wenn aber auch im ersten Jahr des zugrunde gelegten Nutzungszeitraumes eine Zunahme des Schwerverkehrs anzunehmen ist, dann gilt:

$$f_z = \frac{(1 + p)^N - 1}{p \cdot N} \cdot (1 + p)$$

Parameterbeschreibung:

o   B: äquivalente 10-t-Achsübergänge während des zugrunde gelegten Nutzungszeitraum

o   N: Dauer des zugrunde gelegten Nutzungszeitraumes, i. d. R. 30 Jahre

o $DTA^{(SV)}$: durchschnittliche Anzahl der täglichen Achsübergänge (Aü) des Schwerverkehrs im Nutzungsjahr [Aü/24h]

o $DTV^{(SV)}$: durchschnittliche tägliche Verkehrsstärke des Schwerverkehrs im Nutzungsjahr [Fz/24h]

o f_A: Achszahlfaktor (siehe Tabelle A 1.1, RStO)

o q_{Bm}: Lastkollektivquotient (siehe Tabelle A 1.2, RStO)

o f_1: Fahrstreifenfaktor (siehe Tabelle A 1.3, RStO)

o f_2: Fahrstreifenbreitenfaktor (siehe Tabelle A 1.4, RStO)

o f_3: Steigungsfaktor (siehe Tabelle A 1.5, RStO)

o   p: mittlere jährliche Zunahme des Schwerverkehrs (siehe Tabelle A 1.6, RStO)

o f_Z: mittlerer jährlicher Zuwachsfaktor des Schwerverkehrs (siehe Tabelle A 1.7, RStO)

➔ **MENÜ VERKEHRSWEG**
  ➔ Belastungsklasse berechnen
    ➔ KONTEXTAUSWAHL/-ANZEIGE
      ➔ Achse mit Doppelklick wählen
    ➔ Belastungsklasse wählen
      ➔ Vorgang mit Doppelklick wählen (Bild 18-5)
    ➔ Belastungsklasse berechnen
      ➔ Methode 1.2 auswählen
        ➔ Felder in Eingabefenster ausfüllen (Bild 18-6)
          ➔ Dimensionierungsrelevante Beanspruchung berechnen
            ➔ Felder in Eingabefenster ausfüllen (Bild 18-7)
              ➔ OK
          ➔ Vorschau (Bild 18-8)
            ➔ Inhalt der Vorschau drucken und / oder in diverse Standardformate (PDF, RTF, XLS, etc.) exportieren
              ➔ Schließen
      ➔ OK

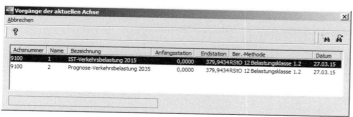

Bild 18-5: Fenster zur Auswahl eines Vorganges

Bild 18-6: Eingabefenster zur Berechnung der Belastungsklasse nach Methode 1.2 – Teil 1

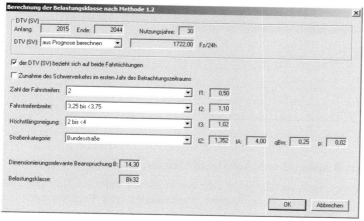

Bild 18-7: Eingabefenster zur Berechnung der Belastungsklasse nach Methode 1.2 – Teil 2

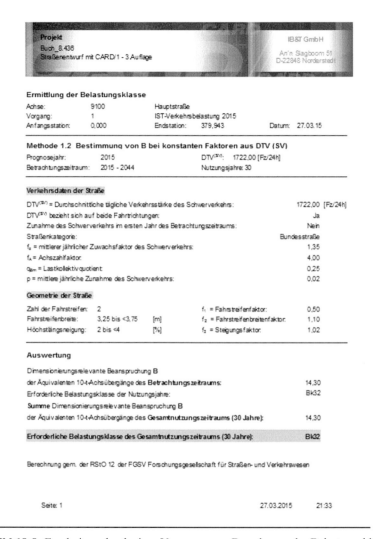

Bild 18-8: Ergebnisausdruck eines Vorganges zur Berechnung der Belastungsklasse nach Methode 1.2

18.2.5   Bestimmung von B anhand von Achslastdaten bei konstanten Faktoren

Wenn Achslasten aus Achswägungen und für jedes Jahr des zugrunde gelegten Nutzungszeitraums die dimensionierungsrelevanten geometrischen Straßendaten und Verkehrsdaten zur Verfügung stehen und dabei alle Parameter (f_1, f_2, f_3, und f_z) konstant bleiben, wird die dimensionierungsrelevante Beanspruchung B nach folgender Formel berechnet:

$$B = N \cdot EDTA^{(SV)} \cdot f_1 \cdot f_2 \cdot f_3 \cdot f_z \cdot 365$$

mit

$$EDTA^{(SV)} = \sum_k \left[DTA^{(SV)}_{(i-1)k} \cdot \left(\frac{L_k}{L_0} \right)^4 \right]$$

Der Gesamtzeitraum kann dabei auch unterteilt werden.

Erfolgt im ersten Jahr des zugrunde gelegten Nutzungszeitraumes keine Zunahme des Schwerverkehrs ($p_1 = 0$), dann ergibt sich mit p > 0 in den Folgejahren:

$$f_z = \frac{(1+p)^N - 1}{p \cdot N}$$

Wenn aber auch im ersten Jahr des zugrunde gelegten Nutzungszeitraumes eine Zunahme des Schwerverkehrs anzunehmen ist, dann gilt:

$$f_z = \frac{(1+p)^N - 1}{p \cdot N} \cdot (1+p)$$

Parameterbeschreibung:

o   B: äquivalente 10-t-Achsübergänge während des zugrunde gelegten Nutzungszeitraum

o   N: Dauer des zugrunde gelegten Nutzungszeitraumes, i. d. R. 30 Jahre

o $EDTA^{(SV)}$: durchschnittliche Anzahl der täglichen äquivalenten Achsübergänge des Schwerverkehrs im Nutzungsjahr [Aü/24h]

o $DTA^{(SV)}$: durchschnittliche Anzahl der täglichen Achsübergänge (Aü) des Schwerverkehrs im Nutzungsjahr [Aü/24h]

o f_1: Fahrstreifenfaktor (siehe Tabelle A 1.3, RStO)

o f_2: Fahrstreifenbreitenfaktor (siehe Tabelle A 1.4, RStO)

o f_3: Steigungsfaktor (siehe Tabelle A 1.5, RStO)

o   p: mittlere jährliche Zunahme des Schwerverkehrs (siehe Tabelle A 1.6, RStO)

o f_z: mittlerer jährlicher Zuwachsfaktor des Schwerverkehrs (siehe Tabelle A 1.7, RStO)

o L_k: mittlere Achslast in der Lastklasse k

o L_0: Bezugsachslast (voreingestellt: 10 t)

➔ **MENÜ VERKEHRSWEG**
   ➔ Belastungsklasse berechnen
      ➔ KONTEXTAUSWAHL/-ANZEIGE
         ➔ Achse mit Doppelklick wählen
      ➔ Belastungsklasse wählen
         ➔ Vorgang mit Doppelklick wählen (Bild 18-5)
      ➔ Belastungsklasse berechnen
         ➔ Methode 2.2 auswählen
            ➔ Felder in Eingabefenster ausfüllen (Bild 18-9)
               ➔ Dimensionierungsrelevante Beanspruchung berechnen
                  ➔ Felder in Eingabefenster ausfüllen (Bild 18-10)
                     ➔ Fahrzeugtypen bearbeiten (Bild 18-11)
                        ➔ Bearbeiten
                           ➔ Zeilen eingeben
                              ➔ Felder in Eingabefenster ausfüllen (Bild 18-12)
                                 ➔ OK
                       ➔ Tabelle
                         ➔ Schließen
                  ➔ OK
               ➔ Vorschau (Bild 18-13)
                  ➔ Inhalt der Vorschau drucken und / oder in diverse Standardformate (PDF, RTF, XLS, etc.) exportieren
                     ➔ Schließen
            ➔ OK

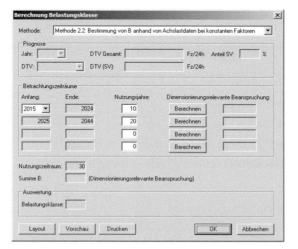

Bild 18-9: Eingabefenster zur Berechnung der Belastungsklasse nach Methode 2.2 – Teil 1

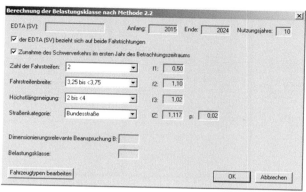

Bild 18-10: Eingabefenster zur Berechnung der Belastungsklasse nach Methode 2.2 – Teil 2

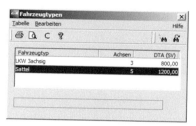

Bild 18-11: Eingabefenster zur Berechnung der Belastungsklasse nach Methode 2.2 – Teil 3

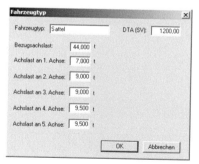

Bild 18-12: Eingabefenster zur Berechnung der Belastungsklasse nach Methode 2.2 – Teil 4

Bild 18-13: Ergebnisausdruck eines Vorganges zur Berechnung der Belastungsklasse nach Methode 2.2

19 Zeichnungserstellung

19.1 Allgemeines

19.1.1 CARD/1-spezifische Grundlagen

Im Gegensatz zu AutoCAD oder ähnlichen Programmen können die Elemente, die während des Konstruktionsvorganges auf dem Bildschirm sichtbar sind, nicht sofort als Zeichnung ausgegeben werden. In CARD/1 ist dafür die Erstellung einer Vereinbarung notwendig.

In der Vereinbarung werden die Blattschnittdefinition und die darzustellenden Elemente vereinbart. Dabei erfolgt auch die Festlegung von Farb-, Linien- und Textattributen. Die Erstellung einer Vereinbarung ist in folgenden Funktionsgruppen des Menüs **ZEICHNUNG** möglich:

○ *Lageplanzeichnung erstellen,*

○ *Achszeichnung erstellen,*

○ *Längsschnittzeichnung erstellen*

○ *Kanallängsschnittzeichnung erstellen* und

○ *Querprofilzeichnung erstellen.*

Für jede Funktionsgruppe gibt es spezielle Vereinbarungen. Außer in der Funktionsgruppe *Lageplanzeichnung erstellen* sind alle Vereinbarungen achsbezogen. Der Dateiname für die Lageplanvereinbarung ist frei wählbar. Für die anderen Module sind folgende Dateibezeichnungen vorgegeben:

○ Achszeichnung: LPLaaaaann.CRD,

○ Längsschnittzeichnung (auch Kanal): GPLaaaaann.CRD und

○ Querprofilzeichnung: PPLaaaaann.CRD.

Die Zeichnungen werden in einem CARD/1 spezifischen Format (*.PLT) erzeugt und gespeichert. Die Konventionen für die Dateibezeichnungen lehnen sich dabei an die der Vereinbarungen an, können aber auch davon abweichend frei gewählt werden.

Die Vereinbarung enthält mehrere Anweisungen. Eine Anweisung wiederum besteht immer aus einem Kennwort und einer Reihe von Parametern. Das Kennwort steht am Anfang einer Anweisung. Die Parameter sind Zahlenwerte, Texte oder Zeichenkombinationen. Der erste Parameter wird vom Kennwort durch ein Semikolon oder Leerzeichen getrennt. Zwischen zwei Parametern muss ein Semikolon als Trennzeichen stehen. Parameter, die in der Erläuterung in [ ]-Klammern stehen, brauchen nur angegeben werden, wenn von den Voreinstellungen abgewichen werden soll. Die unterschiedlichen Anweisungstypen können in unterschiedlicher Reihenfolge in der Datei stehen.

Die Reihenfolge der Vereinbarungen bestimmt ggf. die Sichtbarkeit der gezeichneten Elemente. Somit sollten flächige Schraffuren als Erstes und Beschriftungstext als Letztes vereinbart werden.

Da die Zeichnungsentwicklung in jeder der o. g. Funktionsgruppen ein umfassendes Werkzeug darstellt, können in den folgenden Kapiteln nur ausgewählte Funktionen kurz erklärt werden. Für detailliertere Darlegungen wird auf die CARD/1-Hilfe verwiesen.

Zur Strukturierung einer CARD/1 Zeichnung wird diese in einzelne Objekte gegliedert. Dabei werden verschiedener Objektarten unterschieden. Alle Objekte einer Zeichnung werden in einer Zeichnungsdatei (.PLT-Datei) gespeichert und verwaltet.

So besteht z. B. eine Lageplanzeichnung im Allgemeinen aus folgenden Zeichnungsobjekten:

o   Zeichnung,

o   Layergruppe,

o   Layer LAGEPLAN und

o   Layer XYZ.

Das Objekt *Zeichnung* ist das Hauptobjekt und stellt die gesamte Lageplanzeichnung dar. Seine Abmessungen setzen sich aus denen des Blattschnittes und des Zeichnungsrandes zusammen. Zudem enthält es die Objektverweise auf die vereinbarten Stempelobjekte.

Das Objekt *Layergruppe* ist das Zeichnungsobjekt, das die Liste der dem Blattschnitt zugehörigen Layer enthält.

Das Layerobjekt *Lageplan* ist das Standardobjekt einer Lageplanzeichnung. Er wird im Allgemeinen angelegt und enthält alle gezeichneten Daten, sofern keine eigene Layerstruktur aufgebaut wird.

Der Layer XYZ (Name, max. 256 Zeichen, kann beliebig gewählt werden) wird mit der Vereinbarung DEFOBJEKT vereinbart. Daten können mit der Vereinbarung LAYER direkt in diesen gezeichnet werden.

Jedes Objekt kann gegen Veränderungen geschützt werden. Über die Objektart und den Objektschutz werden automatisch die in CARD/1 zur Verfügung stehenden Elemente und Funktionen ausgewählt.

Die Verankerung von Verweisen auf andere Objekte, die sich auch in anderen Zeichnungsdateien befinden können, ist in jedem Zeichnungsobjekt möglich. Dabei wird das ggf. vielschichtige Objekt, auf das verwiesen wird wie ein einziges Zeichnungselement dargestellt.

Jede Objektart besitzt spezifische Eigenschaften. Diese werden für ausgewählte Objektarten in Bild 19-3 kurz erklärt. Für detailliertere Darlegungen wird auf die CARD/1-Hilfe verwiesen.

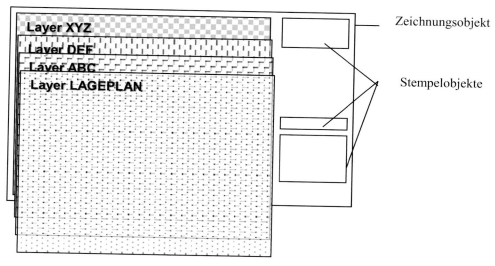

Bild 19-1: Struktur einer Lageplanzeichnung

Im Menü **Zeigen** steht die Funktion **Struktur** zur Verfügung, um die teils tief verschachtelte Struktur der aktuellen Zeichnung baumartig darzustellen (Bild 19-2).

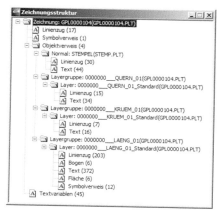

Bild 19-2: Zeichnungsstruktur am Beispiel einer Längsschnittzeichnung

Objektart	Kurzbeschreibung	Ausdehnung	Inhalt
Zeichnung	Darstellung der vollständigen Zeichnung	Min/Max-Koordinaten	alle Zeichnungselemente; Verweise auf Objekte der Art: - Zeichnung, - Layergruppe, - Normal, - Raster und - Symbol; Berandung; Textvariablen
Normal	Erstellung von speziellen Zeichnungsteilen, z. B. Stempelfelder, Legenden.	Min/Max-Koordinaten	alle Zeichnungselemente; Verweise auf Objekte der Art: - Layergruppe, - Normal, - Raster und - Symbol; Berandung; Textvariablen
Raster	Erstellung von speziellen Zeichnungsteilen, z. B. Logo, Wappen.	Min/Max-Koordinaten	Verweis auf eine Rasterzeichnung; Berandung
Layergruppe	Zusammenstellung der Zeichnungsdaten (Layer), die zum Blattschnitt eines Systems gehören (PLT-übergreifend).	Blattschnitt	Liste der 'Layer / Rasterlayer' eines Blattschnittes; Liste der 'Layer / Rasterlayer' des Globalen Blattschnittes (Lageplansystem); Berandung; System-Textvariablen für den Blattschnitt
Layer	Strukturierung der Zeichnungsdaten	Blattschnitt	alle Zeichnungselemente; Verweise auf Objekte der Art 'Zeichnung', 'Normal / Raster' und 'Symbol'; Verweise auf Objekte der Art 'Layergruppe' mit Blattschnitt im Zeichnungssystem; Berandung; Textvariablen
Rasterlayer	Strukturierung der Rasterdaten	Blattschnitt	Verweis auf eine Rasterzeichnung; Berandung
Symbol	Grundlage für die Erstellung von CARD/1 Symbolen	Min/Max-Koordinaten	Alle Zeichnungselemente; Berandung; Textvariablen

Bild 19-3: Objektarten (Auswahl)

19.1.2 RE 2012

Die Einführung den RE 2012 ist für die Zeichnungsdarstellung von Straßenprojekten ein Meilenstein. Sie stellt die Neufassung der RE 85 dar.

Die RE 2012 umfassen die Beschreibung des für den Neu-, Aus- und Umbau von Straßenverkehrsanlagen allgemeinen Planungsprozesses und definieren Begriffe der Planungsstufen. Dabei werden die Anforderungen an Inhalt, Form und Umfang der in den Planungsstufen für das verwaltungsinterne Verfahren grundsätzlich zu erstellenden Entwurfsunterlagen festgelegt. Diese Unterlagen gliedern sich in

o Teil I: Planungsprozess und

o Teil II: Entwurfsunterlagen.

Für die Zeichnungserstellung in CARD/1 ist der Teil II maßgeblich. Deshalb soll an dieser Stelle näher darauf eingegangen werden. Der Teil II regelt die Anforderungen an die Entwurfsunterlagen für eine einheitliche Gestaltung und damit leichte Verständlichkeit der Unterlagen. So werden insbesondere im Kapitel 5 den RE 2012 die Form der Entwurfsunterlagen und Planzeichen wie folgt beschrieben:

o Planformate

„Die Wahl der Formate, die Rahmendarstellung und die Ausstattung der Pläne ist gemäß Richtlinien für die Anlage von Straßen, Teil: Vermessung (RAS-Verm), Ausgabe 2001, vorzunehmen."

o Plangrundlagen

„Als Grundlagenkarten können digitale topografische Karten oder digitale Luftbilder verwendet werden. Bei deren Wiedergabe im Rahmen einer Straßenplanung ist der Hintergrund in der Regel grau darzustellen. Ab der Planungsstufe Entwurfsplanung werden in der Regel Vermessungspläne auf der Grundlage der RAS-Verm verwendet. Abweichend von den RAS-Verm sind Bestandsdarstellungen zur Unterscheidung von Planungsdarstellungen in der Regel in grau darzustellen.
Farbige Darstellungen im Bestand sind zur besseren Hervorhebung nur für die Kennzeichnung der Verwaltung, des Straßennetzes sowie für Leitungen vorgesehen."

o Planzeichen

„Die Planzeichenübersicht enthält alle Zeichen, die in der Gesamtheit von Planunterlagen üblicherweise verwendet werden. Abweichungen von den festgelegten Zeichen sind nicht vorgesehen. Für zusätzliche in den RE nicht dargestellte Sachverhalte sind gegebenenfalls durch die Planaufsteller eigene Planzeichen zu entwickeln. Die Fachpläne der Unterlagen 9 und 19 dürfen die Planzeichen der Fachregelwerke verwenden.
Planzeichen, Linienarten und Linienbreiten sind maßstabsabhängig zu verwenden. Die Zeichenerklärungen auf den Plänen sollen nur die im Planinhalt verwendeten Zeichen enthalten.
Durch die Farbfestlegung gemäß RGB-Farbcode ist eine verbesserte Lesbarkeit gewährleistet.
Eine alternative schwarz/weiß – Darstellung von Plänen ist nicht vorgesehen. Mit den Planzeichen wird eine Systematik der Farbzuordnung eingeführt, die eine Wiedererkennung von Gebieten und Planungsbestandteilen erleichtert. Dadurch entstehen für alle am Planungsprozess Beteiligten gleichermaßen gut lesbare Entwurfsunterlagen."

o   Linien und Schrift

„Die maßstabsbezogen entwickelte Liniendefinition und die Beschriftung lassen bedingt die Möglichkeit von Vergrößerungen oder Verkleinerungen von Plänen zu. Die in den Maßstäben verwendbaren Linienarten und Linienbreiten sind in den Tabellen II-2 bis II-5 geregelt.

Grundlage für Beschriftungen ist die DIN 5008. Die Anwendung standardisierter Schrifthöhen aus der Zeichenvorschrift DIN 1365 ist anzustreben. Als Mindestschriftgröße soll 2,5 mm eingehalten werden. Die in den Mustern einheitlich verwendete Schriftart ARIAL darf unter Beachtung der Einheitlichkeit durch eine vergleichbare gleich gut lesbare Schriftart ersetzt werden. Beschriftungen des Planungszustandes sollen (zur Unterscheidung von Topografie oder Vermessung) grundsätzlich schwarz ausgeführt werden. Ausnahmen sind Baubeginn/Bauende einer Straßenbaumaßnahme (rot), Entwässerung (blau) und gegebenenfalls besonders hervorzuhebende Texte."

Die Festlegungen sind grafisch aufbereitet und stehen als Zeichenerklärungen und Tabellen zur Verfügung:

o   Zeichenerklärung Übersichtskarte 1 : 100 000,

o   Zeichenerklärung Übersichtslageplan 1 : 25 000,

o   Zeichenerklärung Lageplan 1 : 10 000 (Voruntersuchung),

o   Zeichenerklärung Lageplan 1 : 5 000 (Vorentwurf),

o   Zeichenerklärung Lageplan 1 : 1 000 / 1 : 500 (Feststellungsentwurf),

o   Zeichenerklärung Grunderwerbsplan 1 : 1 000,

o   Zeichenerklärung Höhenplan 1 : 25 000 / 2 500,

o   Zeichenerklärung Höhenplan 1 : 1 000 / 100,

o   Zeichenerklärung Widmung / Umstufung / Einziehung 1 : 25 000,

o   Zeichenerklärung Kostenteilungsplan,

o   Tabelle für Linienbreiten und Linienarten im Lageplan,

o   Tabelle für Schrifthöhen im Lageplan,

o   Tabelle für Linienbreiten und Linienarten im Höhenplan und

o   Tabelle für Schrifthöhen im Höhenplan.

Im Kapitel 6 den RE 2012 erfolgen die Festlegungen zu den Schriftfeldern. Als Mindestangaben für die Beschriftung der Planungsunterlagen gelten folgende Angaben:

o   Aufsteller der Planung,

o   Titel der Maßnahme (z. B. Ausbau der B 173 von ... nach ...),

o   Bezeichnung der Unterlage (zur Planungsstufe bzw. zum Verfahren) und

o   Datum der Aufstellung.

Es werden in den RE 2012 für die Beschriftung der Zeichnungen folgende zwei Schriftfelder unterschieden.

○ Großes Schriftfeld

„Auf den Zeichnungen der Teile B und C sind in der Regel die großen Schriftfelder mit den in der Vorlage angegebenen Maßen zu verwenden. Das Schriftfeld ist im Plan rechts unten zu positionieren.

Das am unteren Ende liegende Unterschriftenfeld ist grundsätzlich 4-teilig. Das obere linke Feld ist für die aufstellende Straßenbaubehörde mit Datum der Aufstellung vorgesehen. Die weiteren Felder sind für die Prüf- und Genehmigungsvermerke nach den Regelungen der Länder und in Abhängigkeit vom Genehmigungsweg vorgesehen. Sollte es das Verfahren erfordern, können z. B im Rahmen der Planfeststellung auf der rechten Seite die beiden Felder zu einem dritten Feld zusammengefasst werden. Über dem Unterschriftenfeld sind Angaben zur Maßnahme sowie die Bezeichnung und Nummer der Entwurfsunterlage enthalten.

Über dem großen Schriftfeld sind in der Reihenfolge von unten nach oben anzubringen:

● Bezeichnung der (zur Planungsstufe gehörenden) Unterlagen

- Voruntersuchung,

- Vorentwurf,

- Feststellungsentwurf

● oder Verfahrensunterlagen zum/zur

- Raumordnungsverfahren,

- Linienbestimmung

● ergänzendes Schriftfeld für Planänderungen

● Schriftfeld der Straßenbaubehörde (Planaufsteller)

● Schriftfeld des Ingenieurbüros/externer Planbearbeiter

● Angaben zur Blattteilung

In den Schriftfeldern der aufstellenden Straßenbaubehörde und von Ingenieurbüros sind Name und Anschrift auf der linken Seite, die Prüfvermerke und Ordnungsprinzipien auf der rechten Seite darzustellen. Die Prüfung innerhalb der Straßenbaubehörde wird an dieser Stelle dokumentiert.

Die Angaben sollen in der Regel auf dem DIN A4-Format des Plans untergebracht werden. Bei einer größeren Anzahl von Lageplänen soll die Blattteilung symbolisch die geografische Situation der Blätter wiedergeben. Die Zeichenerklärung ist grundsätzlich am oberen Rand des DIN A4-Formates zu positionieren, gegebenenfalls am oberen Rand der obersten A4-Seite."

○ Kleines Schriftfeld

„Das kleine Schriftfeld (Vorlage) wird für Entwurfsunterlagen verwendet, die ausschließlich mit „aufgestellt" gezeichnet werden. Es kann auch im Zusammenhang mit der Verwendung von Gliederungs- oder Inhaltsverzeichnissen für die Plandarstellung anderer Fachplanungen im Zusammenhang mit Straßenbaumaßnahmen (z. B. Verkehrsuntersuchungen) angewendet werden."

Um dem Entwurfsingenieur die textlichen Ausführungen grafisch zu verdeutlichen, enthalten die RE2012 folgende Musterzeichnungen:

o   Teil B – Planteil

- Muster 2:   Übersichtskarte 1 : 100 000
- Muster 3:   Übersichtslageplan 1 : 25 000
- Muster 4:   Übersichtshöhenplan 1 : 25 000 / 2 500
- Muster 5a: Lageplan 1 : 10 000 (Voruntersuchung)
- Muster 5b: Lageplan 1 : 5 000 (Vorentwurf)
- Muster 5c: Lageplan 1 : 1 000 (Feststellungsentwurf)
- Muster 5d: Lageplan für eine Ortsdurchfahrt 1 : 500 (Feststellungsentwurf)
- Muster 6a: Höhenplan 1 : 10 000 / 1 000 (Voruntersuchung)
- Muster 6b: Höhenplan 1 : 5 000 / 500 (Vorentwurf)
- Muster 6c: Höhenplan 1 : 1 000 / 100 (Feststellungsentwurf)
- Muster 10:   Grunderwerbsplan 1 : 1 000
- Muster: Grunderwerbsverzeichnis
- Muster 11:   Regelungsverzeichnis
- Muster 12:   Widmung / Umstufung / Einziehung 1 : 25 000
- Muster 13:   Kostenteilungsplan 1 : 2 500

o   Teil C – Untersuchungen, weitere Pläne, Skizzen

- Muster 14:   Regelquerschnitt 1 : 50
- Muster 15:   Bauwerksskizze 1 : 500 / 1 : 100

Alle Festlegungen der RE 2012 und auch der RE85 sind in CARD/1 über Regelwerke abgebildet (vgl. Kapitel 5.4). Der Entwurfsingenieur kann über die Regelwerksverwaltung diese Regelwerke aktivieren, so dass automatisch bei der Zeichnungserstellung die korrekte Zeichnungsvorschrift verwendet wird. Die Vorlagen der RE stehen in CARD auch als Zeichnungsobjekt zur Verfügung (Bild 19-4 und Bild 19-5).

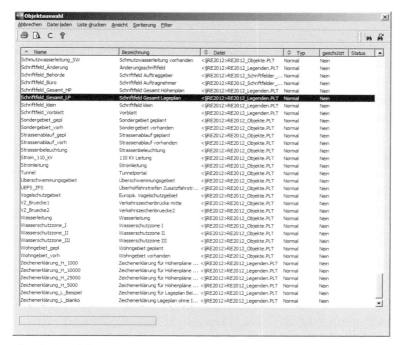

Bild 19-4: Zeichnungsobjekte auf Basis des Regelwerkes RE 2012 (Auswahl)

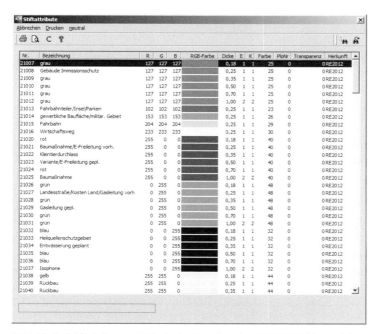

Bild 19-5: Stiftattribute auf Basis des Regelwerkes RE 2012 (Auswahl)

19.2 Blattschnitte

Ein Blattschnitt ist ein definierter Ausschnitt der vorhandenen Topografie, der als Begrenzung für das spätere Erzeugen einer Zeichnung dient. Folgende Attribute müssen für einen Blattschnitt definiert sein (vgl. Bild 19-6):

o   Name (max. 12 Zeichen),

o   Bezeichnung (max. 40 Zeichen),

o   Maßstab,

o   Bezugspunkt (Rechts- und Hochwert),

o   Drehung [gon],

o   Breite [cm] und

o   Höhe [cm].

Wird ein Blattschnitt neu angelegt oder umbenannt, wird er automatisch als aktuell markiert.

➔ MENÜ ZEICHNUNG
  ➔ Blattschnitte bearbeiten
    ➔ neu
      ➔ erste und zweite Blattschnittecke mit dem Fadenkreuz im Grafikfenster festlegen
        ➔ Felder im Eingabefenster ausfüllen (Bild 19-6)
          ➔ OK

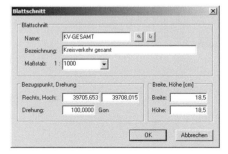

Bild 19-6: Blattschnittattribute

Einen besonderen Typ stellt der globale Blattschnitt ($Lage) dar. Er deckt das gesamte Projekt im Maßstab 1:100 ab. Als Bezugspunkt und Verdrehung werden die Werte des Hauptkoordinatensystems des Projektmodells verwendet (Bild 19-7). Der globale Blattschnitt wird in lageplanbasierten Zeichnungsgeneratoren (z. B. im Modul Schleppkurven) automatisch angelegt. Die manuelle Integration des globalen Blattschnittes ist in alle Layergruppen möglich. Es erfolgen dabei automatisch eine Transformation und ein Zuschnitt auf den der Zeichnung zugrunde liegenden Blattschnitt. Vorteil des globalen Blattschnittes ist, dass Zeichnungsdaten (Füllflächen, etc.) nur einmal und nicht für jeden Zeichnungsblattschnitt generiert werden müssen. Manuelle Nachbearbeitungen können so einmalig zentral erfolgen und sind automatisch in den Zeichnungen, die den globalen Blattschnitt einbinden, enthalten.

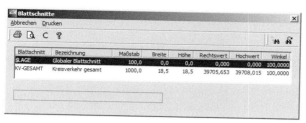

Bild 19-7: globaler Blattschnitt

19.3 Allgemeingültige Vereinbarungen

Einige Kennwörter gelten für die Entwicklung von Lageplan-, Achs-, Längsschnitt- und Querprofilzeichnungen. Im Folgenden werden die am häufigsten verwendeten Kennwörter vorgestellt.

PLOTDATEI Name; [Bezeichnung]

Name: Name der Plotdatei

Bezeichnung: Bezeichnung der Plotdatei

TEXTVARIABLE Platzhalter; [Text]

Platzhalter: zu ersetzender Platzhaltertext, ohne die Erkennungszeichen „&_"

Texte: aktueller Text, der den Platzhaltertext ersetzen soll.
                       Beim Fehlen dieses Parameters wird der Platzhaltertext durch Leerzeichen ersetzt.

Die Definition neuer und die Bearbeitung bereits vereinbarter Textvariablen ist im Menü **ZEICHNUNG** mit der Funktionsgruppe *Zeichnung bearbeiten* möglich. Textvariablen gehören zu den Textelementen. Textvariablen werden in der Zeichnung kursiv dargestellt. Dies bedeutet aber nicht, dass der damit dargestellte Text auch kursiv dargestellt wird!

Folgende Textvariablen sind in CARD/1 zentral (funktionsgruppenunabhängig) definiert:

o   &_ _AK   Namenskürzel,

o   &_ _CARDVERSION   Nummer der verwendeten CARD/1 Version,

o   &_ _DATUM   Rechnerdatum,

o   &_ _OBJEKT_BREITE   Breite [cm] des aktuellen Zeichnungsobjektes

o   &_ _OBJEKT_HÖHE   Höhe [cm] des aktuellen Zeichnungsobjektes

o   &_ _OBJEKT_FLÄCHE   Fläche [m²] des aktuellen Zeichnungsobjektes

o   &_ _PLTDAT   Name der PLT-Zeichnung,

o   &_ _PLTOBJ   Name des aktiven Zeichnungsobjektes,

o   &_ _PROJEKT   Name des Projektes,

o   &_ _PROJEKTPFAD   Pfad des Projektes.

Folgende Textvariablen sind nur bei den entsprechenden Funktionsgruppen anwendbar:

o   Lageplan- und Achszeichnung:

    –   &_ _BLATT_BEZEICH   Bezeichnung des Blattschnittes,
    –   &_ _BLATT_BEZUG_R   Rechtswert des Bezugspunktes (linke untere Blattecke),
    –   &_ _BLATT_BEZUG_H   Hochwert des Bezugspunktes (linke untere Blattecke),
    –   &_ _BLATT_BREITE_Z   Breite [cm] des Blattschnittes,
    –   &_ _BLATT_HOEHE_Z   Höhe [cm} des Blattschnittes,
    –   &_ _BLATT_DREH   Blattwinkel des Blattschnittes,
    –   &_ _BLATT_FLAECHE_N   Fläche [m²] des Blattschnittes,
    –   &_ _BLATT_FLAECHE_Z   Fläche [cm²] des Blattschnittes,
    –   &_ _BLATT_MASSTAB   Maßstab 1:M der Zeichnung,
    –   &_ _BLATT_NAME   Name des Blattschnittes,
    –   &_ _DATUMD   Erstellungsdatum (TT.MM.JJ) der Zeichnung,
    –   &_ _ZRAND_BREITE   Breite des Zeichnungsrandes (Vereinbarung ZRAND),
    –   &_ _ZRAND_HOEHE   Höhe des Zeichnungsrandes (Vereinbarung ZRAND),
    –   &_ _ZRAND_FLAECHE   Fläche [m²] des Zeichnungsrandes (Vereinbarung ZRAND),

o   Längsschnittzeichnung:

    –   &_ _BLATTNR   Nummer des Blattschnittes (Vereinbarung BLATTNUMMER),
    –   &_ _MASSTAB   Maßstab der Zeichnung,
    –   &_ _STATION   Stationsbereich des jeweiligen Blattschnittes,

o   Querprofilzeichnung:

    –   &_ _BLATTNR   Nummer des Blattschnittes (Vereinbarung VBLATTNUMMER),
    –   &_ _DATUMD   Erstellungsdatum (TT.MM.JJ) der Querprofilzeichnung,
    –   &_ _MASSTAB   Maßstab der Zeichnung,
    –   &_ _STATBEZ   aktuelle Stationsbezeichnung,
    –   &_ _STATION   akt. Station oder -sbereich (erste und letzte eines Blattschnittes),
    –   &_ _STATNUM   akt. Stat.-Nr. o. Stat.-Nr.-bereich (erste u. letzte d. Blattschnittes).

➔ **MENÜ ZEICHNUNG**

    ➔ Zeichnung bearbeiten

      ➔ Zeichnung im Auswahlfenster wählen

        ➔ bearbeiten Textvariablen

          ➔ Bearbeiten

            ➔ neu

              ➔ neue Textvariable eingeben (Bild 19-8)

                ➔ OK

          ➔ Tabelle

            ➔ sichern

          ➔ Tabelle

            ➔ schließen

Bild 19-8: Definition einer Textvariablen

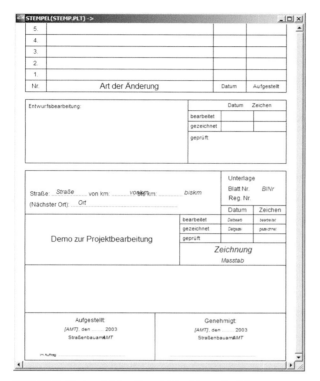

Bild 19-9: Textvariablen (kursiv) in Stempelzeichnungen

EINFÜGEN <Projekt>Datei

Projekt:
Name des Projektes der einzufügenden Datei, wenn diese nicht im aktuellen Projekt steht.

Mit dem Zeichen <> (ohne weitere Projektangabe) wird das zentrale CARD-Projekt angesprochen. Mit dem Zeichen <?> wird die Datei zuerst im lokalen und anschließend im zentralen Projekt gesucht.

Datei:
Name der einzufügenden Datei (mit Extension)

ZRAND Name

Name: Name des definierten Zeichnungsrandes
                                         Ist der Zeichnungsrand *Name* nicht im Arbeitsprojekt vorhan-
                                         den, wird zuerst im zentralen Projekt der Zeichnungsrand
                                         $Name und (falls dort auch nicht vorhanden) anschließend in
                                         den aktivierten IB&T Regelwerken der Zeichnungsrand
                                         §Name gesucht.

Die Definition neuer und die Bearbeitung bereits vereinbarter Zeichnungsränder ist im Menü
EINSTELLUNGEN möglich. Im Allgemeinen wird der Zeichnungsrand „Standard" verwendet, da er sich flexibel der gewählten Blattschnittgröße anpasst.

➔ **MENÜ EINSTELLUNGEN**
  ➔ Zeichnungsränder bearbeiten
    ➔ Bearbeiten (Bild 19-10)
      ➔ Zeilen eingeben
        ➔ Felder im Eingabefenster ausfüllen (Bild 19-11)
          ➔ OK
    ➔ Vorschau (Bild 19-12)
      ➔ Tabelle
        ➔ sichern
      ➔ Tabelle
        ➔ schließen

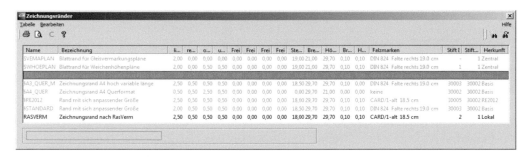

Bild 19-10: Übersicht vorhandener Zeichnungsranddefinitionen

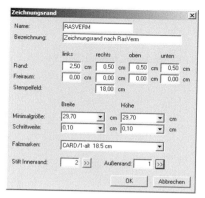

Bild 19-11: Eingabefenster zur Definition eines Zeichnungsrandes

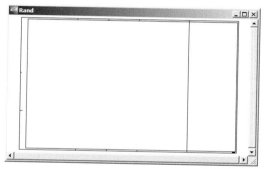

Bild 19-12: Vorschau des definierten Zeichnungsrandes

19.4 Lageplanzeichnung erstellen

19.4.1 Schematischer Ablauf

➜ MENÜ ZEICHNUNG
  ➜ Lageplanzeichnung erstellen
    ➜ Vereinbarung neu
      ➜ Felder im Eingabefenster ausfüllen (Bild 19-15)
        ➜ OK
    ➜ Vereinbarung editieren
      ➜ Datei
        ➜ speichern
      ➜ Datei
        ➜ Beenden
    ➜ Vereinbarung prüfen
      ➜ Ergebnisfenster mit OK bestätigen oder Fehler in der Vereinbarung korrigieren (Bild 19-14)

➔ Zeichnung erzeugen
    ➔ Felder im Eingabefenster ausfüllen (Bild 19-15)
       Der Dateiname darf nicht *Lageplan* sein, da das Layerobjekt
       standardmäßig diesen Namen erhält. Eine Fehlermeldung (Bild
       19-16) weist im Zweifel darauf hin.
       ➔ OK

Bild 19-13: Eingabefenster zur Definition einer neuen Vereinbarung

Bild 19-14: Ergebnisfenster bzw. Fehlermeldung der Syntaxprüfung

Bild 19-15: Eingabefenster zur Erzeugung einer Lageplanzeichnung

Bild 19-16: Fehlermeldung bei falscher Dateinamenwahl

19.4.2 Erläuterung der Kennwörter

Da für die Vereinbarung von Lageplanzeichnungen sehr viele Kennwörter zur Verfügung stehen, können im Folgenden nur ausgewählte Kennwörter kurz erklärt werden. Für detailliertere Darlegungen wird auf die CARD/1-Hilfe verwiesen.

19.4.2.1 Allgemeine Vereinbarungen

Zum Zeichnen eines Stempelobjekts innerhalb des Zeichnungsrandes wird die Anweisung **STEMPEL** verwendet. Das Stempelobjekt wird farbneutral dargestellt (Verwendung der in den Objektdaten definierten Farben).

STEMPEL Objekt [;RECHTS: [;HOCH: [;PBEZUG: [;FAKTORX: [;FAKTORY:]

Objekt	Objektverweispfad des Stempelobjekts
RECHTS:, HOCH:	Horizontale und vertikale Verschiebung [cm] des Objektes zur Bestimmung der Position innerhalb des Zeichnungsrandes bezogen auf den mit PBEZUG: vereinbarten Punkt (voreingestellt: 0,0)
PBEZUG:	Kennziffer für den Bezugspunkt 0: linke untere Innenrandecke 1: rechte untere Innenrandecke (voreingestellt)
FAKTORX:, FAKTORY:	Größenfaktor für die Breite bzw. Höhe (voreingestellt: FAKTORX = 1, FAKTORY = FAKTORX)

19.4.2.2 Topografiedaten zeichnen

Die Anweisung **BAUMKRONE** ermöglicht die zeichnerische Darstellung von Bäumen einer Kodegruppe mit einem CARD/1 Zeichnungsobjekt/Symbol. Als Faktor für das Zeichnungsobjekt/Symbol wird der Kronendurchmesser verwendet.

BAUMKRONE Kode 1; Kode 2; Objekt [;FILTER: [;STIFT: [;MODUS: [;LAYER:]

Kode1:	Baumkode ab dem geplottet werden soll
Kode2:	Baumkode bis zu dem geplottet werden soll
Objekt	Eingabe eines Objektverweispfades für das Baumsymbol
FILTER:	Attributfilter zum Selektieren der Topografiedaten innerhalb des Kodebereichs (voreingestellt: Es werden alle Topografiedaten des angegebenen Kodebereichs gezeichnet.)
STIFT:	Nummer des Stiftes (voreingestellt: 1)
MODUS:	Steuerung der Drehung 0: Keine Drehung des Objektes (voreingestellt) 1: Zufällige Drehung
LAYER:	voreingestellt: LAGEPLAN Name des zu erstellenden Layerobjektes, in dem die Topografiedaten geplottet werden sollen.

Böschungsschraffen einer Kodegruppe werden mit der Anweisung **BÖSCHUNG** gezeichnet. Die Böschungsober- und -unterkante ist zusätzlich mit der Anweisung LINIEN zu zeichnen.

BÖSCHUNG Kode2 [;FILTER: [;STIFT: [;STRICHART: [;LAYER:]

Kode1:	Böschungskode ab dem geplottet werden soll
Kode2:	Böschungskode bis zu dem geplottet werden soll
FILTER:	Attributfilter zum Selektieren der Topografiedaten innerhalb des Kodebereichs (voreingestellt: Es werden alle Topografiedaten des angegebenen Kodebereichs gezeichnet.)
STIFT:	Nummer des Stiftes (voreingestellt: 1)
STRICHART:	Nummer der Strichart (voreingestellt: 0)
LAYER:	voreingestellt: LAGEPLAN Name des zu erstellenden Layerobjektes, in dem die Topografiedaten geplottet werden sollen.

Linien einer Kodegruppe werden mit der Anweisung **LINIEN** gezeichnet. Einzelnen Linienelementen einer Linie kann ein eigener, vom Linienkode abweichender (Linien-)Elementkode zugewiesen werden. Dies ist sinnvoll, um Elemente einer Linie anders darzustellen als die Linie selbst.

LINIE Kode 1; Kode 2 [;FILTER: [;STIFT: [;STRICHART: [;FREISTELLUNG: [;FAKTOR: [;MODUS: [;LAYER:]

Kode1:	Linienkode ab dem geplottet werden soll
Kode2:	Linienkode bis zu dem geplottet werden soll
FILTER:	Attributfilter zum Selektieren der Topografiedaten innerhalb des Kodebereichs (voreingestellt: Es werden alle Topografiedaten des angegebenen Kodebereichs gezeichnet.)
STIFT:	Nummer des Stiftes (voreingestellt: 1)
STRICHART:	Nummer der Strichart (voreingestellt: 0)
FREISTELLUNG:	Kennziffer zur Steuerung der Freistellung von Punkten innerhalb der Linie 0: Keine Freistellung der Punkte (voreingestellt) 1: Punkte innerhalb der Linie freistellen Der Durchmesser wird mit dem Parameter FAKTOR vereinbart. 2: Freistellung des mit PSYMBOL definierten Symbols entsprechend des mit FAKTOR vereinbarten Durchmessers.
FAKTOR:	Durchmesser [cm] von Punkten und Punktsymbolen (voreingestellt: 0)

MODUS:	Kennziffer für die Art der Ausgabe der Linienbögen
	0: Linienbögen werden aufgelöst in Vektoren übergeben (voreingestellt)
	1: Linienbögen werden mit Radius, Anfangs- und Endwinkel übergeben (wichtig bei der Übergabe als DXF/DWG!)
LAYER:	voreingestellt: LAGEPLAN
	Name des zu erstellenden Layerobjektes, in dem die Topografiedaten geplottet werden sollen.

Um Punkte einer Kodegruppe zeichnerisch mit einem CARD/1-Symbol zu zeichnen, ist die Anweisung **PSYMBOL** zu verwenden.

PSYMBOL Kode 1; Kode 2; Symbol [;FILTER: [;NEUTRAL: [;STIFT: [;FAKTOR: [;LAYER:]

Kode1:	Punktkode ab dem geplottet werden soll
Kode2:	Punktkode bis zu dem geplottet werden soll
Symbol	Symbolnummer aus der Symbolbibliothek
FILTER:	Attributfilter zum Selektieren der Topografiedaten innerhalb des Kodebereichs (voreingestellt: Es werden alle Topografiedaten des angegebenen Kodebereichs gezeichnet.)
NEUTRAL:	Art der Farbdarstellung der Symbolverweise
	NEIN: verwenden der Einstellung aus STIFT (voreingestellt)
	JA: verwenden der im Objekt definierten Farben (farbneutrale Darstellung).
STIFT:	Nummer des Stiftes (voreingestellt: 1)
FAKTOR:	Größenfaktor für das Symbol (voreingestellt: 0,2)
	Faktor < 0: Spiegelung des Symbols
LAYER:	voreingestellt: LAGEPLAN
	Name des zu erstellenden Layerobjektes, in dem die Topografiedaten geplottet werden sollen.

Symbole einer Kodegruppe werden mit der Anweisung **SYMBOL** gezeichnet. Den Voreinstellungen entsprechend werden die Symbole gemäß den während der Lageplanbearbeitung vereinbarten Attributen dargestellt.

SYMBOL Kode 1; Kode 2 [;FILTER: [;SYMNR: [;NEUTRAL: [;STIFT: [;FAKTOR: [;WBEZUG: [;LAYER:]

Kode1:	Symbolkode ab dem geplottet werden soll
Kode2:	Symbolkode bis zu dem geplottet werden soll
FILTER:	Attributfilter zum Selektieren der Topografiedaten innerhalb des Kodebereichs (voreingestellt: Es werden alle Topografiedaten des angegebenen Kodebereichs gezeichnet.)
SYMNR:	Symbolnummer der CARD/1 Symbolbibliothek oder Eingabe eines Objektverweispfades.

NEUTRAL:	Art der Farbdarstellung der Symbole/Objekte
	NEIN: Für die Darstellung wird die Einstellung aus STIFT: angenommen (voreingestellt).
	JA: Für die Darstellung werden die im Objekt definierten Farben verwendet (farbneutrale Darstellung).
STIFT:	Nummer des Stiftes (voreingestellt: 1)
FAKTOR:	Größenfaktor für das Symbol/Objekt (voreingestellt: 1)
	Faktor < 0: Spiegelung des Symbols/Objekts
WBEZUG:	Bestimmung des Bezugswinkels
	0: Symbolwinkel bezogen auf die Nordrichtung im Projekt (voreingestellt)
	1: Symbolwinkel bezogen auf den Zeichnungsrand
LAYER:	voreingestellt: LAGEPLAN
	Name des zu erstellenden Layerobjektes, in dem die Topografiedaten geplottet werden sollen.

Texte einer Kodegruppe werden mit der Anweisung **TEXT** gezeichnet. Den Voreinstellungen entsprechend werden die Texte gemäß den während der Lageplanbearbeitung vereinbarten Attributen dargestellt.

TEXT Kode1; Kode2 [;FILTER: [;TFAKTOR: [HINTERGRUND: [;FREISTELLUNG: [;SCHRIFTSTIL: [;SCHRIFTART: [;NEIGUNG: [;HÖHE: [;BREITE: [;STIFT: [;LAYER:]

Kode1:	Textkode ab dem geplottet werden soll
Kode2:	Textkode bis zu dem geplottet werden soll
FILTER:	Attributfilter zum Selektieren der Topografiedaten innerhalb des Kodebereichs (voreingestellt: Es werden alle Topografiedaten des angegebenen Kodebereichs gezeichnet.)
TFAKTOR:	Größenfaktor für die Texte (voreingestellt: 1)
FESTEHÖHE	**JA:** Zeichnet Texte mit fester Schrifthöhe. In den Layern des Globalen Blattschnitts werden diese Texte dann nicht skaliert.
HINTERGRUND	Stiftnummer für einen farbigen Hintergrund der Texte (voreingestellt: keine Hintergrundfarbe)
FREISTELLUNG:	Kennziffer für die Freistellung:
	0 = Keine Freistellung
	1 = Freistellung in Schraffuren (voreingestellt)
SCHRIFTSTIL:	Name eines Schriftstils
SCHRIFTART:	Schriftartnummer (voreingestellt: 1 = ISO-Normschrift)
NEIGUNG:	Schriftneigung [gon]
	0 = senkrecht (voreingestellt)
	Die Schrift lässt sich mit einer Neigung zwischen -50 und +50 gon darstellen.

HÖHE:	Schrifthöhe [cm]
BREITE:	Schriftbreite [cm] 0 = Proportionalschrift; jedes Zeichen besitzt eine zeichenabhängige Breite.
STIFT:	Nummer des Stiftes (voreingestellt: 1)
LAYER:	voreingestellt: LAGEPLAN Name des zu erstellenden Layerobjektes, in dem die Topografiedaten geplottet werden sollen.

19.4.2.3 DGM-Daten zeichnen

Höhenlinien eines ausgewählten DGM werden mit der Anweisung HÖHENLINIEN gezeichnet. Die Darstellung der Höhenlinien erfolgt gemäß den in der Funktionsgruppe *Höhenlinien bearbeiten* festgelegten Parametern. Ein Parametersatz besteht aus der Definition des Höhenlinienbereichs, den Linien- und Textattributen.

HÖHENLINIEN [;HGRUPPE: [;HMIN: [;HMAX: [;HRASTER (H1 ;H2 ;... ;H10) [;LAYER:]

HGRUPPE:	vorhandener Parametersatz für die Darstellung der Höhenlinien
HMIN:	minimale Höhe [m] (einschließlich) der Höhenlinien
HMAX:	maximale Höhe [m] (ausschließlich) der Höhenlinien
HRASTER	Definition von bis zu zehn Rasterwerten [m] der Höhenlinien Nur die mit den Rasterwerten und den Höhenlinienbereichen übereinstimmenden Höhenlinien werden gezeichnet.
LAYER:	voreingestellt: LAGEPLAN Name des zu erstellenden Layerobjektes, in dem die Topografiedaten geplottet werden sollen.

Um Höhenlinien zu beschriften, ist die Anweisung HÖHENLINIENTEXT zu verwenden. Die Darstellung der Höhenlinienbeschriftung erfolgt gemäß den in der Funktionsgruppe *Höhenlinien bearbeiten* festgelegten Parametern. Ein Parametersatz besteht aus der Definition des Höhenlinienbereichs, den Linien- und Textattributen.

HÖHENLINIENTEXT [;HGRUPPE: [;HMIN: [;HMAX: [;HRASTER (H1 ;H2 ;... ;H10) [;TFAKTOR: [;LAYER:]

HGRUPPE:	vorhandener Parametersatz für die Darstellung der Höhenlinientexte
HMIN:	minimale Höhe [m] (einschließlich) der Höhenlinientexte
HMAX:	maximale Höhe [m] (ausschließlich) der Höhenlinientexte
HRASTER	Definition von bis zu zehn Rasterwerten [m] der Höhenlinientexte Nur die mit den Rasterwerten und den Höhenlinienbereichen übereinstimmenden Höhenlinientexte werden gezeichnet.

TFAKTOR: Faktor zur Höhen- und Breiteskalierung der Höhenlinientexte

LAYER: voreingestellt: LAGEPLAN
                                 Name des zu erstellenden Layerobjektes, in dem die Topogra-
                                 fiedaten geplottet werden sollen.

19.4.3 Beispielvereinbarung

```
* Gesamt_2000.PLV              05.05.15
* Übersichtslageplan 1:2000
VERSION 8400

* Zeichnungsrand
ZRAND '§RE2012'
* Stempelobjekt
STEMPEL 'Schriftfeld_Gesamt_LP(<§RE2012>RE2012_Legenden.PLT)'
* Ausfüllen der Textvariablen im Stempelobjekt
TEXTVARIABLE 'PROJIS_Nr'; '0815'
TEXTVARIABLE 'STATANF'; '0+000'
TEXTVARIABLE 'STATEND'; '7+250'
TEXTVARIABLE 'BEZ_Unterlage'; 'Übersichtslageplan'
TEXTVARIABLE 'Strasse'; 'B173'
TEXTVARIABLE 'AbschnNr1'; '0815'
TEXTVARIABLE 'AbschnNr2'; '0816'
TEXTVARIABLE 'Unter_Nr'; '3'
TEXTVARIABLE 'BLNR'; '1'
TEXTVARIABLE 'Str_bauverw'; 'Straßenbauamt A-Dorf'
TEXTVARIABLE 'Aufgestellt'; ' '
TEXTVARIABLE 'Ort'; 'A-Dorf'
TEXTVARIABLE 'Datum'; '15.05.2015'
* Topografiedaten zeichnen
PSYMBOL 0; 999; 1; STIFT:1; FAKTOR:0,25
LINIEN 0; 999; STIFT:1
TEXT 0; 999; STIFT:1; TFAKTOR:1
SYMBOL 1; 999; STIFT:2
BAUMKRONE 100; 100; 1123
BAUMKRONE 105; 105; 1256
```

19.5 Achszeichnung erstellen

19.5.1 Schematischer Ablauf

➜ MENÜ ZEICHNUNG

    ➜ Achszeichnung erstellen

        ➜ Vereinbarung neu

            ➜ Felder im Eingabefenster ausfüllen (Bild 19-17)

                ➜ OK

        ➜ Vereinbarung editieren

            ➜ Datei

                ➜ speichern

            ➜ Datei

                ➜ Beenden

    ➜ Zeichnung erzeugen

Bild 19-17: Eingabefenster zur Definition einer neuen Vereinbarung

19.5.2 Reihenfolge der Kennwörter

Voraussetzung für die Erstellung einer Achszeichnung ist ein Blattschnitt, auf den sich die Vereinbarung bezieht. Die Steuerkennwörter werden Zeile für Zeile abgearbeitet. Sie müssen daher in einer sinnvollen Reihenfolge stehen. Folgendes ist bei der Reihenfolge zu beachten:

o Die Vereinbarung PLOTDATEI muss vor der Anweisung BLATTDEF stehen. Beide Kennwörter müssen immer am Dateianfang stehen und dürfen nur einmal verwendet werden.

o Die Vereinbarung TEXTVARIABLE muss vor der Anweisung STEMPEL stehen.

o Vereinbarungen für Grundeinstellungen (z. B. STIFT, SCHRIFT) gelten immer für alle nachfolgenden Zeilen und können beliebig oft auftreten.

o Vereinbarungen zum Zeichnen von Achsdaten, -beschriftungen sowie Stationsdaten können beliebig oft und in beliebiger Reihenfolge vorkommen.

19.5.3 Erläuterung der Kennwörter

Da für die Vereinbarung von Achszeichnungen sehr viele Kennwörter zur Verfügung stehen, können im Folgenden nur ausgewählte Kennwörter kurz erklärt werden. Für detailliertere Darlegungen wird auf die CARD/1-Hilfe verwiesen.

19.5.3.1 Allgemeine Vereinbarungen

Zur Festlegung des zu verwendenden Blattschnittes ist die Anweisung **BLATTSCHNITT** zu benutzen. Der Blattschnitt bestimmt die Ausschnittgröße der Achszeichnung. Außerhalb liegende Zeichnungselemente werden nicht dargestellt.

BLATTDEFINITION Name

Name:	Name eines definierten Blattschnittes
	'$LAGE' = globaler Blattschnitt

Zum Zeichnen eines Stempelobjekts innerhalb des Zeichnungsrandes wird die Anweisung **STEMPEL** verwendet.

STEMPEL Objekt/Symbol [;X [; Y [;Faktor X [;Faktor Y [;Winkel [;Stift]

Symbol/Objekt	Symbolnummer aus der Symbolbibliothek oder Objektverweispfad
X, Y	Horizontale und vertikale Verschiebung [cm] des Stempelobjektes innerhalb des Zeichnungsrandes (voreingestellt: RANDR, RANDU = rechte untere Innenranddecke)
Faktor X, Faktor Y	Größenfaktor für die Breite und Höhe des Stempelobjektes (voreingestellt: Faktor X = 1,0 und Faktor Y = Faktor X)
Winkel	Winkel [gon] des Stempelobjektes relativ zum unteren Zeichnungsrand (voreingestellt: 0,0 gon).
Stift	Nummer des Stiftes (voreingestellt: 0 = farbneutrale Darstellung)

19.5.3.2 Vereinbarungen für Grundeinstellungen

Um den Stift und die Strichart, mit denen gezeichnet werden soll, festzulegen, ist die Anweisung **STIFT** zu verwenden. Die angegebenen Werte gelten für alle nachfolgenden Vereinbarungen bis zur nächsten Vereinbarung STIFT.

STIFT [Stift [;Strichart]

Stift:	Nummer des Stiftes (voreingestellt: 1) Alle nachfolgenden Kennwörter werden damit ausgeführt. Verweise auf Layerobjekte benötigen eine farbneutrale Darstellung (voreingestellt: 0).
Strichart:	Nummer der Strichart (voreingestellt: 0) Alle nachfolgenden Kennwörter werden damit ausgeführt.

Die Beschriftungsgrößen werden mit der Anweisung **SCHRIFT** festgelegt. Die Werte gelten für alle nachfolgenden Vereinbarungen bis zur nächsten Vereinbarung SCHRIFT.

SCHRIFT [Breite 1 [;Höhe 1 [;Breite 2 [;Höhe 2]

Breite 1, Höhe 1	Zeichenbreite und -höhe [cm] für kleine Beschriftungen, vgl. Bild 19-18 (voreingestellt: 0,12 cm / 0,15 cm)
Breite 2, Höhe 2	Zeichenbreite und -höhe [cm] für größere Beschriftungen, vgl. Bild 19-18 (voreingestellt: 0,3 cm / 0,4 cm)

Vereinbarung	Element	Breite 1	Höhe 1	Breite 2	Höhe 2
Abschnitt	Abschnitte	-	-	+	+
Achsbeschriftung	Achsnummer	-	-	+	+
Achselemente	Elementangaben	-	-	+	+
Elemente	Elementangaben	-	-	+	+
GRA_Punkte	Gradientenausrundungen	-	-	+	+
Höhen	Profilpunkthöhen	+	+	-	-
Längsneigung	Neigungswechselpunkte	-	-	+	+
PL_Bezeichnung	Stationsabhängige Texte	+	+	-	-
Querneigung	Querneigung	0	+	-	-
Raster	Randbeschriftung	-	-	+	+
Station	Stationsangaben	-	-	+	+

Bild 19-18: Beschriftungsgrößen und ihre Verwendung durch verschiedene Vereinbarungen

Die Anweisung VORSCHRIFT wird benötigt, wenn die Zeichnung nicht gemäß RE 85 sondern nach RE 2012 erstellt werden soll.

VORSCHRIFT Kennung

Kennung	RE2012: Zeichnung wird nach den *Richtlinien zum Planungsprozess und für die einheitliche Gestaltung von Entwurfsunterlagen im Straßenbau* erstellt.

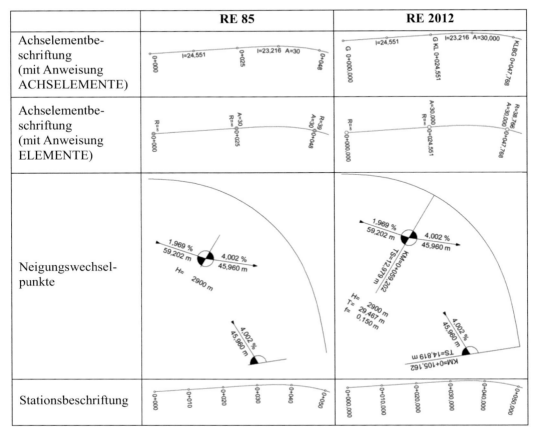

Bild 19-19: Auswirkungen der Anweisung VORSCHRIFT in der Achszeichnung

19.5.3.3 Achsdaten und -beschriftungen zeichnen

Achsen oder Achsparallelen werden mit den Kennwörtern **ACHSE** und **RAND** gezeichnet. Die Achslinie wird mit dem Stift der letzten Vereinbarung STIFT gezeichnet. Die Strichart ergibt sich aus den Werten der Parameter S1, S2 und S3.

ACHSE Achse; [Anfang; [Ende; [Abstand; [S1; [S2; [S3]

Achse:	Nummer der Achse
Anfang, Ende:	Anfangs- und Endstation bzw. Grenzen des darzustellenden Bereiches (voreingestellt: Achsanfang, Achsende)
Abstand:	seitlicher Abstand [m] der darzustellenden Achslinie zur tatsächlichen Achse (voreingestellt: 0 m) In Stationierungsrichtung bedeutet: < 0 = Abstand links der Achse > 0 = Abstand rechts der Achse

	Für veränderliche Achsabstände empfiehlt sich die Verwendung einer Breitedatei!
S1, S2, S3:	Länge für die Strichelung [m] (voreingestellt: 5, 2 und 0,5)

RAND Achse; [Anfang; [Ende; [Abstand; [S1; [S2; [S3]

Achse:	Nummer der Achse
Anfang, Ende:	Anfangs- und Endstation bzw. Grenzen des darzustellenden Bereiches (voreingestellt: Achsanfang, Achsende)
Abstand:	seitlicher Abstand [m] der darzustellenden Achslinie zur tatsächlichen Achse (voreingestellt: 0 m) In Stationierungsrichtung bedeutet: < 0 = Abstand links der Achse > 0 = Abstand rechts der Achse Für veränderliche Achsabstände empfiehlt sich die Verwendung einer Breitedatei!
S1, S2, S3:	Länge für die Strichelung [m] (voreingestellt: S1 = 5, S2 = S3 = S1)

Um eine Fläche zwischen zwei Rändern zu schraffieren oder mit einem Muster zu füllen, ist die Anweisung **LMUSTER** zu verwenden.

LMUSTER Achse [;Anfang [;Ende [;Abstand 1 [;Abstand 2 [;Symbol [;Art [;Winkel [;Abstand X [;Abstand Y [;Faktor]

Achse:	Nummer der Achse
Anfang, Ende:	Anfangs- und Endstation bzw. Grenzen des darzustellenden Bereiches (voreingestellt: Achsanfang, Achsende)
Abstand 1, 2	seitlicher Abstand [m] der Grenzen der Fläche zur Achse (voreingestellt: 0 m)
Symbol	Symbolnummer aus der Symbolbibliothek aus dem das Muster zusammengesetzt werden soll. (voreingestellt: 0 = schraffiert)
Art	Schraffur- bzw. der Musterart: Schraffurarten:

		Schraffurarten:
	10:	normale Linienschraffur (voreingestellt)
	12:	jede zweite Linie wird durchgezeichnet
	13:	Netzschraffur

Musterarten

	x0:	Symbole werden in den gewählten Abständen neben- und übereinander zu einem Muster zusammengesetzt (voreingestellt).
	x2:	Symbole werden um eine halbe Symbolbreite versetz.

| | x4: | Symbole werden um eine viertel Symbolbreite versetzt. |
| | 1x: | Angeschnittene Symbole werden nicht gezeichnet. |

Winkel	Winkel [gon] der Schraffurlinien bzw. Symbole relativ zum unteren Zeichnungsrand (voreingestellt: 0,0 gon).
Abstand X	Schraffur: Abstand [cm] zwischen den Schraffurlinien (voreingestellt: 0 = Fläche wird gefüllt)
	Muster: Abstand [cm] der Symbole in X-Richtung
Abstand Y	Abstand [cm] der Symbole in Y-Richtung (gilt nur für die Erstellung eines Musters)
Faktor	Faktor zur Anpassung der Größe des Symbols

Zur Beschriften eine Achse mit Stationsangaben ist die Anweisung **STATION** zu verwenden. Die zu beschriftenden Stationen können einer Stationsliste entnommen oder über einen Regelstationsabstand definiert werden. Zur Kennzeichnung der Stationen werden Symbole (Kreis) auf die Achslinie gezeichnet. Die Beschriftung und die Symbole werden mit dem Stift der letzten Vereinbarung STIFT gezeichnet. Die voreingestellten Standardbeschriftungen können mit den Vereinbarungen BTEXT und SCHRIFTSTIL formatiert werden.

STATION Achse [;Anfang [;Ende [;Abstand [;STA-Nr [;Bezugsstation [;Regelabstand [;Kennung]

Achse:	Nummer der Achse
Anfang, Ende:	Anfangs- und Endstation bzw. Grenzen des darzustellenden Bereiches (voreingestellt: Achsanfang, Achsende)
Abstand	Abstand [m] der Beschriftung zur Achse (voreingestellt: 0 m)
STA-Nr	Nummer einer Stationsliste nn der gewählten Achse (voreingestellt: 0 = keine Stationsliste) Die Beschriftung erfolgt an allen in dieser Stationsliste definierten Stationen.
Bezugsstation	Anfangsstation [m] der Beschriftung (voreingestellt: 0 m) Wird nur ausgewertet, wenn STA-Nr = 0!
Regelabstand	Regelstationsabstand [m] der Beschriftung, ausgehend von der Bezugsstation (voreingestellt: 10 m) Wird nur ausgewertet, wenn STA-Nr = 0!
Kennung	Textkonstante zur Steuerung der Textausrichtung: NORMAL: Texte senkrecht zur Achse ausrichten (voreingestellt) TANGENTIAL: Texte tangential zur Achse ausrichten

Zur Beschriftung der Hauptpunkte einer Achse mit Stationen, Radien und Übergangsbogenparametern ist die Anweisung **ELEMENTE** zu verwenden. Zur Kennzeichnung der Stationen werden Symbole auf die Achslinie gezeichnet. Die Beschriftung und die Symbole werden mit dem Stift der letzten Vereinbarung STIFT gezeichnet. Die voreingestellten Standardbeschriftungen können mit den Vereinbarungen BTEXT und SCHRIFTSTIL formatiert werden.

ELEMENTE Achse; Anfang; Ende; [AbstandL; [AbstandR [;Symbol]

Achse:	Nummer der Achse
Anfang, Ende:	Anfangs- und Endstation bzw. Grenzen des darzustellenden Bereiches (voreingestellt: Achsanfang, Achsende)
AbstandL:	Abstand [m] der Elementbeschriftung für Linksbögen (voreingestellt: 0 m)
AbstandR:	Abstand [m] der Elementbeschriftung für Rechtsbögen (voreingestellt: 0 m)
Symbol:	Nummer des Symbols zur Kennzeichnung der Stationen auf der Achslinie (voreingestellt: 151 (RE 2012))

19.5.3.4 Stationsdaten zeichnen

Um Querneigungskeile zu zeichnen und zu beschriften, ist die Anweisung **QUERNEIGUNG** zu benutzen. Datengrundlage hierfür ist i. d. R. eine Querneigungsdatei (QUEaaaaann.crd). Es werden alle darin enthaltenen Stationen mit der entsprechenden Querneigung und einem Querneigungspfeil versehen. Gezeichnet werden die Keile und die Beschriftung mit dem Stift der letzten Vereinbarung STIFT. Die voreingestellten Standardbeschriftungen können mit den Vereinbarungen BTEXT und SCHRIFTSTIL formatiert werden.

QUERNEIGUNG Achse [;Anfang [;Ende]; QUE-Nr; Abstand L; Abstand R [;Höhe [;Kennung]

Achse:	Nummer der Achse
Anfang, Ende:	Anfangs- und Endstation bzw. Grenzen des darzustellenden Bereiches (voreingestellt: Achsanfang, Achsende)
QUE-Nr	Nummer eines Querneigungsbandes nn der gewählten Achse Mit der Angabe in der Form "-nn" kann die Umkehrung des Vorzeichens aller im Band definierten Querneigungen bewirkt werden.
Abstand L	Breite der Querneigungskeile links der Achse (negativer Wert)
Abstand R	Breite der Querneigungskeile rechts der Achse (positiver Wert)
Höhe	Höhe [cm] der Querneigungskeile (voreingestellt: Keilhöhe = 1/5 Keilbreite)
Kennung	Steuerung der Höhe der Querneigungskeile: ABSOLUT: Keilhöhe = absoluter Betrag (voreingestellt) FAKTOR: Keilhöhe = Keilhöhe * Keilbreite

Zur Darstellung der Neigungswechselpunkte einer Gradiente wird die Anweisung **LÄNGSNEIGUNGSOBJ** verwendet. Datengrundlage ist eine Gradientendatei (GRAaaaaann.crd). Die Kennzeichnungen der Neigungswechselpunkte werden als eigene Zeichnungsobjekte mit dem Namen aaaaaggNnn angelegt. Diese Objekte können mit der Funktionsgruppe *Zeichnung bearbeiten* in der Zeichnung verschoben, gedreht oder in ihrer

Größe verändert werden. Die Neigungswechselobjekte werden mit dem Stift der letzten Vereinbarung STIFT gezeichnet. Die voreingestellten Standardbeschriftungen können mit den Vereinbarungen BTEXT und SCHRIFTSTIL formatiert werden.

LÄNGSNEIGUNGSOBJAchse [;Anfang [;Ende]; GRA-Nr [;Abstand [;Strichart [;Größe 1 [;Symbol [;Größe 2 [;Art [;Bezugslinie]

Achse:	Nummer der Achse
Anfang, Ende:	Anfangs- und Endstation bzw. Grenzen des darzustellenden Bereiches (voreingestellt: Achsanfang, Achsende)
GRA-Nr	Nummer einer Gradiente nn der ausgewählten Achse
Abstand	Abstand [m] der Neigungswechselobjekte von der Achse (voreingestellt: 20 m)
Strichart	Strichart, mit der die Verbindungslinie vom Ankerpunkt des Neigungswechselobjektes zur Achse gezeichnet wird (voreingestellt: 0).
Größe 1, Symbol	Größe [cm] und Symbolnummer eines Symbols der Symbolbibliothek zur Kennzeichnung der Stationierungsrichtung (Parameter ART = 1) oder der Gefällerichtung (Parameter ART = 2) (voreingestellt: Größe: 0,2 cm und Symbol: 16) Bei Symbol = 0 werden die Symbole nicht gezeichnet.
Größe 2	Größe [cm] des Symbols zur Kennzeichnung des Neigungswechsels (voreingestellt: 0,4 cm). Bei Symbol = 0 werden die Symbole nicht gezeichnet.
Art	Darstellungsart: 1: Symbole kennzeichnen die Stationierungsrichtung (voreingestellt) 2: Symbole kennzeichnen die Gefällerichtung
Bezugslinie:	Kennziffer zum Zeichnen der Bezugslinie: 1: Bezugslinie zeichnen (voreingestellt RE 85) 2: keine Bezugslinie zeichnen (voreingestellt RE 2012)

Um Hoch- und Tiefpunkte einer Achse oder eines Randes als Symbol zeichnerisch darzustellen, ist die Anweisung **HTPUNKTE** zu verwenden. Gezeichnet werden die Hoch- und Tiefpunkte mit dem Stift der letzten Vereinbarung STIFT.

HTPUNKTE   Achse [;Anfang [;Ende [;GRA-Nr [;Abstand [;QUE-Nr [;Symbol H [;Faktor H [;Symbol T [;Faktor T]

Achse:	Nummer der Achse
Anfang, Ende:	Anfangs- und Endstation bzw. Grenzen des darzustellenden Bereiches (voreingestellt: Achsanfang, Achsende)
GRA-Nr	Nummer einer Gradiente nn der ausgewählten Achse
Abstand	Abstand [m] der Neigungswechselobjekte von der Achse (voreingestellt: 20 m)

QUE-Nr	Nummer eines Querneigungsbands nn der gewählten Achse (voreingestellt: 0 = kein Querneigungsband)
Symbol H, Faktor H	Symbolnummer und Größenfaktor eines Symbols der Symbolbibliothek zur Kennzeichnung von Hochpunkten (voreingestellt: Symbol 71, Faktor 1)
Symbol T, Faktor T	Symbolnummer und Größenfaktor eines Symbols der Symbolbibliothek zur Kennzeichnung von Tiefpunkten (voreingestellt: Symbol 72, Faktor 1)

19.5.3.5 Weitere Daten zeichnen

Mit der Anweisung **RASTER** wird ein Koordinatenraster mit Kreuzen und einer Randbeschriftung gezeichnet und als eigenes Layerobjekt mit dem Namen RASTER angelegt. Das Raster und die Beschriftung werden mit dem Stift der letzten Vereinbarung STIFT gezeichnet.

RASTER [Abstand [; Ausrichtung [; RFormat [; HFormat [; REcke [; HEcke [; RandLinks [; RandRechts [; RandOben [; RandUnten]

Abstand	Rasterabstand [m] (voreingestellt: 100 m)
Ausrichtung	Kennziffer zur Steuerung der Textausrichtung: 0: lesbar in wertaufsteigender Richtung (voreingestellt) 1: lesbar vom unteren Rand
RFormat	Formatierung des Rechtswertes (voreingestellt "{1;8}")
HFormat	Formatierung des Hochwertes (voreingestellt "{1;7}")
REcke, HEcke	Formatierung der Eckpunktbeschriftung (voreingestellt: keine Beschriftung)
RandLinks	Breite [cm] der Koordinatenleiste links (voreingestellt: Koordinatenleiste wird innerhalb der Layergruppe gezeichnet)
RandRechts	Breite [cm] der Koordinatenleiste rechts (voreingestellt: Koordinatenleiste wird innerhalb der Layergruppe gezeichnet)
RandOben	Breite [cm] der Koordinatenleiste oben (voreingestellt: Koordinatenleiste wird innerhalb der Layergruppe gezeichnet)
RandUnten	Breite [cm] der Koordinatenleiste unten (voreingestellt: Koordinatenleiste wird innerhalb der Layergruppe gezeichnet)

Um innerhalb des aktuellen Layerobjektes weitere Objekte oder CARD/1-Symbole zu zeichnen, ist die Anweisung **OBJEKT** zu verwenden. Dabei wird ein Verweis auf ein Objekt einer CARD/1-Zeichnung bzw. auf ein Symbol der CARD/1 Symbolbibliothek erzeugt.

OBJEKT Objekt/Symbol [;X [; Y [;Faktor X [;Faktor Y [;Winkel [;Stift]

Symbol/Objekt	Symbolnummer aus der Symbolbibliothek oder Objektverweispfad
X, Y	Horizontale und vertikale Verschiebung [cm] des Objekts/Symbols innerhalb des Zeichnungsrandes (voreingestellt: RANDR, RANDU = rechte untere Innenrandecke)
Faktor X, Faktor Y	Größenfaktor für die Breite und Höhe des Objekts/Symbols (voreingestellt: Faktor X = 1,0 und Faktor Y = Faktor X)
Winkel	Winkel [gon] des Objekts/Symbols relativ zum unteren Zeichnungsrand (voreingestellt: 0,0 gon).
Stift	Nummer des Stiftes (voreingestellt: 0 = farbneutrale Darstellung)

Layerobjekte, die mit dem gleichen Blattschnitt (vgl. Kapitel 19.1) erzeugt wurden, können mit der Anweisung **LAYEROBJEKT** in den aktuellen Layer eingebunden werden. Dies erfolgt mit einem Verweis auf ein Layerobjekt einer CARD/1-Zeichnung.

LAYEROBJEKT Objekt [;Stift]

Objekt	Eingabe eines Objektverweispfades
Stift	Nummer des Stiftes, mit dem das Objekt gezeichnet werden soll. Stift = 0: farbneutrale Darstellung (voreingestellt).

19.5.4 Beispielvereinbarung

```
VERSION 8000
*  LPL0200001.CRD
*  Übersichtslageplan 1:2000

VORSCHRIFT RE2012
PLOTDATEI LP_Vorentwurf-Achse.plt; gesamte Baulänge mit LP-Objekt
BLATTDEF GESAMT
ZRAND '§RE2012'
STEMPEL 'Schriftfeld_Gesamt_LP(<§RE2012>RE2012_Legenden.PLT)'
* Ausfüllen der Textvariablen im Stempelobjekt
TEXTVARIABLE 'PROJIS_Nr'; '0815'
TEXTVARIABLE 'STATANF'; '0+000'
TEXTVARIABLE 'STATEND'; '7+250'
TEXTVARIABLE 'BEZ_Unterlage'; 'Übersichtslageplan'
TEXTVARIABLE 'Strasse'; 'B173'
TEXTVARIABLE 'AbschnNr1'; '0815'
TEXTVARIABLE 'AbschnNr2'; '0816'
TEXTVARIABLE 'Unter_Nr'; '3'
TEXTVARIABLE 'BLNR'; '1'
TEXTVARIABLE 'Str_bauverw'; 'Straßenbauamt A-Dorf'
TEXTVARIABLE 'Aufgestellt'; ' '
```

```
TEXTVARIABLE 'Ort'; 'A-Dorf'
TEXTVARIABLE 'Datum'; '15.05.2015'
* farbige Flächen zeichnen
STIFT 21015; 0              | Fahrbahn - grau
LMUSTER 2000; Anfang; Ende; -3,00; 3,00
STIFT 21100; 0             | Bankett - grün
LMUSTER 2000; Anfang; Ende; -4,50; -3,00
LMUSTER 2000; Anfang; Ende; 4,50; 3,00
* Achsen und Achsränder zeichnen
STIFT 4;0
ACHSE 2000; Anfang; Ende
STIFT 2;0
RAND 2000; Anfang; Ende; -3,00
RAND 2000; Anfang; Ende; 3,00
* Stationsdaten zeichnen
HTPUNKT 2000; Anfang; Ende; 99
QUERNEIGUNG 2000; Anfang; Ende; 98; -3,00; 3,00
LÄNGSNEIGUNG 2000; Anfang; Ende; 99; 45
* Achsbeschriftungen
STATION 2000; Anfang; Ende; 30; 0; 0; 25
ELEMENTE 2000; Anfang; Ende; -40
* Lageplanzeichnung einbinden
OBJEKT 'LAGEPLAN(Gesamt_2000.PLT)'; 0; 0; ; ; ; 33
```

19.6 Längsschnittzeichnung erstellen

19.6.1 Schematischer Ablauf für Dialogbearbeitung – RE 2012

Mit der Dialogbearbeitung steht in CARD/1 für die Erzeugung von RE 2012-gerechten Längsschnittzeichnungen eine kompakte Lösung zur Verfügung, die aufwendige Programmierarbeit erspart. Die erzeugten Zeichnungen entsprechen in jedem Detail (Strichstärken, Schriftgrößen, Symbole, Farben, etc.) den Anforderungen der RE 2012.

Die im Ergebnis der Dialogbearbeitung entstandene Vereinbarung kann bei Bedarf über die Editorbearbeitung (vgl. Kapitel 19.6.2) an spezielle Bedürfnisse angepasst werden.

➜ **MENÜ ZEICHNUNG**
   ➜ Längsschnittzeichnung erstellen
      ➜ Vereinbarung neu RE 2012
         ➜ Felder im Eingabefenster ausfüllen (Bild 19-20, Bild 19-21, Bild 19-22, Bild 19-23 und Bild 19-24)
            ➜ OK
   ➜ Zeichnung erzeugen

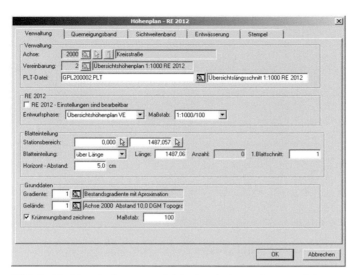

Bild 19-20: Eingabefenster zur Dialogbearbeitung einer Vereinbarung – Teil 1

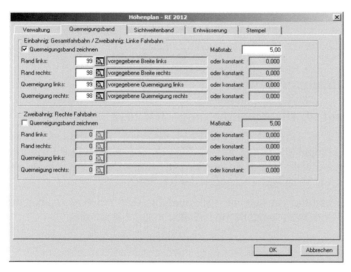

Bild 19-21: Eingabefenster zur Dialogbearbeitung einer Vereinbarung – Teil 2

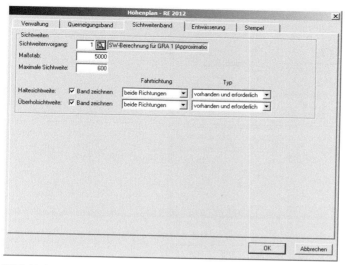

Bild 19-22: Eingabefenster zur Dialogbearbeitung einer Vereinbarung – Teil 3

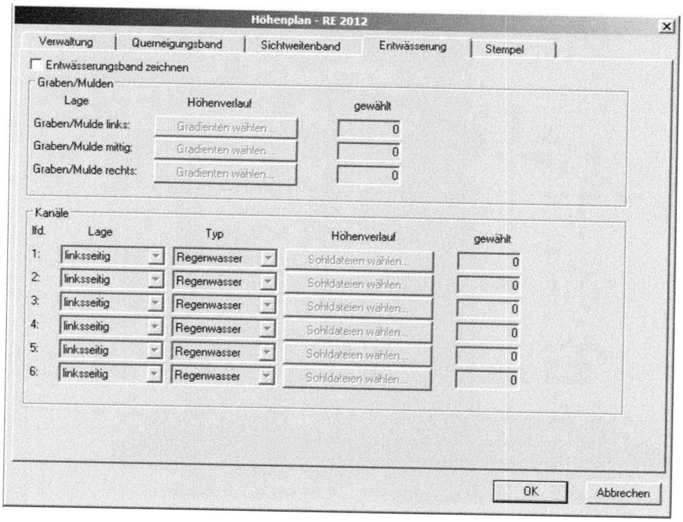

Bild 19-23: Eingabefenster zur Dialogbearbeitung einer Vereinbarung – Teil 4

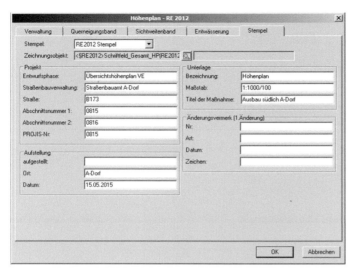

Bild 19-24: Eingabefenster zur Dialogbearbeitung einer Vereinbarung – Teil 5

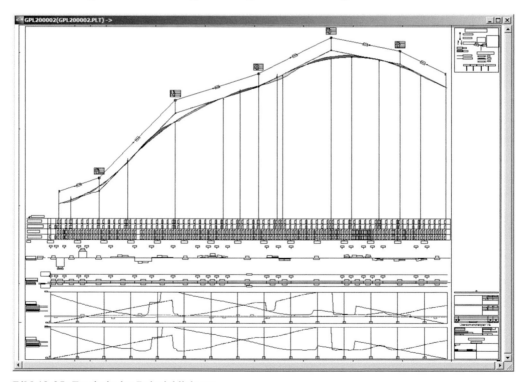

Bild 19-25: Ergebnis des Beispieldialoges

19.6.2   Schematischer Ablauf für Editorbearbeitung

➔ **MENÜ ZEICHNUNG**

  ➔ Längsschnittzeichnung erstellen

    ➔ Vereinbarung neu

      ➔ Felder im Eingabefenster ausfüllen (Bild 19-26)

        ➔ OK

    ➔ Vereinbarung editieren

      ➔ Datei

        ➔ speichern

      ➔ Datei

        ➔ Beenden

  ➔ Zeichnung erzeugen

Bild 19-26: Eingabefenster zur Definition einer neuen Vereinbarung

19.6.3   Erläuterung der Kennwörter für Editorbearbeitung

Da für die Vereinbarung von Längsschnittzeichnungen sehr viele Kennwörter zur Verfügung stehen, können im Folgenden nur ausgewählte Kennwörter kurz erklärt werden. Für detailliertere Darlegungen wird auf die CARD/1-Hilfe verwiesen.

19.6.3.1   Vereinbarungen für Grundeinstellungen

Mit der Anweisung **STATIONEN** werden die zu zeichnenden Stationsbereiche mit den dazugehörigen Horizonthöhen festgelegt. Ohne Angabe dieser Anweisung werden der zu zeichnende Stationsbereich und eine Horizonthöhe automatisch aus der zugehörigen Längsschnittlinie ermittelt.

STATIONEN [A-Stat 1;E-Stat 1 [;Horizont 1 [;E-Stat 2 [;Horizont 2] … [;E-Stat 10 [;Horizont 10]

A-Stat1, E-Stat1:	Anfangs- und Endstation des ersten Stationsbereiches
Horizont1:	Horizonthöhe des ersten Stationsbereiches. Der Horizont wird durch die Oberkante der Bemaßungszeile gebildet. Bei fehlender Angabe wird die Horizonthöhe automatisch ermittelt.
E-Stat2...10:	Endstation weiterer Stationsbereiche
Horizont2...10:	Horizonthöhe weiterer Stationsbereiche. Bei fehlender Angabe wird die Horizonthöhe automatisch ermittelt.

Die Anweisung **MASSTAB** definiert den Längen- und Höhenmaßstab. Die Angabe eines negativen Wertes für den Längenmaßstab bewirkt die Spiegelung der Höhenverläufe.

MASSTAB [Länge [; Höhe]

Länge:	Maßstab der Länge (voreingestellt: 1000)
Höhe:	Maßstab der Höhe (voreingestellt: 0,1*Längenmaßstab)

Vereinbarungen (z: B. Definitionen), die oft verwendet werden, können als separate Datei gespeichert und mit der Anweisung **EINFÜGEN** als Verweis in die aktuelle Datei integriert werden.

EINFÜGEN Datei
EINFÜGEN <CARD>Datei
EINFÜGEN <?>Datei

Datei	Einfüge-Datei aus dem aktuellen Projekt.
<CARD>Datei	Einfüge-Datei aus dem zentralen Projekt.
<?>Datei	Einfüge-Datei wird zuerst im aktuellen Projekt und anschließend im zentralen Projekt gesucht.

Eine **DEFINITION** ist eine Gruppe von Kennwörtern, die unter einem Definitionsnamen zusammengefasst ist. Sie bewirkt selbst nichts, kann aber von anderen Kennwörtern ausgewertet werden. Dadurch ist es möglich, eine unbegrenzte Anzahl von Definitionen in speziellen Dateien zu sammeln. Durch das Einfügen dieser Dateien in die aktuelle Vereinbarung mit der Anweisung EINFÜGEN lassen sich einmal erstellte Definitionen nur durch Angabe des Definitionsnamens immer wieder nutzen.

DEFINITION Definitionstyp; Identifikator [;Bezeichnung]
   ...
   ...
ENDE [DEFINITION]

Definitionstyp	Textkonstante zur Festlegung des Definitionstyps::
	STATIONSGRUPPE Stationswerte unterschiedlichster Herkunft zusammenfassen
	BZEILE Darstellungsform von Bemaßungszeilen definieren
	BGRUPPE Darstellungsform von Bemaßungsgruppen definieren
	FLÄCHENINHALT Darstellungsform von Flächen definieren
	LATTRIBUTE Darstellungsform von Linien definieren
	TATTRIBUTE Darstellungsform von Texten definieren
	OSATTRIBUTE Darstellungsform von Zeichnungsobjekten bzw. Symbolen definieren
	QB12ATTRIBUTE Darstellungsform von Querneigungsbändern (RE 2012) definieren

SW12ATTRIBUTE Darstellungsform von Sichtweitenbändern (RE 2012) definieren

Identifikator   Eindeutiger Definitionsname (max. 8 Zeichen, individuell definierbar)

Bezeichnung   Erläuternder Text (max. 40 Zeichen)

Beispiel einer Datei zur Definition der Flächenschraffur für Auf-/Abtrag bei Höhenplanen:

```
*  AUFABTRAG.CRD
VERSION 8000
DEFINITION FLÄCHENINHALT AUFTRAG
     FARBE 36           |grün
     SCHRAFFUR 0;0;0;0  |vollflächig
ENDE DEFINITION
DEFINITION FLÄCHENINHALT ABTRAG
     FARBE 41           |braun
     SCHRAFFUR 0;0;0;0  |vollflächig
ENDE DEFINITION
```

Die Anweisung VORSCHRIFT wird benötigt, wenn die Zeichnung nicht gemäß RE 85 sondern nach RE 2012 erstellt werden soll.

VORSCHRIFT Kennung

Kennung   RE2012: Zeichnung wird nach den *Richtlinien zum Planungsprozess und für die einheitliche Gestaltung von Entwurfsunterlagen im Straßenbau* erstellt.

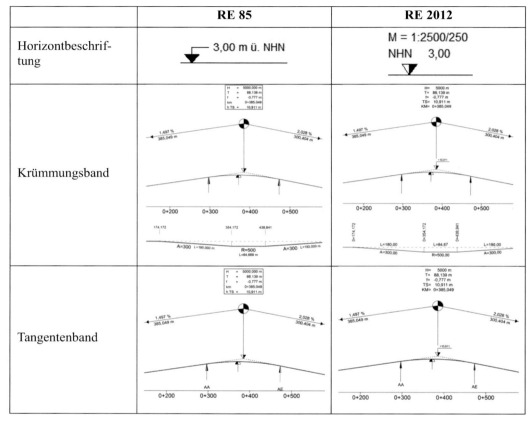

Bild 19-27: Auswirkungen der Anweisung VORSCHRIFT in der Längsschnittzeichnung

19.6.3.2 Längsschnittlinien und Bänder zeichnen

Zu zeichnende Bänder können in ihrer Darstellungsform individuell festgelegt werden. Die Anweisung **BANDDEFINITION** legt jeweils in der Zeichnung ein neues Objekt der Art *Layergruppe* „sssssss_aa_BAND_nn" an und definiert die Darstellungsform des darin enthaltenen Bandes. Mit der Anweisung **ENDE [BANDDEFINITION]** wird das Zeichnen eines Bandes beendet. Jeder weitere Aufruf der Anweisung **BANDDEFINITION** erzeugt ein neues Objekt der Art *Layergruppe* „sssssss_aa_BAND_nn". Textvariablendefinitionen werden innerhalb einer Banddefinition ignoriert. Die voreingestellten Standardbeschriftungen können mit den Vereinbarungen BTEXT und SCHRIFTSTIL formatiert werden.

Der Inhalt einer Banddefinition wird durch folgende Vereinbarungen bestimmt:

GRADIENTE	Gradientenlinie zeichnen
PL_LINIEN	Höhenverlauf zeichnen
PL_BLINIEN	Bemaßungshilfslinien zeichnen
PL_HÖHEN	Höhenangaben ermitteln und zeichnen
PL_STATIONEN	Stationsangaben ermitteln und zeichnen
PL_BEZEICHNUNG	Stationsabhängigen Text zeichnen
PL_OBJEKTE	Zeichnungsobjekte zeichnen
PL_SYMBOLE	Symbole zeichnen
PL_FLÄCHEN	Flächen zeichnen
SICHTSCHATTEN	Sichtschattenbereiche und verdeckte Kurvenbeginne zeichnen

BANDDEFINITION Faktor [;Bezeichnung [;Modus]

Faktor
Höhenfaktor
Bei Meter-Angaben, z. B. in einer Geländedatei, entspricht der Faktor dem Maßstab.

Bezeichnung
Bandbezeichnung (max. 120 Zeichen) für den Kopfbereich des Objektes (voreingestellt: ohne Bezeichnung).

Modus
Angaben zur Gestaltung des Bandes
Anzahl und Reihenfolge sind beliebig. Folgende Angaben sind möglich:

Angaben zum Hintergrundraster:

RASTER:
J = Hintergrundraster zeichnen (voreingestellt)
N = Hintergrundraster nicht zeichnen

RSTIFT:
Stift für das Hintergrundraster (voreingestellt: Stift der Stiftgruppe 1)

HABSTAND:
Abstand [cm] zwischen den horizontal verlaufenden Rasterlinien und gleichzeitig die Größe der Abschnitte auf der Höhenskala (voreingestellt: 1 cm)
0 = keine horizontalen Rasterlinien

VABSTAND:
Abstand [cm] zwischen den vertikal verlaufenden Rasterlinien und gleichzeitig die Größe der Abschnitte auf der Stationsskala) (voreingestellt: 1 cm)
0 = keine vertikalen Rasterlinien

Angaben zur Höhen-/Stationsskala:

SKALA:	J = Höhen-/Stationsskala zeichnen (voreingestellt) N = Höhen-/Stationsskala nicht zeichnen
HBEZEICHNUNG:	Text (max. 120 Zeichen) zum Beschriften der Höhenskala
HBEZATTRIBUTE:	Name eines Schriftstils zur Formatierung der Höhenskala-Beschriftung
SSTIFT:	Stift für die Höhen- und Stationsskala (voreingestellt: Stift der Stiftgruppe 1).
ABSTATION:	Abstand der Beschriftung an der Stationsskala (voreingestellt: 1) Der Wert gibt an, jeder wievielte Skalenabschnitt zu beschriften ist.
ABHÖHE:	Abstand der Beschriftung an der Höhenskala (voreingestellt: 1) Der Wert gibt an, jeder wievielte Skalenabschnitt zu beschriften ist.

Für die Darstellung einer Gradientenlinie wird die Anweisung **GRADIENTE** verwendet. Datengrundlage ist eine Gradientendatei (GRAaaann.CRD). Die Bemaßung der Gradientenlinien erfolgt mit separaten Vereinbarungen. Alternativ können Gradientenlinien auch mit der Anweisung PL_LINIEN vereinbart werden.

GRADIENTE GRA-Nr [;Darstellung] oder
GRADIENTE GRA-Nr [;Darstellung [;STA-Nr [;Regelabstand]

GRA-Nr	Gradiente nn der aktuellen Achse
Darstellung	Darstellung der Gradientenlinie mittels Linienattributsdefinition (individuell definierbar) oder vierstelligem Kode (voreingestellt: 0013)
	Hunderter/ Tausender Ziffer: Strichart (voreingestellt: 0)
	Zehner Ziffer: Anzahl der im Abstand von 0,2 mm übereinander zu zeichnenden Linien (voreingestellt: 1; max. 5)
	Einer Ziffer: Stiftes (voreingestellt: 3)
STA-Nr	Stationsliste nn der aktuellen Achse (voreingestellt: 0 = keine Stationsliste) Für alle in der Stationsliste definierten Stationen werden Gradientenkleinpunkte interpoliert und bemaßt. Wird nur ausgewertet, wenn die Gradientenlinie mit der Vereinbarung BEMASSUNG bemaßt wird!
Regelabstand	Regelstationsabstand [m] der Gradientenbemaßung (voreingestellt: 10; 0 = alle Geländeknickpunkte werden bemaßt)

> Wird nur ausgewertet, wenn STA-Nr = 0 und die Gradienten-
> linie mit der Vereinbarung BEMASSUNG bemaßt wird!

Für die Darstellung einer Geländelinie wird die Anweisung **GELÄNDE** benutzt. Datengrundlage ist eine Geländedatei (GELaaann.CRD). Die Bemaßung der Geländelinien erfolgt mit separaten Vereinbarungen. Alternativ können Geländelinien auch mit der Anweisung PL_LINIEN vereinbart werden.

GELÄNDE GEL-Nr [;Darstellung] oder
GELÄNDE GEL-Nr [;Darstellung [;STA-Nr [;Regelabstand [;Kennung]

GEL-Nr	Geländelängsschnitt nn der aktuellen Achse
Darstellung	Darstellung der Gradientenlinie mittels Linienattributsdefinition (individuell definierbar) oder vierstelligem Kode (voreingestellt: 0012)
	Hunderter/ Tausender Ziffer: Strichart (voreingestellt: 0)
	Zehner Ziffer: Anzahl der im Abstand von 0,2 mm übereinander zu zeichnenden Linien (voreingestellt: 1; max. 5)
	Einer Ziffer: Stiftes (voreingestellt: 2)
STA-Nr	Stationsliste nn der aktuellen Achse (voreingestellt: 0 = keine Stationsliste)
	Für alle in der Stationsliste definierten Stationen werden Geländekleinpunkte interpoliert und bemaßt.
	Wird nur ausgewertet, wenn die Geländelinie mit der Vereinbarung BEMASSUNG bemaßt wird!
Regelabstand	Regelstationsabstand [m] der Geländebemaßung (voreingestellt: 0 = alle Geländeknickpunkte werden bemaßt)
	Wird nur ausgewertet, wenn STA-Nr = 0 und die Geländelinie mit der Vereinbarung BEMASSUNG bemaßt wird!
Kennung	Kennung für das zusätzliche Bemaßen der Geländeknickpunkte:
	J: Geländepunkte bemaßen (voreingestellt)
	N: Geländepunkte nicht bemaßen

Rampen- bzw. Querneigungsbänder werden mit den Kennwörtern **RAMPENBAND** und **QUERNEIGUNGSBAND** gezeichnet. Der Unterschied zwischen beiden liegt in der Beschriftung. Für jedes Rampen- bzw. Querneigungsband wird in der Zeichnung ein Objekt der Art *Layergruppe* „sssssss_aa_QUERN_nn" angelegt. Die Beschriftung des Rampen- bzw. Querneigungsbandes erfolgt automatisch. Die voreingestellten Standardbeschriftungen können mit den Vereinbarungen BTEXT und SCHRIFTSTIL formatiert werden.

RAMPENBAND Maßstab; QL; BL; QR; BR [;Kennung]
QUERNEIGUNGSBAND Maßstab; QL; BL; QR; BR [;Kennung]

Maßstab	Maßstab zur Darstellung der Rampenhöhe. Die Rampenhöhe wird berechnet mit:

$$Rampenhöhe\,[m] = \frac{Querneigung\,[\%]}{100} \cdot Breite\,[m]$$

QL, QR	Querneigung links (QL) und rechts (QR) In Stationierungsrichtung gilt:

Q > 0: rechter Fahrbahnrand liegt höher als der linke
Q < 0: linker Fahrbahnrand liegt höher als der rechte

Für veränderliche Querneigungen empfiehlt sich die Verwendung von Querneigungsdateien!

Die Verwendung der Funktion *QUEnn[±Konstante]* ermöglicht den Verweis auf ein Querneigungsband ± Konstante der ausgewählten Achse. Durch die Form *-QUEnn[±Konstante]* werden alle im Querneigungsband definierten Querneigungen dem Vorzeichen nach umgekehrt.

BL, BR	Breite links (BL) und rechts (BR) In Stationierungsrichtung gilt:

B > 0: Abstand [m] rechts der Achse
B < 0: Abstand [m] links der Achse

Für veränderliche Breiten empfiehlt sich die Verwendung von Breitedateien!

Die Verwendung der Funktion *BRTnn[±Konstante]* ermöglicht den Verweis auf ein Breitenband ± Konstante der ausgewählten Achse. Durch die Form *-BRTnn[±Konstante]* werden alle im Breitenband definierten Breiten dem Vorzeichen nach umgekehrt.

Kennung	Kennung zur Darstellung des Rampenbandes: J: Verlängern bis zur Anfangs- und Endstation des dargestellten Bereichs (voreingestellt) N: Keine Verlängerung des Rampenbandes über die Definition der Querneigung hinaus

Mit der Anweisung **KRÜMMUNGSBAND** wird ein Krümmungsband der aktuellen Achse gezeichnet. Für jedes Krümmungsband wird in der Zeichnung ein Objekt der Art *Layergruppe* „sssssss_aa_KRUEM_nn" angelegt. Die Beschriftung des Krümmungsbandes erfolgt automatisch. Die voreingestellten Standardbeschriftungen können mit den Vereinbarungen BTEXT und SCHRIFTSTIL formatiert werden. Die Anweisung **VORSCHRIFT** beeinflusst die Darstellung!

KRÜMMUNGSBAND [Faktor [;GrenzeO [;GrenzeU [;Kennung [;Linienattribut]

Faktor
: Faktor der Krümmungsdarstellung (voreingestellt: 1)
Der Abstand [cm] der Krümmungslinie zur Achse beträgt jeweils:

$$A[cm] = \frac{Faktor \cdot 100}{Radius \, [m]}$$

Grenze
: Abstand [cm] der oberen/unteren Grenze zur Grundlinie (voreingestellt: GrenzeO = keine Begrenzung, GrenzeU = -1 * AbstandO) Dabei gilt:
Abstand > 0: Grenze oberhalb der Grundlinie
Abstand < 0: Grenze unterhalb der Grundlinie

Kennung
: Kennung für die Stationierungsbeschriftung:
J: Die Stationierung wird beschriftet (voreingestellt).
N: Die Stationierung wird nicht beschriftet.

Linienattribut
: Linienattributsdefinition zur Gestaltung der Krümmungslinie (voreingestellt in Abhängigkeit der Vorschrift: Stift 30005 und Strichart 0 (RE 2012) / Stift der Stiftgruppe 3 und Strichart 0 (RE 85))

Abschnitte einer Achse oder eines Achsrandes (z. B. Bereiche mit Lärmschutzwänden oder Ortsdurchfahrten) werden mit der Anweisung **ABSCHNITTE** gekennzeichnet und mit einem Text versehen. Datengrundlage ist eine Abschnittsdatei (ABSaaaaann.CRD). In der Zeichnung wird wahlweise ein separates Objekt der Art *Layergruppe* „ssssss_aa_ABSN_nn" angelegt oder innerhalb einer Bemaßungszeile gezeichnet. Separate Objekte erhalten zusätzlich noch Stationsangaben. Die voreingestellten Standardbeschriftungen können mit den Vereinbarungen BTEXT und SCHRIFTSTIL formatiert werden.

ABSCHNITTE ABS-Nr [;Zeile [;Bezeichnung]

ABS-Nr
: Abschnittdatei nn der aktuellen Achse

Zeile
: Name der Bemaßungszeile

Bezeichnung
: Erläuternder Text (max. 120 Zeichen) im Kopfbereich des Objektes (voreingestellt: ohne Bezeichnung)

Für die Darstellung eines beliebigen Linienverlaufs (z. B Gradiente, Sichtweite) wird die Anweisung **PL_LINIEN** verwendet. Datengrundlage ist eine Datei (z. B. GRAaaaaann.CRD, HVHaaaaann.CRD). Die Bemaßung des Höhenverlaufs erfolgt mit separaten Vereinbarungen.

PL_LINIEN Linie [;0 [;Linienattribut [;Anfang [;Ende]

Linie
: Linienverlauf (z. B. Gradiente oder Haltesichtweite)

0
: zurzeit nicht ausgewertet

Linienattribut
: Darstellung der Linie mittels Linienattributsdefinition (voreingestellt: die Linie wird mit dem Stift der Stiftgruppe 3 in der Strichart 0 gezeichnet)

Anfang, Ende   Anfangs- und Endstation legen den Darstellungsbereich der
                            Linie fest (voreingestellt: der Darstellungsbereich wird aus
                            dem angegebenen Linienverlauf ermittelt)

19.6.3.3 Längsschnittlinien mit Elementen ergänzen

Flächen zwischen zwei Linienverläufen können mit der Anweisung **PL_Flächen** schraffiert
oder mit einem Muster gefüllt werden. Hierfür ist mit der Anweisung DEFINITION
FLÄCHENINHALT eine Flächenattributsdefinition vorzunehmen.

PL_FLÄCHEN Attribut; Linie 1; Linie 2 [;Anfang [;Ende]

Attribut   Flächenattributsdefinition (individuell mit DEFINITION
                            FLÄCHENINHALT bestimmbar)

Linie 1, Linie 2   Verweis auf zwei Linienverläufe
                            Zwischen diesen beiden Linienverläufen (z. B. Gradiente und
                            Gelände) wird die Fläche gebildet.

Anfang, Ende   Anfangs- und Endstation des Bereich der zu zeichnenden Flä-
                            che (voreingestellt: der Bereich wird aus den Linienverläufen
                            ermittelt)

19.6.3.4 Beispielvereinbarung

```
VERSION 8400
*   GPL0200001.CRD
*   Übersichtslängsschnitt 1:2000

* Name und Bezeichnung der Zeichnungsdatei festlegen
PLOTDATEI GPL200003.PLT;"Übersichtslängsschnitt 1:2000"
EINFÜGEN AUFAB.CRD   | vgl. Kapitel 19.6.3.1
* Ausfüllen der Textvariablen im Stempelobjekt
TEXTVARIABLE 'PROJIS_Nr'; '0815'
TEXTVARIABLE 'STATANF'; '0+000'
TEXTVARIABLE 'STATEND'; '7+250'
TEXTVARIABLE 'BEZ_Unterlage'; 'Übersichtshöhenplan'
TEXTVARIABLE 'Strasse'; 'B173'
TEXTVARIABLE 'AbschnNr1'; '0815'
TEXTVARIABLE 'AbschnNr2'; '0816'
TEXTVARIABLE 'Unter_Nr'; '4'
TEXTVARIABLE 'BLNR'; '1'
TEXTVARIABLE 'Str_bauverw'; 'Straßenbauamt A-Dorf'
TEXTVARIABLE 'Aufgestellt'; ' '
TEXTVARIABLE 'Ort'; 'A-Dorf'
TEXTVARIABLE 'Datum'; '15.05.2015'
* Zeichnungsrand vereinbaren
ZRAND '§RE2012'
* Stempelzeichnungen und deren Position vereinbaren
STEMPEL 'Schriftfeld_Gesamt_HP(<§RE2012>RE2012_Legenden.PLT)'
```

```
* Maßstab und Stationsbereich festlegen
MASSTAB 2000;200
STATIONEN 0;1487,05746
* Darstellung der Gelände- und Gradientenlinie festlegen
GELÄNDE 1;0012;0;10;N
GRADIENTE 1;3;0;10
* Bemaßung der Gelände- und Gradientenlinie festlegen
BEMASSUNG "Gradiente Straße";2
BEMASSUNG "vorh. Gelände";1
* farbige Flächenfüllungen für Auf- und Abtrag vereinbaren
PL_FLÄCHEN ABTRAG;"GRA(1)";"MIN(GRA(1);GEL(1))"
PL_FLÄCHEN AUFTRAG;"GRA(1)";"MAX(GRA(1);GEL(1))"
* Krümmungsband vereinbaren
```

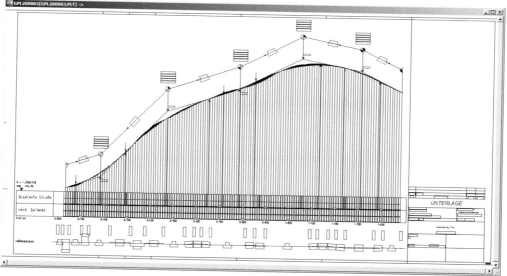

Bild 19-28: Ergebnis der Beispielvereinbarung

19.7 Querschnittszeichnung erstellen

19.7.1 Zeichnungsstruktur

Zur Erstellung von Querprofilzeichnungen bietet CARD/1 zwei Möglichkeiten an:

○ Einzelblattmodus: Erstellen kompletter Querprofilzeichnungen mit Bemaßungen und

○ Einfachmodus: Erstellen einfacher Querprofilzeichnungen ohne Bemaßung.

Da der Einfachmodus hauptsächlich der Prüfung konstruierter Profile dient, wird im Folgenden ausschließlich auf den Einzelmodus eingegangen. Für detaillierte Darlegungen des Einfachmodus wird auf die CARD/1-Hilfe verwiesen.

Eine Querprofilzeichnung setzt sich im Einzelmodus aus Objekten dreierlei Art zusammen:

o   Objekt der Art *Plotsammel*:   umfasst alle Objekte der Art *Blattsammel*,

o   Objekt der Art *Blattsammel*:   umfasst mehrerer einzelne   Querprofilzeichnungen
                                      (Objekte der Art *Zeichnung*), die   zusammen   auf   dem
                                      vorgegebenen   Papierformat   des   Plotters   ausgegeben
                                      werden,

o   Objekt der Art *Zeichnung*:   entspricht einer Querprofilzeichnung.

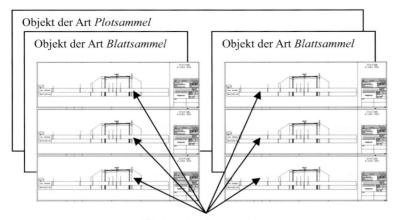

Bild 19-29: Struktur einer Querprofilzeichnung im Einzelblattmodus - grafisch

Bild 19-30: Struktur einer Querprofilzeichnung im Einzelblattmodus - Datenbaum

19.7.2 Schematischer Ablauf

➜ **MENÜ ZEICHNUNG**

  ➜ Querprofilzeichnung erstellen

    ➜ Vereinbarung neu

      ➜ Felder in Eingabefenster ausfüllen (Bild 19-31)

        ➜ OK

    ➜ Vereinbarung editieren

      ➜ Datei

        ➜ speichern

      ➜ Datei

        ➜ Beenden

  ➜ Zeichnung erzeugen

Bild 19-31: Eingabefenster zur Definition einer neuen Vereinbarung

19.7.3 Erläuterung der Kennwörter

Da für die Vereinbarung von Querprofilzeichnungen sehr viele Kennwörter zur Verfügung stehen, können im Folgenden nur ausgewählte Kennwörter kurz erklärt werden. Für detailliertere Darlegungen wird auf die CARD/1-Hilfe verwiesen.

Mit der Anweisung **VBLATTNUMMER** kann die Blattnummerierung und -beschriftung gesteuert werden.

VBLATTNUMMER [Nummer [;Intervall [;Text]

Nummer	Nummer des ersten Blattes (voreingestellt: 1). Erfolgt die Aufteilung der Querprofile auf mehrere Blättert, wird von dieser Nummer aus hoch gezählt.
Intervall	Schrittweite, mit der hoch gezählt werden soll (voreingestellt: 1).
Text	Text (max. 120 Zeichen), der die Textvariable "&__BLATTNR" ersetzten soll (voreingestellt: "Blatt Nr. #"; # = Blattnummer).

Beispiel:

```
VBLATTNUMMER  5;5;"Blatt-Nr. #"
```

Durch die Vereinbarung VBLATTNUMMER wird die in der Stempelzeichnung enthaltene Textvariable *&__BLATTNR* (vgl. Kapitel 19.3) wie folgt ersetzt:

Blatt 1:   Blatt-Nr. 5
Blatt 2:   Blatt-Nr. 10
Blatt 3:   Blatt-Nr. 15 usw.

Die Darstellungsform des Textes entspricht den Voreinstellungen der Textvariablen.

Mit der Anweisung **MASSTAB** wird eine Liste mit Breiten- und Höhenmaßstäben vereinbart. Dies ermöglicht die Beibehaltung eines Papierformats bei gleichzeitiger automatischer Anpassung des Maßstabes. Die Schrittweite der dabei zu verwendenden Maßstäbe entspricht den getroffenen Vorgaben.

MASSTAB [Breite 1 [;Höhe 1 [;Breite 2 [;Höhe 2 [;... [;Breite N [;Höhe N]

Breite	Maßstab der Breite (voreingestellt: 100)
	Breite < 0: Profile werden um die Achse gespiegelt
Höhe	Maßstab der Höhe (voreingestellt: Höhe = Breite)

Mit der Anweisung **STATION** werden die zu zeichnenden Stationsbereiche (maximal 10) und die dazugehörigen Horizonthöhen vereinbart.

STATION Anfang [;Ende [;Horizont [; STA-Nr [; Bezugsstation [; Regelabstand]

Anfang, Ende	Anfangs- und Endstation des Stationsbereichs auf der aktuellen Achse Wenn nur eine Anfangsstation angegeben ist, wird nur diese Station gezeichnet.
Horizont	Horizonthöhe [m über NN] des Stationsbereichs (voreingestellt: Horizonthöhe wird automatisch ermittelt) Der Horizont wird durch die Oberkante des Bemaßungskastens gebildet. Ein größerer Wert als der niedrigste Punkt eines Querprofils wird ignoriert.
STA-Nr.	Stationslistennummer der aktuellen Achse (Datei: STAaaaann.CRD). Es werden nur Querschnitte an den darin enthaltenen Stationen gezeichnet (voreingestellt: 0 = keine Stationsliste).
Bezugsstation	Station [m], von der ausgehend Querschnitte gezeichnet werden (voreingestellt: 0 m) Wird nur ausgewertet, wenn STA-Nr. =0!
Regelabstand	Regelstationsabstand [m] für Querschnittszeichnung, ausgehend von der Bezugsstation (voreingestellt: 10 m) Wird nur ausgewertet, wenn STA-Nr. =0!

Mit der Anweisung **BEGRENZUNG** wird ein seitlicher Abstand von der Achse festgelegt, der die Ausdehnung aller Querprofile begrenzt. Querprofile, die darüber hinausgehen, werden gekürzt. Das ist sinnvoll, um bei langen Geländequerschnitten die Blattgröße zu beschränken.

BEGRENZUNG Abstand L; Abstand R

Abstand L, R	Linke und rechte Begrenzung [m]. In Stationierungsrichtung bedeutet:
Abstand > 0:	Begrenzung rechts der Achse
	Abstand < 0: Begrenzung links der Achse

Mit der Anweisung **PROFIL** wird eine zu zeichnende Profillinie vereinbart.

PROFIL Profil [;Stift [;Strichart]

Profil	vorhandene Profillinie
Stift	Stift (voreingestellt: 1)
	Stift = 0: die Profillinie wird nicht gezeichnet; kann aber zur Lagebestimmung von Beschriftungen bzw. Zeichnungselementen verwendet werden.
Strichart	Strichart (voreingestellt: 0 = durchgezogene Linie)

Mit der Anweisung **BEMASSUNG** wird eine oder mehrere Profillinien, die zuvor mit der Anweisung PROFIL gezeichnet wurde, bemaßt. Die Anweisung BEMASSUNG kann nur im Einzelblattmodus und maximal 20 Mal in einer Zeichnungsvereinbarung verwendet werden. Alle Punkte der angegebenen Profillinie werden mit Achsabstand und Höhe bemaßt. Bei Bedarf werden automatisch senkrechte Bemaßungshilfslinien gezeichnet.

Für jede Anweisung wird eine Bemaßungszeile unter die Horizontlinie gezeichnet und mit einem frei definierbaren Text im Kopfbereich beschriftet. Die zeichnerische Reihenfolge ergibt sich aus der Reihenfolge der Kennwörter in der Vereinbarung.

Die zeichnerische Darstellung erfolgt unter folgenden Voreinstellungen:

○ Bemaßungstexte und -hilfslinien: Stift der Stiftgruppe 1,

○ Bemaßungszeilen: Stift der Stiftgruppe 2

○ Schriftgröße der Bemaßungstexte: Breite: 0,15 cm, Höhe: 0,20 cm (nicht veränderbar)

○ Schriftart: Standardschrift für Zeichnungen (voreingestellt: 1 = ISO-Normschrift)

BEMASSUNG [Bezeichnung [;Profil 1 [;Profil 2 [;Profil 3 [;Profil 4 [;Darstellung]

Bezeichnung	Erläuternder Text (max. 120 Zeichen) im Kopfbereich zur Bezeichnung der Bemaßungszeile (voreingestellt: ohne Bezeichnung)
Profil	Nummer einer zuvor mit PROFIL oder PROFLISTE definierten Linie (voreingestellt: 0 = die Linien werden nicht bemaßt) Es werden alle hier angegebenen Linien in einer Bemaßungszeile bemaßt.
Darstellung	Kennung zur Steuerung der Darstellung:
	1: Mit einer Nachkommastelle bemaßen
	2: Mit zwei Nachkommastellen bemaßen
	3: Mit drei Nachkommastellen bemaßen (voreingestellt)

H: Bemaßungshilfslinien bis zum Horizont zeichnen (voreingestellt)

K: Keine Bemaßungshilfslinien zeichnen

A: Bei zu dicht nebeneinander liegenden Punkten werden alle
Punkte bei der Bemaßung berücksichtigt (unabhängig von
Platz und Maßstab).

Mit der Anweisung **NEIGUNG** wird ein Profillinienelement zwischen zwei Profilpunkten
mit der Querneigung [%] als Text und einem Neigungspfeil als Symbol ergänzt. Die Ermittlung der Querneigung erfolgt automatisch aus der Breiten- und Höhendifferenz der angegebenen Profilpunkte. Der Neigungspfeil wird als Objektverweis mit dem Namen QNEIGPFL
angelegt.

**NEIGUNG Profil; Punkt 1; Punkt 2 [;VerschiebungH [;Stift [;Faktor
[;VerschiebungV]**

Profil	Nummer einer vorher mit PROFIL oder PROFLISTE defi-nierten Profillinie
Punkt 1, Punkt 2	Nummern der Profillinienpunkte, zwischen denen die Nei-gung ermittelt und beschriftet wird
VerschiebungH	Horizontale Verschiebung [cm] der Beschriftung bezogen auf den höher liegenden Profilpunkt (voreingestellt: 0 = mittig) Dieser Wert ist nur erforderlich, wenn die Beschriftung nicht mittig zwischen den Punkten liegen soll.
Stift	Stift (voreingestellt: 1).
Faktor	Größenfaktor für den Neigungspfeil (voreingestellt: 1; Höhe = 0,2 cm und Länge = 1,3 cm)
VerschiebungV	Vertikaler Abstand [cm] der Beschriftung bezogen auf den höher liegenden Profilpunkt (voreingestellt: Positionierung oberhalb) Dieser Wert ist nur erforderlich, wenn die Beschriftung nicht oberhalb der Punkte liegen soll.

Mit der Anweisung **SYMBOL** kann ein Symbol aus der CARD/1-Symbolbibliothek gezeichnet werden. Somit ist es möglich, die Querprofilzeichnung mit Schutzplanken etc. zu ergänzen.

SYMBOL Symbol; T; Z [;Faktor X [;Winkel [;Stift [;Faktor Y]

Symbol	Symbolnummer der CARD/1 Symbolbibliothek
T, Z	Koordinaten [m] zur Positionierung des Symbols
Faktor X	Größenfaktor für die Breite (voreingestellt: 1)
Winkel	Drehwinkel [gon] für das Symbol (voreingestellt: 0 gon)

Stift	Nummer des Stiftes, mit dem das Objekt/Symbol gezeichnet wird.
	Stift =0: farbneutrale Darstellung (Voreinstellungen)
	Objektverweis: Stift = 0
	Symbolverweis: Stift der Stiftgruppe 1
Faktor Y	Größenfaktor für die Höhe
	(voreingestellt: Faktor Y = Faktor X)

19.7.4 Beispielvereinbarung

```
VERSION 8400
*   PPL0200001.CRD
*   regelgerecht ohne Anpassung

* automatische Blattnummernvergabe festlegen
VBLATTNUMMER 1;1;"#"
* Ausfüllen der Textvariablen im Stempelobjekt
TEXTVARIABLE 'PROJIS_Nr'; '0815'
TEXTVARIABLE 'STATANF'; '0+000'
TEXTVARIABLE 'STATEND'; '7+250'
TEXTVARIABLE 'BEZ_Unterlage'; 'Querschnitte'
TEXTVARIABLE 'Strasse'; 'B173'
TEXTVARIABLE 'AbschnNr1'; '0815'
TEXTVARIABLE 'AbschnNr2'; '0816'
TEXTVARIABLE 'Unter_Nr'; '14'
TEXTVARIABLE 'BLNR'; '1'
TEXTVARIABLE 'Str_bauverw'; 'Straßenbauamt A-Dorf'
TEXTVARIABLE 'Aufgestellt'; ' '
TEXTVARIABLE 'Ort'; 'A-Dorf'
TEXTVARIABLE 'Datum'; '15.05.2015'
* Stempelzeichnungen und deren Position vereinbaren
STEMPEL 'Schriftfeld_Gesamt_LP(<$RE2012>RE2012_Legenden.PLT)'
* Maßstab festlegen
MASSTAB 50
* Stationsbereich
STATION 10;500
* Profillinien zeichnen
BEGRENZUNG -20;20
PROFIL 55;30254
PROFIL 10;21007
* Bemaßung
BEMASSUNG "vorh. Gelände";55
BEMASSUNG "Oberfläche neu";10
* Profillinie bemaßen
NEIGUNG 10;10;11
NEIGUNG 10;10;12
```

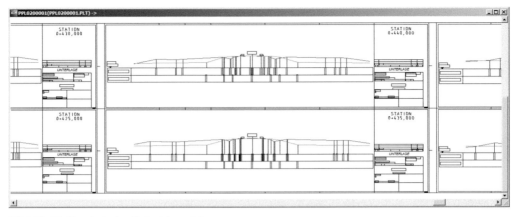

Bild 19-32: Ergebnis der Beispielvereinbarung

19.8 Arbeitsmethodik

Grundsätzlich ist die Erstellung und Bearbeitung einer Zeichnung immer die Anfertigung eines Unikats. Dies liegt in der Natur des Straßenentwurfs. Allerdings kann mit einer ausgefeilten Arbeitsmethodik viel Zeit gespart und damit die Effizienz gesteigert werden. Gut geführte Ingenieursbüros zeichnen sich aus, in dem sie hierfür bürointerne Standards festlegen und deren Einhaltung durchsetzen.

Im Folgenden sollen, ohne Anspruch auf Vollständigkeit, einige einfache Hinweise für eine effiziente Zeichnungserstellung dargestellt werden:

o   Verwenden der Funktionsgruppe *Einfügen* im CARD/1-Editor:

Um die in den Kennwörtern enthaltenen Parameter mit Werten auszustatten bietet der CARD/1-Editor unter der Funktionsgruppe *Einfügen* zahlreiche Möglichkeiten zum direkten Zugriff auf entsprechende Projektdaten (Bild 19-33).

o   Verwenden der kontextbezogenen Hilfe für Kennwörter:

Die Vielfalt der Kennwörter und ihrer zugehörigen Parameter ist zu groß, um sie sich alle merken zu können. Hier bietet sich mit der kontextbezogenen Hilfe (UMSCHALT+F1) der direkte Aufruf der CARD/1-Hilfe für die Anweisung, auf der der Kursor steht an (vgl. Kapitel 2.4).

o   implizites Erzeugen einer Zeichnung (außer Lageplanzeichnung):

Um das Ergebnis der Vereinbarung schnell prüfen zu können, ist die Erstellung und die Darstellung der PLT-Datei nötig. Beides erfolgt gleichzeitig mit der Funktionsgruppe *Zeichnung erzeugen*. Allerdings ist nach deren Ausführung immer noch der CARD/1-Editor im Vordergrund. Die F2-Taste bietet die Möglichkeit direkt in das Grafikfenster mit der soeben erzeugten Zeichnung zu wechseln. Der Weg zurück zum CARD/1-Editor führt über die ◀ -Schaltfläche im CAD-Menü.

○ Schutz bereits zur Abgabe fertig gestellter Zeichnungen:

Das Überschreiben bereits erstellter PLT-Dateien wird zwar vor jeder Neuerzeugung abgefragt, allerdings verhindert dies nicht schnelle, unüberlegte Handlungen. Besonders beim Überschreiben von abgabefertigen Zeichnungen ist der damit verbundene Ärger groß, da i. d. R. bereits viel manueller Aufwand zur „Aufhübschung" der Zeichnung betrieben wurde. Dies lässt sich nur durch entsprechendes Datenmanagement lösen. Es empfiehlt sich Kopien der PLT-Dateien abgabefertiger Zeichnungen bzw. Zwischenstände in einem separaten Unterverzeichnis zu speichern. Da dies manuell erfolgen muss, hat auch der jeweils Handelnde Sorge für logische und nachvollziehbare Dateinamen zu sorgen.

Bild 19-33: Auswahlmöglichkeiten in der Funktionsgruppe *Einfügen* bei der Erstellung von Lageplan-, Achs-, Längsschnitt- und Querprofilzeichnungen

20 Schnittstellen

20.1 Allgemeines

Für die Datenübernahme von anderen Programmsystemen stehen die unter Kapitel 1.1 beschriebenen Schnittstellen zur Verfügung. Da es eine Vielzahl an unterschiedlichen Schnittstellen zum Datenaustausch mit anderen Programmen gibt und sie als separate Module gekauft werden müssen, sollen in den folgenden Kapiteln nur ausgewählte Schnittstellen kurz erklärt werden. Für detailliertere Darlegungen wird auf die CARD/1-Hilfe verwiesen.

20.2 KA40-Schnittstelle

Die KA40-Schnittstelle dient zum Austausch von Achsdaten. Eine KA40-Datei kann mehrere Achsen enthalten. Es werden dabei nur die Geometriewerte der Achshauptpunkte definiert. Mit den in CARD/1 oder einem anderen CAD-System enthaltenen Algorithmen werden daraus die Achselemente berechnet. Dabei kann es beim Austausch zwischen unterschiedlichen Systemen zu sehr kleinen, vernachlässigbaren Längendifferenzen kommen. Dies ist zum einen auf die Klothoidenberechnung zurückzuführen. Da die Formeln zur Berechnung der Klothoide Fresnel'sche Integrale darstellen, deren Lösung nicht exakt möglich ist, werden konvergierende Reihen verwendet. Je nach Programm kann es dabei zur Berücksichtigung unterschiedlich vieler Reihenglieder kommen. Zum anderen ist die Achsberechnung auf Grundlage der in der KA40-Datei vorhandenen Informationen und ihrer hohen Genauigkeit überbestimmt. Das Bild 20-1 stellt einen Ausschnitt einer KA40-Datei dar. Dabei sind Linksbögen (bei Radius) und Klothoiden mit abnehmender Krümmung (bei Klothoidenparameter) mit einem negativen Vorzeichen besetzt.

Datenart	Station	Länge	Radius	Klothoiden-parameter	Richtungs-winkel	Rechtswert	Hochwert
04000	0.000	0.000	0.0000	0.000	138.1578469	38323.696	40003.160
04000	16.833	16.833	-40.0000	0.000	138.1578469	38337.594	39993.664
04000	96.393	79.560	0.0000	0.000	11.5339224	38399.505	40019.484
04000	130.036	33.643	0.0000	0.000	11.5339224	38405.567	40052.577
000							

Bild 20-1: Beispiel einer Datei im KA40-Format

→ **MENÜ VERKEHRSWEG**

   → Achsen

      → Achsen verwalten

         → Achsen importieren

            → Felder im Eingabefenster ausfüllen (Bild 20-2)

               → OK

                  → Achsnummer für die einzulesende neue Achse vergeben (Bild 20-3)

                     → OK

                        → ggf. Projektausdehnung aktualisieren (Bild 20-4)

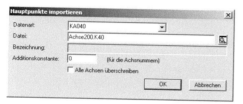

Bild 20-2: Eingabefenster zum Achsimport im KA40-Format – Teil 1

Bild 20-3: Eingabefenster zum Achsimport im KA40-Format – Teil 2

Bild 20-4: Eingabefenster zum Achsimport im KA40-Format – Teil 3

→ **MENÜ VERKEHRSWEG**

   → Achsen

      → Achsen verwalten

         → Achsen exportieren

            → Felder im Eingabefenster ausfüllen (Bild 20-5)

               → OK

                  → ggf. weitere Achsen in die Datei exportieren (Bild 20-6)

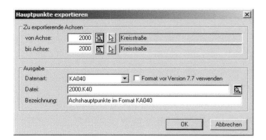

Bild 20-5: Eingabefenster zum Achsexport im KA40-Format – Teil 1

Bild 20-6: Eingabefenster zum Achsexport im KA40-Format – Teil 2

20.3 DA21-Schnittstelle

Zum Austausch von Gradientendaten steht die DA21-Schnittstelle zur Verfügung. Es werden dabei nur die Geometriewerte der Gradientenhauptpunkte definiert. Mit den in CARD/1 oder einem anderen CAD-System enthaltenen Algorithmen werden daraus die Gradientenelemente berechnet. Das Bild 20-7 stellt einen Ausschnitt einer DA21-Datei dar.

Datenart	Station	Höhe	Halbmesser
021	0	486725	1
021	137094	490890	3000000
021	256153	499949	2406492
021	389447	515672	2500000
021	691482	531267	6000000
021	852095	535503	3097832
021	1100565	550446	3600000
021	1487058	532707	1

Bild 20-7: Beispiel einer Datei im DA21-Format

→ **MENÜ VERKEHRSWEG**

  → Längsschnitt

    → Gradienten entwerfen

      → Schnittstellen Import

        → Felder im Eingabefenster ausfüllen (Bild 20-8)

          → OK

Bild 20-8: Eingabefenster zum Gradientenimport im DA21-Format

→ **MENÜ VERKEHRSWEG**

  → Längsschnitt

    → Gradienten entwerfen

      → Gradiente wählen

        → Gradiente mit dem Fadenkreuz im Grafikfenster wählen
  oder

      → KONTEXTAUSWAHL/-ANZEIGE

        → Gradiente mit Doppelklick wählen

      → Schnittstellen Export

        → Felder im Eingabefenster ausfüllen (Bild 20-9)

          → OK

            → Ergebnisfenster mit OK bestätigen

Bild 20-9: Eingabefenster zum Gradientenexport im DA21-Format

20.4 DXF/DWG-Schnittstelle

20.4.1 Grundlagen

Das DXF/DWG-Format von AutoCAD stellt für CAD-Systeme einen Quasi-Standard dar. Jede neue AutoCAD-Version verwendet auch eine neue DXF/DWG-Version. Die umgangssprachliche Bezeichnung der DXF/DWG-Versionen entspricht dabei der zugehörigen Auto-CAD-Version. Die DXF/DWG-Schnittstelle in CARD/1 verwendet folgende Versionen: 2.5, 2.6, 9.0, 10, 12, 13, 14, 2000-2002, 2004-2006, 2007-2009, 2010 und 2011. Darüber hinaus stehen das DWF- und das PDF-Format für den Export zur Verfügung.

DXF-Dateien sind ASCII-Dateien und damit einfach editierbar. Die Dokumentation des DXF-Formats liegt offen, woraus sich für den versierten Nutzer große Vorteile ergeben.

Dagegen handelt es sich bei DWG-Dateien um Binärdateien, die nicht editierbar sind. Sie weisen aber gegenüber dem DXF- Format Vorteile auf, so z. B.

o   sind sie genauer, da die PC-interne Darstellung der Real-Zahlen erhalten bleibt und

o   sie können aufgrund ihrer binären Struktur rechentechnisch schneller verarbeitet werden.

In CARD/1 können mit diesem Format zum einen dreidimensionale Topografiedaten und zum anderen zweidimensionale Zeichnungen (Lageplan- oder Achszeichnung) ausgetauscht werden.

20.4.2 Topografiedaten

20.4.2.1 Export

In CARD/1 besitzen die topografischen Daten keine Stift- und Strichinformationen. Um in der CAD-Anwendung (z. B. AutoCAD) den Elementen einfach diese Eigenschaften neu zuzuweisen, erhalten sie beim DXF-Export die Eigenschaft "von Layer". Dabei erfolgt die Vergabe der Layerfarbe automatisch.

Für die Zuordnung der Topografiedaten zu den einzelnen Layern stehen zwei Verfahren zur Verfügung:

Layer aus Schichten: -   alle topografische Daten einer Schicht in den Layer
                              "Schicht" (Schicht = Name der Schicht),
                        -    alle Punkte des Projekts in den Layer "0",
                        -    alle Daten eines DGM in den Layer "DGM_Name"
                              (Name = Name des DGM),
                        -    Höhenlinien in den Layer *Name Höhe*
                              (*Name* = Name des DGMs, *Höhe* = Höhe der Höhenlinie),

Layer aus Kodierungen: -   topografische Daten und Punkte in Layer
                              "LAYER_Kode" (Kode = 0 – 9999),
                        -    alle Daten eines DGM in Layer "DGM_Name"
                              (Name = Name des DGM),
                        -    Höhenlinien in den Layer *Name Höhe*
                              (*Name* = Name des DGMs, *Höhe* = Höhe der Höhenlinie).

In Abhängigkeit der weiteren Verwendung der exportierten Daten bieten beide Verfahren Vorteile.

Da das DXF-Format keinen 3D-Linienzug, der Bögen enthält, unterstützt, kann in CARD/1 zwischen zwei Verfahren für den Linienexport gewählt werden:

2D-Linien mit Bögen: Bögen bleiben erhalten. Allerdings werden die Linien ohne Höhen exportiert. Spline-Elemente werden als Polygonzug mit Kleinpunkten ausgegeben.

3D-Linien ohne Bögen: Die Linien werden mit Höhen exportiert. Allerdings werden Bögen und Spline-Elemente als Polygonzug mit Kleinpunkten ausgegeben. Die Höhen der Kleinpunkte werden zwischen den Stützpunkten interpoliert.

➜ **MENÜ TOPOGRAFIE**
  ➜ Datenaustausch
    ➜ DXF/DWG/DWF-Daten exportieren (Topografie)
      ➜ Felder im Eingabefenster ausfüllen (Bild 20-10)
        ➜ Schichten
          ➜ zu exportierende Schichten im Auswahlfenster bestimmen (Bild 20-11)
            ➜ OK
          ➜ zu exportierende DGM im Auswahlfenster bestimmen (Bild 20-12)
            ➜ OK
        ➜ OK
          ➜ OK (Bild 20-13)
            ➜ Informationen zum Datenexport im Protokollfenster (Bild 20-14) prüfen und ggf. aufgetretene Fehler korrigieren

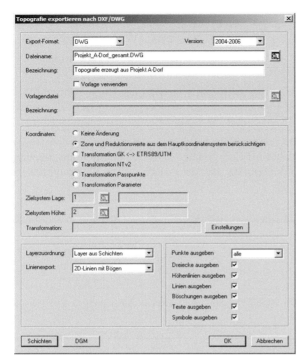

Bild 20-10: Eingabefenster für den DXF-Export von Topografiedaten

Bild 20-11: Auswahlfenster für die zu exportierenden Schichten

Bild 20-12: Auswahlfenster für die zu exportierenden DGM

Bild 20-13: Hinweismeldung zum Topografiedatenexport im DWG-Format

Bild 20-14: Protokollfenster mit Informationen zum Topografiedatenexport im DWG-Format

20.4.2.2 Import

Um die Übertragung der im DXF/DWG-Format festgelegten Dateneigenschaften in CARD/1 zu ermöglichen, werden Konvertierungstabellen genutzt.

➜ **MENÜ TOPOGRAFIE**

   ➜ Datenaustausch

      ➜ DXF/DWG-Daten importieren

         ➜ zu importierende Zeichnung aus Auswahlfenster wählen (Bild 20-15)

            ➜ Informationen (Bild 20-16)

               ➜ OK

            ➜ Tabellen anlegen

               ➜ Felder im Eingabefenster ausfüllen (Bild 20-17)

                  ➜ OK

            ➜ importieren Topografie

               ➜ Felder im Eingabefenster ausfüllen (Bild 20-18)

                  ➜ Felder im Eingabefenster für die Vorbelegung für Punktdaten (Bild 20-19)

                     ➜ OK

                  ➜ Felder im Eingabefenster für Abgleich mit vorhandenen Punktdaten (Bild 20-20)

                     ➜ OK

               ➜ Felder im Eingabefenster ausfüllen (Bild 20-21)

               ➜ Felder im Eingabefenster ausfüllen (Bild 20-22)

                  ➜ OK

               ➜ Lage- und Höhenausdehnung des Projekts an die importierten Daten anpassen (Bild 20-23)

                  ➜ OK

Nach dem Import der DXF/DWG-Daten ist die Symbolbibliothek zu aktualisieren. Das dazu
notwendige Vorgehen wird in Kapitel 5.2 beschrieben.

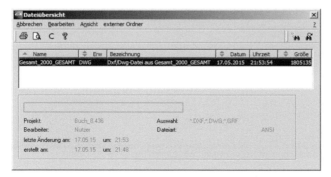

Bild 20-15: Auswahlfenster zur Wahl der zu importierenden DXF/DWG-Datei

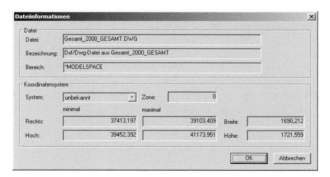

Bild 20-16: Dateiinformationen der zu importierenden DXF/DWG-Datei

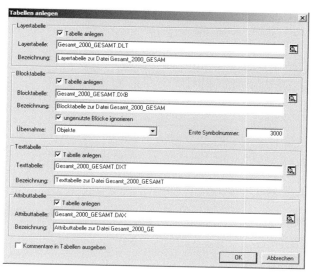

Bild 20-17: Eingabefenster zum Anlegen von Tabellen

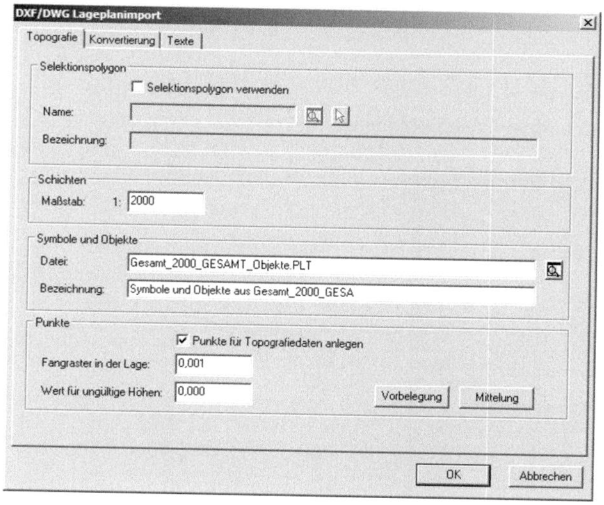

Bild 20-18: Eingabefenster zum Import als Topografiedaten – Teil 1

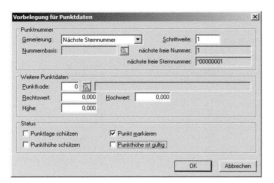

Bild 20-19: Eingabefenster für die Vorbelegung für Punktdaten

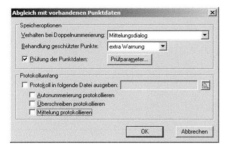

Bild 20-20: Eingabefenster für Abgleich mit vorhandenen Punktdaten

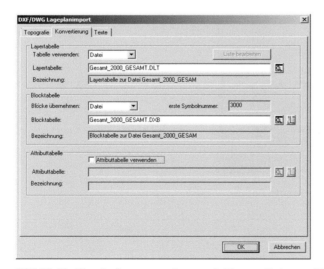

Bild 20-21: Eingabefenster zum Import als Topografiedaten – Teil 2

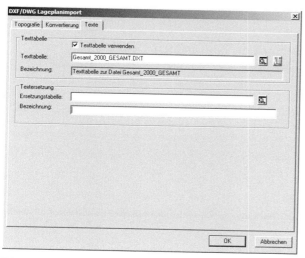

Bild 20-22: Eingabefenster zum Import als Topografiedaten – Teil 3

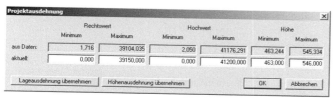

Bild 20-23: Eingabefenster für die Anpassung der Projektausdehnung

20.4.3 Zeichnungen

20.4.3.1 Export

Wird der Bezug zu den Lageplankoordinaten nicht explizit im Exportschema vereinbart, werden nur Zeichnungskoordinaten ausgegeben. Für den Export ist die Erstellung einer Lageplan- oder Achszeichnung in CARD/1 notwendig. Es kann eine Layergruppe oder die gesamte Zeichnung in Form des Zeichnungshauptobjekts exportiert werden.

➜ **MENÜ ZEICHNUNG**

  ➜ Datenaustausch

    ➜ DXF/DWG/DWF-Daten exportieren (Zeichnung)

      ➜ zu exportierende Zeichnung aus Auswahlfenster wählen
        (Bild 20-24)

        ➜ Schema neu

          ➜ Felder im Eingabefenster ausfüllen (Bild 20-25, Bild
            20-26, Bild 20-27)

            ➜ OK

        ODER

        ➜ Schema verwalten

          ➜ vorhandenes Exportschema mit Doppelklick auswählen
            (Bild 20-28)

            ➜ Inhalte der Felder im Eingabefenster ggf. anpassen
              (Bild 20-25, Bild 20-26, Bild 20-27)

              ➜ OK

          ➜ Tabelle

            ➜ schließen

        ➜ Objekt ausgeben

          ➜ Felder im Eingabefenster ausfüllen (Bild 20-29)

            ➜ Informationen zum Datenexport im Protokollfenster
              (Bild 20-30) prüfen und ggf. aufgetretene Fehler
              korrigieren

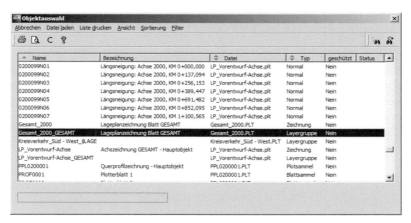

Bild 20-24: Auswahlfenster zur Wahl der zu exportierenden Zeichnung

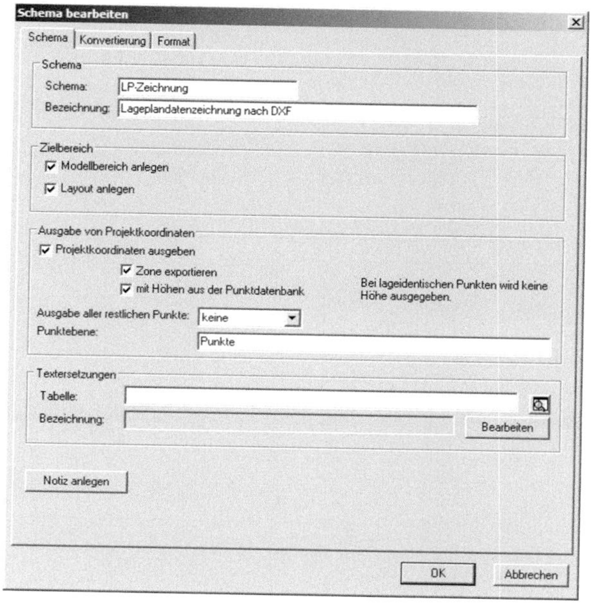

Bild 20-25: Eingabefenster zur Definition eines Exportschemas – Teil 1

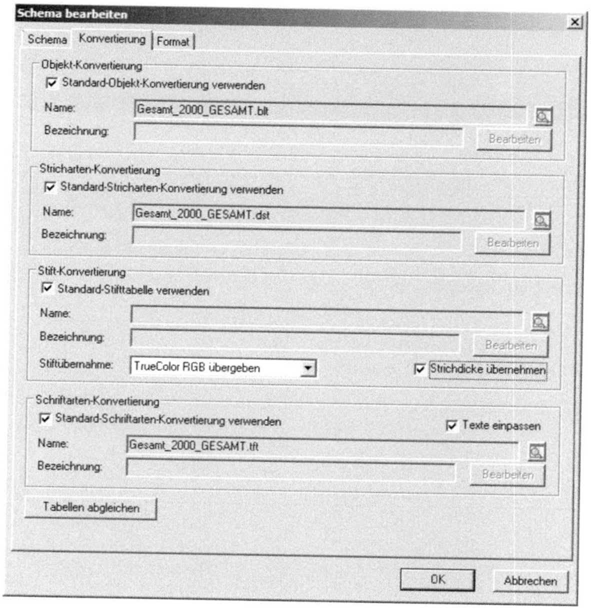

Bild 20-26: Eingabefenster zur Definition eines Exportschemas – Teil 2

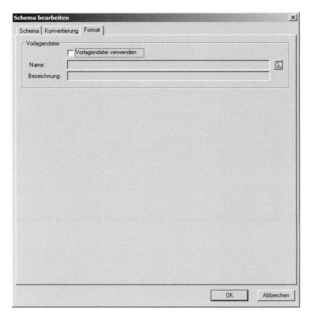

Bild 20-27: Eingabefenster zur Definition eines Exportschemas – Teil 3

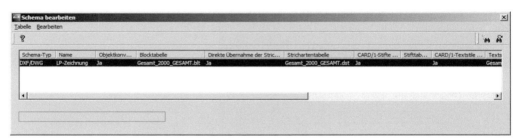

Bild 20-28: Eingabefenster zur Verwaltung von Exportschemen

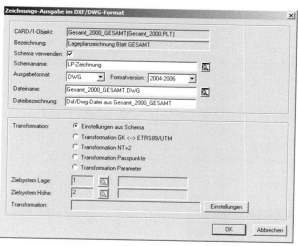

Bild 20-29: Eingabefenster zum Zeichnungsexport im DWG-Format

```
Arbeitsprotokoll  Supportprotokoll  LAGEP.PRT  DXF-Ausgabe

          Programm:        DXFAUS
Vorgangbezeichnung:        Zeichnungsausgabe in DXF/DWG
             Datum:        17.05.15
              Zeit:        21:53:40
           Projekt:        Buch_8.436
          Anwender:        Nutzer

--------------------------------------------------------
Klasse  Fehler  Anzahl  Meldungstext
--------------------------------------------------------
   I       0       1    Die Datei Gesamt_2000_GESAMT.DWG existiert bereits.
   I       0       1    Export wird gestartet...
   I       0       1    Zeichnung Gesamt_2000.PLT wird ab Objekt Gesamt_2000_GESAMT ausgegeben
   I       0       1    Exportiert wird im Format DWG in der Version 2004
   I       0       1    Für den Export wird das Schema 'LP-Zeichnung' verwendet
                        Das Schema besteht aus folgenden Tabellen:
                        Block-Layer-Tabelle  : -
                        Stricharten-Tabelle  : -
                        Stift-Konvertierung  : -
                        Textfont-Tabelle     : -
                        Textersetzung-Tabelle: -

   I       0       1    Daten werden in den Papierbereich exportiert...
   I       0       1    Export der Daten in den Papierbereich ist abgeschlossen.
   I       0       1    Blöcke werden in den Modellbereich exportiert...
   I       0       1    Export der Blöcke in den Modellbereich ist abgeschlossen.
   I       0       1    Layer werden in den Modellbereich exportiert...
   I       0       1    Export der Layer in den Modellbereich ist abgeschlossen.
   I       0       1    Datei Gesamt_2000_GESAMT.dwg wird geschrieben...
   I       0       1    Export in Datei Gesamt_2000_GESAMT.dwg erfolgreich abgeschlossen
```

Bild 20-30: Protokollfenster mit Informationen zum Zeichnungsexport im DWG-Format

20.4.3.2 Import

Die importierten DXF/DWG-Daten werden im CARD/1-typischen Format als PLT-Datei abgespeichert. Enthält die zu importierende DXF/DWG-Datei Lageplankoordinaten, wird die Zeichnung mit der entsprechenden Drehung ausgegeben!

➔ **MENÜ ZEICHNUNG**

  ➔ Datenaustausch

    ➔ DXF/DWG-Daten importieren

      ➔ zu importierende Zeichnung aus Auswahlfenster wählen
(Bild 20-31)

        ➔ Tabellen anlegen

          ➔ Felder im Eingabefenster ausfüllen (Bild 20-32)

            ➔ OK

        ➔ importieren Zeichnung

          ➔ Felder im Eingabefenster ausfüllen (Bild 20-33)

            ➔ OK

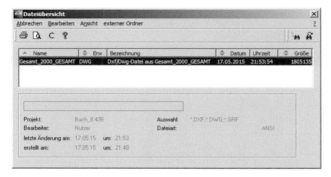

Bild 20-31: Auswahlfenster zur Wahl der zu importierenden DXF/DWG-Datei

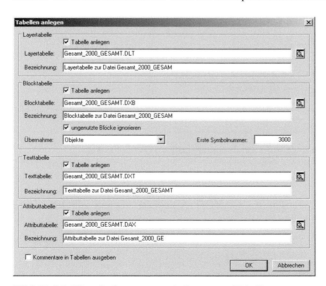

Bild 20-32: Eingabefenster zum Anlegen von Tabellen

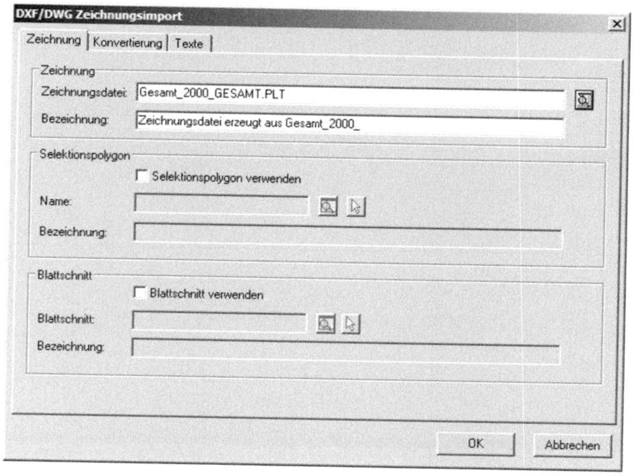

Bild 20-33: Eingabefenster zum Import als Zeichnung – Teil 1

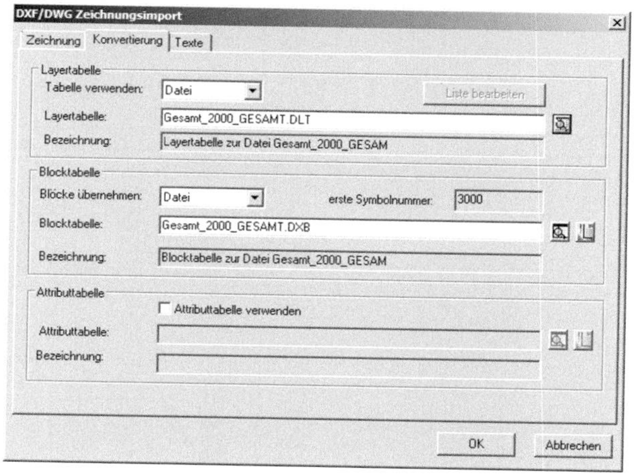

Bild 20-34: Eingabefenster zum Import als Zeichnung – Teil 2

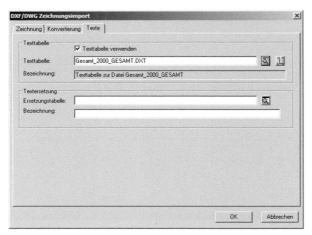

Bild 20-35: Eingabefenster zum Import als Zeichnung – Teil 3

21 Bauwerke

Um komplexe, 3D-Strukturen abbilden und im Entwurf berücksichtigen zu können, steht das Datensystem für Bauwerke zur Verfügung. Ein Bauwerk besteht aus den Datenarten

- Bauwerk,
- Baugruppe,
- Bauteil und
- Baukörper.

Bauwerke selbst werden mit CardScript (vgl. Kapitel 22) generiert, bearbeitet sowie ausgewertet. Mit dem Datensystem für Bauwerke erfolgt ausschließlich die Verwaltung von Bauwerken. Es ist in der Funktionsgruppe TOPOGRAFIE (vgl. Kapitel 2.1.2, Bild 2-4) wählbar.

In der Lageansicht, in den Schnittansichten sowie in der 3D-Projektansicht können Bauwerke dargestellt und ausgewertet werden. In Achs-, Längs- und Querschnittzeichnungen sind die zeichnerische Ausgabe sowie die Beschriftung möglich.

Im Support-Center (www.card-1.com) steht für Servicevertragskunden die Bauwerke-Toolbox zur Verfügung. Sie umfasst mehrere Skripte, mit denen eine Vielzahl von Bauwerken aus den Bereichen Straße, Bahn, Gebäude, Leitungen erzeugt werden können. Die Skripte sind hierfür nach dem Download in das Arbeitsprojekt zu kopieren. Danach stehen sie für die weitere Verwendung zur Verfügung. Über das Skript *BWK_TOOLBOX.CSC* wird auf die anderen Skripte zugegriffen. So werden z. B. Gebäude für vorhandene Topografielinien (im Beispiel markierte Linien) mit dem Skript *BWK_LINIEN_GEBAEUDE.CSC* generiert.

➜ MENÜ TOPOGRAFIE
  ➜ Bauwerke verwalten
    ➜ Skript *BWK_TOOLBOX.CSC* ausführen (Bild 21-1)
      ➜ Skript mit Doppelklick auswählen
        ➜ Gebäude (Bild 21-2)
          ➜ Felder im Eingabefenster ausfüllen (Bild 21-3)
            ➜ Felder im Eingabefenster ausfüllen (Bild 21-4)
              ➜ Felder im Eingabefenster ausfüllen (Bild 21-5)
                ➜ Felder im Eingabefenster ausfüllen (Bild 21-6)
                  ➜ OK
          ➜ Felder im Eingabefenster ausfüllen (Bild 21-7)
            ➜ Felder im Eingabefenster ausfüllen (Bild 21-8)
              ➜ Felder im Eingabefenster ausfüllen (Bild 21-9)
                ➜ Felder im Eingabefenster ausfüllen (Bild 21-10)
                  ➜ Felder im Eingabefenster ausfüllen (Bild 21-11)
                    ➜ OK

Die räumliche Darstellung der Bauwerke erfolgt am besten mit der 3D-Projektansicht (Bild 21-12).

Die Objektstruktur der Bauwerke im Arbeitsprojekt lässt sich detailliert als Übersicht darstellen (Bild 21-13).

→ **MENÜ TOPOGRAFIE**
  → Bauwerke verwalten
    → Struktur

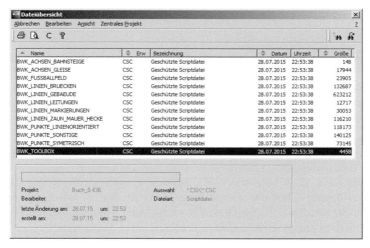

Bild 21-1: Skript auswählen

Bild 21-2: CAD-Menü Bauwerke Toolbox

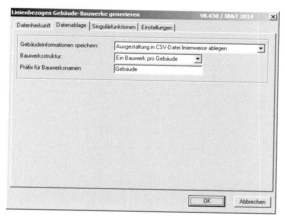

Bild 21-3: Eingabefenster für Gebäudegenerierung – Teil 1

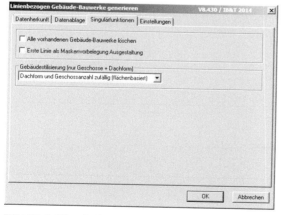

Bild 21-4: Eingabefenster für Gebäudegenerierung – Teil 2

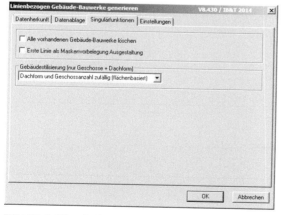

Bild 21-5: Eingabefenster für Gebäudegenerierung – Teil 3

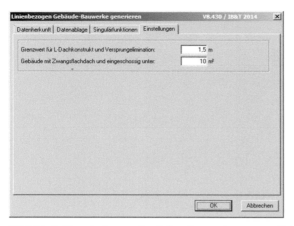

Bild 21-6: Eingabefenster für Gebäudegenerierung – Teil 4

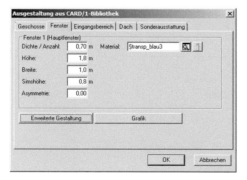

Bild 21-7: Eingabefenster für Gebäudeausgestaltung – Teil 1

Bild 21-8: Eingabefenster für Gebäudeausgestaltung – Teil 2

Bild 21-9: Eingabefenster für Gebäudeausgestaltung – Teil 3

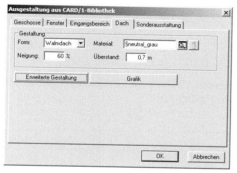

Bild 21-10: Eingabefenster für Gebäudeausgestaltung – Teil 4

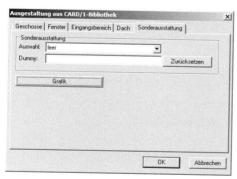

Bild 21-11: Eingabefenster für Gebäudeausgestaltung – Teil 5

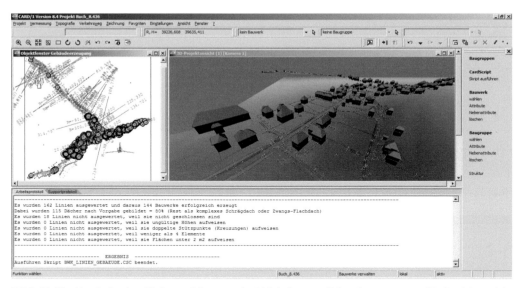

Bild 21-12: Ergebnis der Skriptausführung mit Objektfenster Gebäudeerzeugung, 3D-Projektansicht (mit Gebäuden, DGM, Linien und Punkten) und Arbeitsprotokollfenster

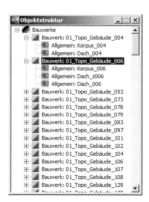

Bild 21-13: Übersicht der Objektstruktur der Bauwerke im Arbeitsprojekt

22 CARD-Script

CARD/1 bietet mit all seinen Modulen und Funktionen eine schier unendliche Vielfalt an. Trotzdem sind Straßenentwurfsprojekte immer Einzelfalllösungen, da sie mit den vorhandenen Randbedingungen in Einklang gebracht werden müssen. Die hierfür notwendigen Anpassungen wurden in der Vergangenheit in langer und aufwendiger Handarbeit erzeugt. Darüber hinaus gibt es viele Arbeitsabläufe, die der Entwurfsingenieur immer wieder mehrfach wiederholt. Die hier schlummernden Einsparpotentiale können mit der CARD/1-Programmiersprache *CardScript* aktiviert werden.

Mit CardScript ist der direkte Zugriff auf die Projektdaten und die Erzeugung von Projektdaten möglich. Die Projektdaten können in vielerlei Form ausgewertet werden. So ist die grafische Darstellung, die Listung in Protokollfenstern oder die Dateiausgabe durchführbar.

Im Downloadbereich des CARD/1-Support Centers stehen für Servicevertragskunden anwendungsbereite Scripte kostenfrei zur Verfügung. Derzeit umfasst das Angebot folgende Anwendungsbereiche:

o   Vermessung

o   Punktwolke

o   Punkte

o   Topografie

o   DGM

o   Straße

o   Bahn

o   Kanal

o   Wasserbau

o   Zeichnung

o   Bauwerke

o   Nebenattribute

o   Schnittstellen

Für erfahrene Anwender ist der Einstieg in CardScript leicht, da sie die Herangehensweise bereits aus der Querprofilentwicklung kennen. Fehlt die Erfahrung oder die Zeit für das Schreiben eigener Scripte, stehen die regionalen CARD/1-Vertriebspartner als Programmierer zur Verfügung.

Das folgende Script entstammt dem Downloadbereich des CARD/1-Support Centers. Die Veröffentlichung erfolgt mit Zustimmung von IB&T. Das Beispiel dient lediglich zur Demonstration und Erläuterung der funktionalen Möglichkeiten der Programmiersprache "CardScript". Auf die Erläuterung der Kennwörter wird mit Blick auf die sehr große Anzahl und Vielfalt in diesem Buch verzichtet und stattdessen auf die CARD/1-Hilfe verwiesen.

Längen von Topografielinien ermitteln

In diesem Beispiel werden aus den im Anwenderprojekt enthaltenen Topografiedaten die Länge der Linieneinzelelemente und die Gesamtlänge einer vorhandenen Linie ermittelt. Dabei werden Topografielinien mit dem Linienkode 201 aller Schichten ausgewertet. Das Ermittlungsergebnis wird im Arbeitsprotokoll ausgegeben. Voraussetzung zur Anwendung dieses Skriptes ist neben dem Modul CARD-Script das Modul Lageplan.

```
VERSION 8000; ; 8430
* ----------------------------------------------------------------
* Beispiel: Längen von Linien/Linienelementen ermitteln,
*           über alle Schichten zu einem Linienkode
* ----------------------------------------------------------------
BILDSCHIRM GRAFIK      | gibt die Meldungen im Arbeitsprotokoll aus
* Deklarationen -------------------------------------------------
SYMBOLE /TOPOSYS/ TopoSys          | Symbol für das Topografiesystem
SYMBOLE /TOPOLAYER/ Schicht        | Symbol für die Schicht
SYMBOLE /TOPOLINE/ Linie           | Symbol für die Topografielinie
SYMBOLE /TOPOLINEINDEX/ XLinie     | Symbol für das Linienindexobjekt
SYMBOLE * LinKode; LinNr; Berechnungsart
SYMBOLE * !SchichtName; !SchichtBez; !KodeBez
* Zuweisungen ---------------------------------------------------
LinKode = 201      | Linienkode für Auswertung
Berechnungsart = 0 | Steuerung: 0 = projezierte Länge, 1 = Raumlänge
* Ausführungen --------------------------------------------------
* Systemobjekt
TopoSys = Project.GetTopoSys() | liefert Objekt für Topografiesystem
* Schleife über alle Schichten
Schicht = $NULL  | setzt das Schichtobjekt auf NULL
SOLANGE Schicht = TopoSys.GetNextLayer(Schicht)
  !SchichtName = Schicht.GetName()        | liefert den Schichtnamen
  !SchichtBez = Schicht.GetDescription() | liefert die Schichtbez.
  MELDE 'Schicht "#" #'; !SchichtName; !SchichtBez
  * Schleife über Linien einer Schicht mit vorgegebenem Kode
  XLinie = TopoSys.GetLineIndex(!SchichtName) | Linienindexobjekt
  XLinie.SetCodeRange(LinKode) | setzt auszuwertenden Kodebereich
  SOLANGE Linie = XLinie.GetNext() | liest Linien über Index aus
    !KodeBez = Linie.GetCodeDescription() | liefert Kodebezeichnung
    LinNr = Linie.GetNumber()             | liefert die Liniennummer
    * Längenberechnung über eigenen, unten stehenden Funktionsblock
    LinienLaenge Linie; Berechnungsart; !KodeBez
  ENDE SOLANGE
ENDE SOLANGE
* Ende
STOP
```

```
* ========= Beginn Funktionsblock ================================
FUNKTION LinienLaenge: {/TOPOLINE/}Lin; BerArt; !KodBz
* Elementlängen ermitteln, aufsummieren und protokollieren
  SYMBOLE /TOPOLINEELEMENT/ Element | Symbol für das Linienelement
  SYMBOLE * Laenge; SummeLaenge; Gesamtlaenge; Radius
  SYMBOLE * ElAnz; iEl; ElTyp; LinKod

  WENN Lin == $NULL DANN ZURUECK |nichts tun, wenn keine Linie da
  * Anfangswerte ------------------------------------------------
  Laenge       = 0,000
  SummeLaenge  = 0,000
  * Linie auswerten
  ElAnz        = Lin.GetElementCount() | Anzahl der Linienelemente
  GesamtLaenge = Lin.GetLength(BerArt) | Länge der Linie
  LinKod = Lin.GetCode()               | Kode der Linie
  * Ausführungen -----------------------------------------------
  MELDE    " Linienkode: # #"; LinKod; !KodBz
  WENN BerArt == 1 DANN | Berechnung 3D-Länge im Raum
    MELDE " Elemente: # Raumlänge: #.###"; ElAnz; GesamtLaenge
  SONST | Berechnung 2D-Länge X-Y-Projektion (ohne Höhe)
    MELDE " Elemente: # Länge: #.###"; ElAnz; GesamtLaenge
  WEITER
  MELDE    " -------------------------"
  MELDE    " Nr Typ   Radius     Länge"
  * Schleife über alle Elemente einer Linie
  SCHLEIFE iEl = 1; ElAnz
    Element = Lin.GetElement(iEl) | liefert ein Element
    ElTyp = Element.GetType()       | liefert Elementtyp
    Radius = Element.GetRadius()    | liefert Radius des Elements
    WENN iEl == 1 DANN | 1. Element extra, da Länge 0
      MELDE "### ### ####.### ####.### Stützelement für 1. Punkt";
iEl; ElTyp; Radius; Laenge
    SONST
      Laenge = Element.GetLength(BerArt) | liefert die Elementlänge
      MELDE "### ### ####.### ####.###"; iEl; ElTyp; Radius; Laenge
    WEITER
    SummeLaenge = SummeLaenge + Laenge | Summierung Elementlängen
  ENDE SCHLEIFE
  * Summe der Längen ermittelt, ausgeben
  MELDE "========================="
  MELDE "                 #####.###"; SummeLaenge
ENDE FUNKTION
* ========= Ende Funktionsblock =================================
```

23 Übungsanleitungen

Wie bereits bei der 2. Auflage des Buches werden dem vielfachen Leserwunsch entsprechend auf der Internetpräsenz des Verlages Übungsanleitungen und die zugehörigen CARD/1-Daten zur Verfügung gestellt. Dabei werden die im vorliegenden Buch dargestellten und erläuterten Programmabläufe an einem praktischen Beispiel veranschaulicht und vertieft.

Für jede Übung werden konkrete Lernziele definiert. Die Übungen bauen hinsichtlich der vermittelten Kenntnisse und der vom Bearbeiter zu erarbeitenden Daten aufeinander auf. Dementsprechend sollten die Übungen nacheinander, in der vorgegebenen Reihenfolge bearbeitet werden. Der angegebene Zeitaufwand ist der reine Bearbeitungsaufwand eines ungeübten Bearbeiters, um die Lernziele in CARD/1 umzusetzen. Die Zeit, die parallel zum Lesen der relevanten Kapitel im Buch benötigt wird, ist dabei unberücksichtigt.

Die Übungsanleitung soll dem Nutzer den Einstieg in das CAD-System CARD/1 ermöglichen. Sie kann und soll allerdings nicht der Ersatz für vertiefende Schulungen bzw. Übungen sein. Besonders dem Einsteiger, der mit der täglichen Nutzung von CARD/1 zukünftig sein Geld verdienen möchte, wird zusätzlich die Teilnahme an speziellen Schulungen empfohlen. Nur so ist eine hohe Effizienz im Umgang mit dem komplexen Programmsystem zu erreichen.

Derzeit werden folgende Übungsanleitungen zur Verfügung gestellt:

1) Programm und Projekteinstieg,

2) Topografiedaten,

3) Achsentwurf,

4) Entwurf einer Einmündung,

5) Digitales Geländemodell,

6) Gradientenentwurf,

7) Querprofilentwurf und

8) Fahrsimulation.

Der Autor behält sich vor, Anzahl, Inhalt und Umfang der Übungsanleitungen anzupassen.

Für die Vertiefung und Erweiterung der Kenntnisse, die sich der Nutzer bei der Bearbeitung der vorgenannten Übungen selbständig aneignet, bieten sich die vom Hersteller von CARD/1 (IB&T) auf der Installations-CD bzw. im Internet-Support-Center zur Verfügung gestellten diversen Demoprojekte an.

24 Verzeichnisse

24.1 Hot-Key-Verzeichnis

24.1.1 Grundlegende Funktionen

Funktionstaste		*ALT*	*STRG*	*SHIFT*
F1	CARD/1 Hilfe	-	CARD/1 FG	Hilfe zur Textkonstanten (im Texteditor)
F2	Daten darstellen	-	CARD/1 FG	neues Fenster für Ansicht Längsschnitt/-gruppe
F3	Daten zeigen und messen	-	CARD/1 FG	neues Fenster für Ansicht Querschnitt
F4	Ausschnitt neu	-	aktives Grafikfenster schließen	neues Fenster für 3D-Projektansicht
F5	Ansicht neu darstellen	-	CARD/1 FG	neues Fenster für Ansicht Zeichnung
F6	Projektnotizen bearbeiten	Protokollfenster ein-/ausschalten	Grafikfenster wechseln	-
F7	alle Fenster minimieren	Werkzeugleisten ein-/ausblenden	CARD/1 FG	-
F8	Ausschnitt gesamt	-	CARD/1 FG	-
F9	Lageplanausschnitt über Punkt drehen	-	-	neues Fenster für Ansicht Lageplan
F10	--	-	-	-
F11	Ausschnitt vergrößern	-	-	-
F12	Ausschnitt verkleinern	-	-	-

24.1.2 Projektverwaltung

Funktion	Taste/n
Projektverwaltung schließen und Projekt wechseln	ALT+F3
Ansicht aktualisieren	F5
Projekt kopieren	STRG+C
Projekt löschen	STRG+D
Projekt exportieren	STRG+E
Ansicht Kategoriefilter	STRG+F
Projekt importieren aus 8.0	STRG+F8
Projekt importieren von Ordner	STRG+I
Projektkategorien bearbeiten	STRG+K
Projektlock aufheben	STRG+L
Projekt neu	STRG+N
Ansicht normale Projekte	STRG+O
Projektattribute bearbeiten	STRG+T
Stapelumformung	STRG+U
Ansicht Projektvorlagen	STRG+V
Ansicht zentrale Projekte	STRG+Z

24.1.3 Dateiverwaltung

Funktion	Taste/n
markieren, alles	STRG+A
Datei kopieren von Ordner	STRG+C
Datei löschen	STRG+D
Datei öffnen mit Editor	STRG+E
Datei suchen	STRG+F
Dateiinformationen bearbeiten	STRG+I
Datei kopieren von Projekt	STRG+K
Datei öffnen mit Lister	STRG+L
markieren, Gruppe	STRG+M
demarkieren, Gruppe	STRG+N
Markierung umkehren	STRG+O
Datei drucken	STRG+P

Funktion	*Taste/n*
Ansicht drucken	STRG+Q
Datei umbenennen	STRG+U
neuer Auswahlfilter	STRG+W
sortieren nach Name	STRG+F3
sortieren nach Extension	STRG+F4
sortieren nach Zeit	STRG+F5
sortieren nach Größe	STRG+F6
sortieren nach Achsbezug	STRG+F7
Ansicht aktualisieren	F5
Datei markieren	EINFG
Datei demarkieren	ENTF
Dateiverwaltung schließen	ESC

24.1.4 Texteditor und Lister

Funktion	*Taste/n*
Hilfe zum Texteditor	ALT+F1
Texteditor beenden	ALT+F4
Markierung löschen	ENTF
Hilfe zum Dateiformat	F1
Ansicht Grafik (optional)	F2
Eingabehilfen (Kanal)	F3
automatisches Einrücken (optional)	F4
Ansicht Farbdarstellung (optional)	F5
Tastaturrekorder: Aufzeichnung starten	F8
Querprofilentwicklung: QPR-Datei ausführen	F7
Tastaturrekorder: Aufzeichnung abspielen	F9
Druckerprofil einrichten	STRG+ UMSCHALT+D
Ansicht Zeilennummern an/aus	STRG+ UMSCHALT+Z
alles markieren	STRG+A
Markierung kopieren	STRG+C
einfügen vor Spalte	STRG+E
suchen (Ausdruck)	STRG+F
Hilfe zur Tastenbelegung	STRG+F1

Funktion	*Taste/n*
Datei (Fenster) schließen	STRG+F4
Datei (Fenster) wechseln	STRG+F6
gehe zu	STRG+G
ersetzen (Ausdruck)	STRG+H
Datei neu	STRG+N
Datei öffnen	STRG+O
Datei drucken	STRG+P
Datei speichern	STRG+S
Markierung einfügen	STRG+V
Datei sichern als	STRG+W
Markierung ausschneiden	STRG+X
Vorgang wiederherstellen	STRG+Y
Vorgang rückgängig machen	STRG+Z
Hilfe zur textkonstanten	UMSCHALT+F1
Tastaturrekorder: Aufzeichnung beenden	UMSCHALT+F8
Tastaturrekorder: Aufzeichnung löschen	UMSCHALT+F9

24.1.5 Funktionsgruppen

Taste	*+STRG*	*+STRG+SHIFT*	*+ALT*
A	Achse entwerfen	Achsen auswerten	Menü Ansicht
B	Zeichnung bearbeiten	Zeichnung ausgeben	-
C	Systemfunktion	-	-
D	DGM bearbeiten	Druckerprofile einrichten	-
E	Dateien editieren	-	Menü Entwässerung
F	-	-	Menü Fenster
G	Gradiente entwerfen	Projektausdehnung bearbeiten	-
H	-	Höhenlinien bearbeiten	-
I	DXF/DWG-Daten Import	DXF/DWG-Daten Export (Topografie)	-
K	Einmündung entwerfen	Kreisverkehr entwerfen	-
L	Topografiedaten Import/Export	Linien bearbeiten	-
M	Punkte markieren	Bäume bearbeiten	-

Taste	*+STRG*	*+STRG+SHIFT*	*+ALT*
N	Projekt neu	Böschungen bearbeiten	-
O	OKSTRA-Daten Import/Export	Punkte bearbeiten (Topografie)	Menü Favoriten
P	Projekte verwalten	Punkte bearbeiten (Vermessung)	Menü Projekt
Q	Querprofile entwickeln	Querprofile bearbeiten	-
R	Rasterbilder bearbeiten	-	-
S	Schichten verwalten	Symbole bearbeiten	Menü Einstellungen
T	Punkttabelle bearbeiten	Texte bearbeiten	Menü Topografie
U	Kanalnetz berechnen	Kanaldaten für Zeichnungen vorbereiten	-
V	Systemfunktion	Dateien verwalten	Menü Vermessung
W	Projekt wechseln	-	Menü Verkehrsweg
X	Systemfunktion	-	-
Y	Ausschnittänderungen zurücknehmen	-	-
Z	Ausschnittänderungen wiederherstellen	-	Menü Zeichnung
F2	Achszeichnung erstellen	Stifte bearbeiten	-
F3	Längsschnittzeichnung erstellen	Stricharten bearbeiten	-
F4	Systemfunktion: aktives Grafikfenster schließen	Systemfunktion	Systemfunktion
F5	Querprofilzeichnung erstellen	Schriftstile bearbeiten	-
F6	Systemfunktion: Grafikfenster wechseln	Systemfunktion	-
F8	Trassenplan erstellen	Koordinatensysteme bearbeiten	-
F9	Lageplanzeichnung erstellen	Symbolbibliothek bearbeiten	-
F10	-	Makrolinien bearbeiten	-
F11	-	Zeichnungsränder bearbeiten	-

24.2 Projektdateienverzeichnis

Name	Extension	Erklärung	Typ	Bereich
frei wählbar	.001	Punkt- und Liniendaten im Format DA 001	Text	Datenaustausch
frei wählbar	.021/.K21	Gradientendaten im Format KA 021	Text	Längsschnitt
frei wählbar	.040/.K40	Achshauptpunkte im Format KA 040	Text	Achse
frei wählbar	.ASC	Punkte im CARD/1 Format	Text	Datenaustausch
frei wählbar	.BAA	Bäume im CARD/1 Format	Text	Datenaustausch
frei wählbar	.BSA	Böschungsschraffen im CARD/1 Format	Text	Datenaustausch
ABSaaaaann	.CRD	Abschnittsband nn für Achse aaaaa	Text	Stationsdaten
BRTaaaaann	.CRD	Breiteband nn für Achse aaaaa	Text	Stationsdaten
GELaaaaann	.CRD	Geländelinie nn für Achse aaaaa	Text	Längsschnitt
GESaaaaann	.CRD	Geschwindigkeitsband nn der Achse aaaaa	Text	Stationsdaten
GPLaaaaann	.CRD	Vereinbarung für Längsschnittzeichnung	Text	Zeichnungserstellung
GRAaaaaann	.CRD	Gradiente nn für Achse aaaaa	Text	Längsschnitt
GZPaaaaa00	.CRD	Höhenzwangspunkte für Achse aaaaa	Text	Längsschnitt
HEHaaaaann	.CRD	erforderliche Haltesichtlinie nn für den Hinweg der Achse aaaaa	Text	Stationsdaten
HERaaaaann	.CRD	erforderliche Haltesichtlinie nn für den Rückweg der Achse aaa	Text	Stationsdaten
HVHaaaaann	.CRD	vorhandene Haltesichtlinie nn für den Hinweg der Achse aaaaa	Text	Stationsdaten

Name	Extension	Erklärung	Typ	Bereich
HVRaaaaann	.CRD	vorhandene Haltesichtlinie nn für den Rückweg der Achse aaaaa	Text	Stationsdaten
LISaaaaann	.CRD	Steuerliste nn für Achse aaaaa	Text	Stationsdaten
LPLaaaaann	.CRD	Vereinbarung für Achszeichnung	Text	Zeichnungserstellung
MOD00000nn	.CRD	Vereinbarung nn für Oberflächenmodellierung (neutral, zentral)	Text	Querprofile (Fahrsimulation)
MODaaaaann	.CRD	Vereinb. nn für Oberflächenmodellierung der Achse aaaaa (lokal)	Text	Querprofile (Fahrsimulation)
PPLaaaaann	.CRD	Vereinbarung für Querprofilzeichnung	Text	Zeichnungserstellung
QPR00000nn	.CRD	Skript nn für Querprofilentwicklung (neutral, zentral)	Text	Querprofile
QPRaaaaann	.CRD	Skript nn für Querprofilentwicklung der Achse aaaaa (lokal)	Text	Querprofile
QUEaaaaann	.CRD	Querneigungsband nn für Achse aaaaa	Text	Stationsdaten
STAaaaaann	.CRD	Stationsliste nn für Achse aaaaa	Text	Stationsdaten
UEHaaaaann	.CRD	erforderliche Überholsichtlinie nn für den Hinweg der Achse aaaaa	Text	Stationsdaten
UERaaaaann	.CRD	erforderliche Überholsichtlinie nn für den Rückweg der Achse aaaaa	Text	Stationsdaten
UVHaaaaann	.CRD	vorhandene Überholsichtlinie nn für den Hinweg der Achse aaaaa	Text	Stationsdaten
UVRaaaaann	.CRD	Vorhandene Überholsichtlinie nn für den Rückweg der Achse aaaaa	Text	Stationsdaten

Name	*Extension*	*Erklärung*	*Typ*	*Bereich*
frei wählbar	.CTE	Projektdaten im OKSTRA Format	Text	Datenaustausch
frei wählbar	.DRE	Dreiecke im CARD/1 Format	Text	DGM
frei wählbar	.DRU	CARD/1 Druckdatei	Text	System
frei wählbar	.DWG	Topografie-/Zeichnungs-daten im DWG Format	Text	Datenaustausch
frei wählbar	.DXB	Blocktabelle für den DXF Import	Text	Datenaustausch
frei wählbar	.DXF	Topografie-/Zeichnungs-daten im DXF Format	Text	Datenaustausch
frei wählbar	.DXL	Layertabelle für den DXF Import	Text	Datenaustausch
frei wählbar	.DXP	Polygontabelle für den DXF Import	Text	Datenaustausch
frei wählbar	.DXT	Texttabelle für den DXF Import	Text	Datenaustausch
frei wählbar	.GPL	allg. Vereinbarung für Längsschnittzeichnung	Text	Zeichnungserstellung
frei wählbar	.HPG	Zeichnungsdaten im HPGL Format	Binär, Text	Datenaustausch
frei wählbar	.HTM	Druckdatei im HTML Format	Binär	System
frei wählbar	.LDA	CARD/1 Sammeldatei	Text	Datenaustausch
frei wählbar	.LPL	allg. Vereinbarung für Achszeichnung	Text	Zeichnungserstellung
frei wählbar	.LQD	Vereinbarung für Lage-plan aus Querprofilen	Binär	Topografie
frei wählbar	.OKS	Zuordnungstabelle für den OKSTRA Import/Export	Binär	Datenaustausch
frei wählbar	.PEN	Exportdatei mit CARD/1- Stiftattributen	Text	Einstellungen
SYMBPLOT	.PLT	Übersicht der Symbol-bibliothek	Binär	Zeichnungsbearbeitung/ Einstellungen
frei wählbar	.PLT	CARD/1 Zeichnung	Binär	Zeichnungsbearbeitung

Name	Extension	Erklärung	Typ	Bereich
CARDSYMB	.PLT	Symbolobjekte der CARD/1 Standard-Symbolbibliothek	Binär	Zeichnungsbearbeitung/ Einstellungen
frei wählbar	.PLV	Vereinbarung für Lage-planzeichnung	Text	Zeichnungserstellung
frei wählbar	.POL	Polygone im CARD/1 Format	Text	Datenaustausch
frei wählbar	.PPL	allg. Vereinbarung für Querprofilzeichnung	Text	Zeichnungserstellung
frei wählbar	.PRO	Querprofile im CARD/1 Format	Text	Datenaustausch
frei wählbar	.QPR	allgemeines QPR-Skript	Text	Querprofile
frei wählbar	.SQD	Topografie-/Zeichnungs-daten im SQD Format	Text	Datenaustausch
AXKODE	.STB	Kodes für Achsen	Binär	Einstellungen
BAKODE	.STB	Kodes für Bäume	Binär	Einstellungen
BOKODE	.STB	Kodes für Böschungen	Binär	Einstellungen
DSTGRP	.STB	Darstellungsgruppen	Binär	Einstellungen
FLKODE	.STB	Kodes für Flächen	Binär	Einstellungen
GRKODE	.STB	Kodes für Gruppen	Binär	Einstellungen
KORSYS	.STB	Koordinatensysteme	Binär	Einstellungen
LIKODE	.STB	Kodes für Linien	Binär	Einstellungen
LISTIL	.STB	Darstellung für Linien: Linienstile	Binär	Einstellungen
PRLINIE8	.STB	Darstellung für Profillinien	Binär	Einstellungen
PRPUNKT8	.STB	Darstellung für Profilpunkte	Binär	Einstellungen
PUKODE	.STB	Kodes für Punkte	Binär	Einstellungen
RAENDER8	.STB	Zeichnungsränder	Binär	Einstellungen
STRICH	.STB	Stricharten	Binär	Einstellungen
SYKODE	.STB	Kodes für Symbole	Binär	Einstellungen
TXKODE	.STB	Kodes für Texte	Binär	Einstellungen
VERMART	.STB	Vermarkungsarten	Binär	Einstellungen

Name	Extension	Erklärung	Typ	Bereich
frei wählbar	.STF	Stifttabelle	Binär	Einstellungen
CARD	.STL	Schriftstile	Text	Einstellungen
frei wählbar	.SYA	Symbole im CARD/1 Format	Text	Datenaustausch
frei wählbar	.TXA	Texte im CARD/1 Format	Text	Datenaustausch

24.3 Literaturverzeichnis

24.3.1 Gesetze und Verordnungen

Verordnung über die Honorare für Architekten- und Ingenieurleistungen – HOAI (2013)

vom 10. Juli 2013 (BGBl I S. 2276)

Straßenverkehrsordnung (2014)

vom 6. März 2013 (BGBl. I S. 367),
geändert durch Artikel 1 der Verordnung vom 22. Oktober 2014 (BGBl. I S. 1635)

Straßenverkehrs-Zulassungs-Ordnung (2015)

vom 26. April 2012 (BGBl. I S. 679),
zuletzt geändert durch Artikel 2 der Verordnung vom 9. März 2015 (BGBl. I S. 243)

24.3.2 Technische Regelwerke

DWA Deutsche Vereinigung für Wasserwirtschaft, Abwasser und Abfall e. V. (2006)

Arbeitsblatt DWA-A 118
Hydraulische Bemessung und Nachweis von Entwässerungssystemen
Hennef

Bundesminister für Verkehr, Bau und Stadtentwicklung (2012)

Richtlinien zum Planungsprozess und für die einheitliche Gestaltung von Entwurfsunterlagen
im Straßenbau (RE 2012)
Bonn

Forschungsgesellschaft für Straßen- und Verkehrswesen (1979)

Kommentar zu den Richtlinien für die Anlage von Landstraßen, Teil: Linienführung,
Abschnitt: Elemente der Linienführung (RAL-L-1 Kommentar)
FGSV-Verlag, Köln

Forschungsgesellschaft für Straßen- und Verkehrswesen (1988)

Richtlinien für die Anlage von Straßen, Teil: Leitfaden für die funktionale Gliederung des
Straßennetzes (RAS-N)
FGSV-Verlag, Köln

Forschungsgesellschaft für Straßen- und Verkehrswesen (1993)

Hinweise zur Datenverarbeitung im Straßenentwurf
FGSV-Verlag, Köln

Forschungsgesellschaft für Straßen- und Verkehrswesen (1997)

Merkblatt für DV-Schnittstellen im Straßenentwurf
FGSV-Verlag, Köln

Forschungsgesellschaft für Straßen- und Verkehrswesen (2001)

Richtlinie für die Anlage von Straßen, Teil: Vermessung (RAS-Verm)
FGSV-Verlag, Köln

Forschungsgesellschaft für Straßen- und Verkehrswesen (2001)

Bemessungsfahrzeuge und Schleppkurven zur Überprüfung der Befahrbarkeit von
Verkehrsflächen
FGSV-Verlag, Köln

Forschungsgesellschaft für Straßen- und Verkehrswesen (2002)

Empfehlungen für Fußgängerverkehrsanlagen (EFA)
FGSV-Verlag, Köln

Forschungsgesellschaft für Straßen- und Verkehrswesen (2002)

Empfehlungen für das Sicherheitsaudit von Straßen (ESAS)
FGSV-Verlag, Köln

Forschungsgesellschaft für Straßen- und Verkehrswesen (2002)

Richtlinien für bautechnische Maßnahmen an Straßen in Wasserschutzgebieten (RiStWaG)
FGSV-Verlag, Köln

Forschungsgesellschaft für Straßen- und Verkehrswesen (2003)

OKSTRA-Merkblatt
FGSV-Verlag, Köln

Forschungsgesellschaft für Straßen- und Verkehrswesen (2005)

Empfehlungen für die Anlagen des ruhenden Verkehrs (EAR)
FGSV-Verlag, Köln

Forschungsgesellschaft für Straßen- und Verkehrswesen (2005)

Richtlinie für die Anlage von Straßen, Teil: Entwässerung (RAS-Ew)
FGSV-Verlag, Köln

Forschungsgesellschaft für Straßen- und Verkehrswesen (2006)

Richtlinien zur Anlage von Stadtstraßen (RASt)
FGSV-Verlag, Köln

Forschungsgesellschaft für Straßen- und Verkehrswesen (2006)

Merkblatt für die Anlage von Kreisverkehren
FGSV-Verlag, Köln

Forschungsgesellschaft für Straßen- und Verkehrswesen (2008)

Richtlinien zur Anlage von Autobahnen (RAA)
FGSV, Köln

Forschungsgesellschaft für Straßen- und Verkehrswesen (2008)

Richtlinien für integrierte Netzgestaltung (RIN)
FGSV, Köln

Forschungsgesellschaft für Straßen- und Verkehrswesen (2008)

Hinweise zur Visualisierung von Entwürfen für außerörtliche Straßen (H ViSt)
FGSV, Köln

Forschungsgesellschaft für Straßen- und Verkehrswesen (2009)

Richtlinien für passiven Schutz an Straßen durch Fahrzeugrückhaltesysteme (RPS)
FGSV-Verlag, Köln

Forschungsgesellschaft für Straßen- und Verkehrswesen (2009)

Richtlinien für die rechnerische Dimensionierung des Oberbaues von Verkehrsflächen mit
Asphaltdeckschicht (RDO Asphalt)
FGSV, Köln

Forschungsgesellschaft für Straßen- und Verkehrswesen (2009)

Richtlinien für die rechnerische Dimensionierung des Oberbaues von Verkehrsflächen mit Betondecke (RDO Beton)
FGSV, Köln

Forschungsgesellschaft für Straßen- und Verkehrswesen (2009)

Hinweise für den Entwurf von Verknüpfungsanlagen des öffentlichen Personenverkehrs (H VÖ)
FGSV, Köln

Forschungsgesellschaft für Straßen- und Verkehrswesen (2010)

Empfehlungen für Radverkehrsanlagen (ERA)
FGSV-Verlag, Köln

Forschungsgesellschaft für Straßen- und Verkehrswesen (2011)

Empfehlungen für Rastanlagen an Straßen (ERS)
FGSV-Verlag, Köln

Forschungsgesellschaft für Straßen- und Verkehrswesen (2011)

Hinweise für barrierefreie Verkehrsanlagen (H BVA)
FGSV, Köln

Forschungsgesellschaft für Straßen- und Verkehrswesen (2012)

Richtlinien zur Anlage von Landstraßen (RAL)
FGSV, Köln

Forschungsgesellschaft für Straßen- und Verkehrswesen (2012)

Richtlinien für die Standardisierung des Oberbaues von Verkehrsflächen (RStO)
FGSV, Köln

Forschungsgesellschaft für Straßen- und Verkehrswesen (2012)

Begriffsbestimmungen, Teil: Verkehrsplanung, Straßenentwurf und Straßenbetrieb
FGSV-Verlag, Köln

Forschungsgesellschaft für Straßen- und Verkehrswesen (2013)

Merkblatt für die Übertragung des Prinzips der Entwurfsklassen nach RAL auf bestehende Straßen (M EKL Best) (Entwurf)
FGSV, Köln

Forschungsgesellschaft für Straßen- und Verkehrswesen (2013)

Empfehlungen für Anlagen des öffentlichen Personennahverkehrs (EAÖ)
FGSV-Verlag, Köln

24.3.3   Weiterführende Literatur

Appelt, V. (1998)

Sichtweiten und Entwurfsparameter in Lage-, Höhenplan und Querschnitt nach RAS-L 95 und RAS-Q 96
in: Straßenverkehrstechnik, Heft 2/1998
Kirschbaum Verlag, Bonn

Appelt, V., Basedow, H. (2000)

Sichtweitenberechnung, Stand und Weiterentwicklung in Theorie und Praxis – Sichtkegelverfahren
in: Straßenverkehrstechnik, Heft 9 & 10/2000
Kirschbaum Verlag, Bonn

Appelt, V.; Nitsche, M.; Tilger, K. (2004)

Querneigungsbestimmung für Bestands- und Neubaustraßen und automatische Generierung
in: Straßenverkehrstechnik, Heft 6/2004
Kirschbaum Verlag, Bonn

Appelt, V.; Tilger, K.; Rickert, Th. (2004)

Einsatz nichtdeterministischer Verfahren für die Deckenoptimierung und Gradientenfindung in Straßenplanung und Straßenbau
in: Straßenverkehrstechnik, Heft 3/2004
Kirschbaum Verlag, Bonn

Appelt, V., Schönfeld, R.; Tilger, K.; Winter, M. (2006)

Erstellung von 3D-Modellen für Verkehrsinfrastrukturprojekte zur Planungskontrolle und -visualisierung
in: Straßenverkehrstechnik, Heft 12/2006
Kirschbaum Verlag, Bonn

Bald, J. S.; Stumpf, K. (2015)

Hinweise für das Anbringen von Verkehrszeichen und Verkehrseinrichtungen (HAV)
Kirschbaum Verlag, Bonn

Bayer, R. (2007)

Die neuen Richtlinien für die Anlage von Stadtstraßen RASt 06 – Entstehungsprozess und Grundstruktur
in: Straße und Autobahn, Heft 9/2007
Kirschbaum Verlag, Bonn

Braun, B. (2008)

CARD/1 Nebenattribute
in: interAktiv, Heft 1/2008
IB&T GmbH, Norderstedt

Breuer, P. (1995)

PC-Grafik in Vermessung und Straßenplanung
expert verlag, Renningen-Malmsheim

Brilon, W.; Geistefeldt, J.; Lippold, Chr.; Kuczora, V. (2007)

Autobahnen und Autobahnknotenpunkte mit vierstreifigen Richtungsfahrbahnen -
Gestaltung und Bemessung
Forschung Straßenbau und Straßenverkehrstechnik, Heft 967
Bonn-Bad Godesberg

Brilon, W.; Wu, N. (2008)

Kapazität von Kreisverkehren - Aktualisierung
in: Straßenverkehrstechnik, Heft 5/2008
Kirschbaum Verlag, Bonn

Bundesbeauftragter für Wirtschaftlichkeit in der Verwaltung (2004)

Bundesfernstraßen
Planen, Bauen und Betreiben
Schriftenreihe des Bundesbeauftragten für Wirtschaftlichkeit in der Verwaltung, Band 11
Verlag W. Kohlhammer, Bonn

Eger, W.; Nußrainer, C., Sobotta, R. (2002)

Die Anwendung von Schleppkurven für Sonderfahrzeuge in der Planungspraxis
in: Straßenverkehrstechnik, Heft 10/2002
Kirschbaum Verlag, Bonn

Friedrich, B.; Niemeier, W.; u. a. (2014)

Überprüfung der Befahrbarkeit innerörtlicher Knotenpunkte mit Fahrzeugen des Schwerverkehrs
Berichte der Bundesanstalt für Straßenwesen, Heft V 245
Bundesanstalt für Straßenwesen, Bergisch Gladbach

Gräfe, G. (2009)

Kinematische Anwendung von Laserscannern im Straßenraum
Schriftenreihe des Instituts für Geodäsie, Heft 84
Universität der Bundeswehr München, Neubiberg

Haller, W. (2007)

Das neue Merkblatt für die Anlage von Kreisverkehren
in: Straßenverkehrstechnik, Heft 3/2007
Kirschbaum Verlag, Bonn

Hoffmann, S.; Kölle, M. (2002)

Befahrbarkeit von Straßenverkehrsanlagen für den ruhenden und fließenden
Kraftfahrzeugverkehr
in: Straße und Autobahn, Heft 8/2002
Kirschbaum Verlag, Bonn

IB&T Ingenieurbüro Basedow und Tornow GmbH (2015)

CARD/1-Hilfe; Version 8.437
Norderstedt

Kasper, H.; Schürba, W.; Lorenz, H. (1953)

Die Klothoide als Trassierungselement
Ferd. Dümmlers Verlag, Bonn

Korda, M. (Hrg.) (2005)

Städtebau
Technische Grundlagen
B.G. Teubner Verlag, Wiesbaden

Kriegel, T. (2007)

Der Dreiklang der CAD-Welt
in: interAktiv, Heft 1/2007
IB&T GmbH, Norderstedt

Kühn, W. (2000)

Die Anwendung der Visualisierung in der Verkehrsplanung
in: Straße und Autobahn, Heft 2/2000
Kirschbaum Verlag, Bonn

Kühn, W. (2001)

Trassierung mittels Biegestab
(Handbuch zum Biegestabkoffer)
Eigenverlag

Kühn, W. (2001)

Computersimulation – Ein neues Hilfsmittel für Gestaltung und Entwurf von Straßenverkehrsanlagen
in: Straße und Autobahn, Heft 4/2001
Kirschbaum Verlag, Bonn

Kühn, W. (2003)

Neue Möglichkeiten im Straßenentwurf durch Anwendung der Computersimulation
in: Straße und Autobahn, Heft 6/2003
Kirschbaum Verlag, Bonn

Kühn, W.; Leithoff, I.; Zimmermann, M.; Ebersbach, D.; Schulz, R. (2009)

Methodik zur Prüfung der räumlichen Linienführung von außerörtlichen Straßen
in: Straßenverkehrstechnik, Heft 5/2009
Kirschbaum Verlag, Bonn

Kühn, W. (2010)

Neue Entwurfsmethoden für Straßen
in: Straße und Autobahn, Heft 3/2010
Kirschbaum Verlag, Bonn

Landesbetrieb für Straßenbau Saarland (2007)

Handbuch unterhaltungsfreundliches Planen und Bauen von Straßen
Stand: 02/2007
Neunkirchen

Lippold, Ch.; Weise, G..; Ebersbach, D.; Dietze, M.; Kuczora, V. (2002)

Die Straße als Fahrraum – Berücksichtigung im Straßenentwurf
in: Wissenschaftliche Zeitung TU Dresden, Heft 4-5/2002
Dresden

Lippold, Ch.; Krüger, H.-P.; Schulz, R.; Scheuchenpflug, R. (2007)

Orientierungssichtweite – Definition und Beurteilung
Forschung Straßenbau und Straßenverkehrstechnik, Heft 977
Bonn-Bad Godesberg

Lippold, Chr. (2010)

Die Entwicklung des Straßenentwurfs bis heute
in: Straße und Autobahn, Heft 7/2010
Kirschbaum Verlag, Bonn

Lippold, Chr.; Weise, G.; Jährig, Th. (2012)

Verbesserung der Verkehrssicherheit auf einbahnig zweistreifigen Außerortsstraßen (AOSI)
Berichte der Bundesanstalt für Straßenwesen, Heft V 216
Bundesanstalt für Straßenwesen, Bergisch Gladbach

Lippold, Chr.; Schemmel, A. (2014a)

Befahrbarkeit plangleicher Knotenpunkte mit Lang-LKW
Berichte der Bundesanstalt für Straßenwesen, Heft V 247
Bundesanstalt für Straßenwesen, Bergisch Gladbach

Lippold, Chr.; Schemmel, A. (2014b)

Befahrbarkeit spezieller Verkehrsanlagen auf Autobahnen mit Lang-LKW
Berichte der Bundesanstalt für Straßenwesen, Heft V 250
Bundesanstalt für Straßenwesen, Bergisch Gladbach

Lippold, Chr. (Hrg.) (2014)

Der Elsner
Handbuch für Straßen- und Verkehrswesen
Otto Elsner Verlagsgesellschaft, Dieburg

Lorenz, H. (1971)

Trassierung und Gestaltung von Straßen und Autobahnen
Bauverlag, Wiesbaden

Möser, M.; Müller, G.; Schlemmer, H.; Werner, H. (Hrg.) (2002)

Handbuch der Ingenieurgeodäsie -
Straßenbau
Herbert Wichmann Verlag, Heidelberg

Natzschka, H. (2011)

Straßenbau
Entwurf und Bautechnik
Springer-Verlag, Heidelberg

Oetzmann, D. (2004)

Bewegung in drei Dimensionen
in: interAktiv, Heft 1/2004
IB&T GmbH, Norderstedt

Rohloff, M.; Lippold, Chr.; Wirth, W.; Lemke, K. (2007)

Die neuen Richtlinien für Autobahnen RAA –
Notwendigkeit und Stand der Bearbeitung
in: Straße und Autobahn, Heft 1 & 2/2007
Kirschbaum Verlag, Bonn

Rudolph, D.; Stürznickel, Th.; Weissenberger, L. (1998)

DXF intern
CR/LF GmbH, Essen

Schnüll, R.; Hoffmann, S.; Engelmann, F.; Kölle, M. (2002)

Aktualisierte Bemessungsfahrzeuge und Schleppkurven für den Straßenentwurf
in: Straße und Autobahn, Heft 2/2002
Kirschbaum Verlag, Bonn

Sieber, R.; Wellner, F. (2013)

Die neuen „Richtlinien für die Standardisierung des Oberbaus von Verkehrsflächen", Ausgabe 2012 (RStO 12)
in: Straße und Autobahn, Heft 8/2013
Kirschbaum Verlag, Bonn

Straßenbauverwaltung Sachsen (2007)

Katalog Bestandspläne 2002
Katalog der Punktcodierung, Abbildungselemente und Schichtbezeichnungen zur
Herstellung und Fortführung von Bestandsplänen
als Ergänzung der Richtlinie für die Anlage von Straßen, Teil: Vermessung (RAS-Verm)
Anhang 3: Zeichenvorschrift für die Anwendung im CAD-System CARD/1
Dresden

Tilger, K. (2008)

Ein neuartiger Entwurfsansatz in der 3D-Verkehrswegeplanung: Mathematische Modellierung mit Basis-
Splines und vergleichende Fehleranalyse
Technische Universität Dresden
Fakultät Mathematik und Naturwissenschaften
Institut für Wissenschaftliches Rechnen
Dissertation
Dresden

Tilger, K.; Appelt, V.; Walter, W. (2011)

3D-Entwurf in der Verkehrswegeplanung: Mathematische Modellierung und praktische Anwendung
in: Straßenverkehrstechnik, Heft 8/2011
Kirschbaum Verlag, Bonn

Weise, G.; Durth, W.; Lippold, Chr.; Kleinschmidt, P. (1997)

Straßenbau - Planung und Entwurf
Verlag für Bauwesen

Weise, G.; Kuczora, V.; Ebersbach, D.; Dietze, M. (2002)

Entwicklung eines praktikablen Verfahrens zur Berücksichtigung der räumlichen Linienführung von Außerorts-
straßen
Forschung Straßenbau und Straßenverkehrstechnik, Heft 849
Bonn-Bad Godesberg

Weise, G.; Kuczora, V.; Jährig, Th. (2006)

Ganzheitliche auf Entwurfsklassen basierende Entwurfsrichtlinien für Straßen außerhalb bebauter Gebiete
(Landstraßen)
Zwischenbericht zum Forschungsprojekt 02.226/2002/ARB
Bundesanstalt für Straßenwesen, Bergisch-Gladbach

Zimmermann, M. (2001)

Darstellung und Kontrolle räumlicher Linienführung von Straßen
Promotion
Universität Fredericiana, Karlsruhe

Zimmermann, M.; Roos, R. (2002)

Das QuaSi-Band zur Beurteilung der räumlichen Linienführung von Straßen
in: Straße und Autobahn, Heft 2/2002
Kirschbaum Verlag, Bonn

24.3.4   Software

IB&T Ingenieurbüro Basedow und Tornow GmbH (2015)

Programmsystem CARD/1, Version 8.437
Norderstedt

OKSTRA-Pflegestelle (2014)

Objektkatalog für das Straßen- und Verkehrswesen, Version 2.016
www.okstra.de
Bonn

Stichwortverzeichnis